与最聪明的人共同进化

HERE COMES EVERYBODY

U0340050

脑与数学

How the Mind Creates Mathematics

THE NUMBER SENSE

［法］斯坦尼斯拉斯·迪昂 著
(Stanislas Dehaene)

周加仙 等 译

浙江教育出版社·杭州

破解
人类大脑
之谜

斯坦尼斯拉斯·迪昂
Stanislas Dehaene

大胆挑战脑科学研究的终极问题

大脑是目前人类发现的最复杂的结构，是除宇宙之外人类最大的未解之谜，宛若研究领域最闪耀的一项王冠。而王冠之上那颗璀璨的明珠，则要属意识研究——它如此令人着迷，如此深不可测，充满挑战性，吸引着全世界所有科学和脑研究领域的巨擘的目光，他们也正为探究人类意识之谜做着卓越贡献。

在他们之中，作为全世界最有影响力的认知神经科学家之一，斯坦尼斯拉斯·迪昂厥功至伟。

"神经科学界诺贝尔奖"获得者

迪昂是目前欧洲脑科学研究领域的领头人、法兰西学院实验认知心理学教授、著名认知神经科学家，其研究涉及脑与意识、数学、阅读等多个领域，均取得了令世人瞩目的成果，比如，他通过实验在大脑中发现了主观意识的客观标志，让人们能真正"看见"意识。他已在《自然》《科学》等国际权威杂志上发表300多篇文章，是脑科学及数学认知领域公认的专家。

> 迪昂是一位世界级的科学家，他开创了一系列研究意识的实验，这些实验彻底改变了这一领域，并为我们带来了第一个直接研究意识生物学的方法。

埃里克·坎德尔
Eric Kandel
2000 年诺贝尔生理学或医学奖获得者

由于为人类大脑领域的研究做出了重要贡献，2014年，迪昂同其他两位科学家共同获得了有"神经科学界诺贝尔奖"之称的"大脑奖"。该奖项每年评选一次，奖金100万欧元，是世界上影响力最大、最有分量的脑科学研究奖项。迪昂实至名归。

站在巨人肩上的探索者

其实，迪昂最初所学的专业并非认知神经科学，而是数学。他本科毕业于巴黎高等师范学院数学专业，又获得巴黎第六大学应用数学及计算机科学专业硕士学位。

后来，受让 - 皮埃尔·尚热（Jean-Pierre Changeux）在神经科学方面的研究吸引，他将研究方向转向了心理学及神经科学，跟随认知神经科学创始人乔治·米勒、转换生成语法理论创始人诺姆·乔姆斯基、认知发展理论创始人让·皮亚杰三位大师的学生杰柯·梅勒学习，获得博士学位，可谓传承了三位"师爷"的智慧结晶。

众多领域的先驱开拓者

迪昂在他涉及的各研究领域都是先驱研究者。

在数学认知领域，迪昂是公认的专家，他的《脑与数学》一书被哈佛大学等著名大学用作专业教材。迪昂也是语言及阅读领域的专家，他在《脑与阅读》一书中提出关于人类阅读能力的新理论，有力地驳斥了大脑具有无限学习能力的传统观点；另外，他在阅读障碍及阅读学习方面取得的研究成果，对教育领域也同样具有重要参考价值。在另一本佳作《脑与意识》一书中，迪昂总结了近20年来关于意识与思维的前沿研究成果，翻开了脑科学领域研究的新篇章。

迪昂的科学探索还在继续，他将不断挑战更难、更复杂的问题，破解大脑中更多未被开发或未被探索的秘密，进一步帮助人类拓宽视野，为解开人类大脑之谜谱写新篇章。

迪昂终身学习系列

献给吉莱纳（Ghislaine）、奥利弗（Oliver）、大卫（David）和纪尧姆（Guillaume）

你了解数感对人类的影响吗？

扫码鉴别正版图书
获取您的专属福利

- 在某个城市的机场，标号为小数字的登机口向右侧延伸，标号为大数字的登机口向左侧延伸。很多旅客在这里会走错方向，这仅仅是因为他们对这个机场不够熟悉。你认为这种说法对吗？

  A.对

  B.不对

扫码获取全部测试题及答案，了解数学思维是如何在人类大脑中进化的。

- 小 A 出生在意大利，大学毕业后定居美国，在那里生活了 20 年，他能用流利的英语交谈和写作。在涉及心算时，你认为他会使用哪种语言？

  A.英语

  B.意大利语

- 人类的大脑中有一个专门负责"数学思维"的特定脑区，这是真的吗？

  A.真

  B.假

科学著作是无意间形成的时间胶囊。它没有保质期，这就表明，在图书出版之后的多年里，读者可以运用他们的博闻广识，对书中所提出的理论、事实和证据进行评估。《脑与数学》一书是我 15 年前在 20 多岁时完成的一本著作，它同样也符合这一规律。

20 世纪 90 年代初期，我开始着手撰写《脑与数学》一书，幸运的是，当时对数量的研究尚处于初级阶段，只有少数实验室刚刚触及这一领域的表层。一些研究者关注婴儿如何感知物体的集合，一些研究者则关注学龄儿童学习乘法口诀表的方式，还有一些研究者则更关注脑损伤所引起的计算能力受损的患者的怪异行为。最后，还有一些研究者，比如我，为了弄清楚学生被问及简单的算术问题（比如，6 比 5 大吗？）时哪些脑区会被激活，率先进行了脑成像研究。当时，我们之中只有少数人意识到，有朝一日，这些研究会汇聚为一个独立的领域——数学认知领域，会通过多层面的技术来回答神经学家沃伦·麦卡洛克（Warren McCulloch）那个令人振奋的问题：

　　人能够理解的数字是什么？能够理解数字的人是什么样的？

　　对《脑与数学》一书，我唯一的写作目的是，整合能搜集到的有关人脑如何进行初级算术的所有事实，并证明一个实验证据丰富、具有广阔前景的全新领域正在萌芽。同时，我也希望此书能够阐明古代哲学关于数学本质的争论。在对这一新兴领域的所有分支研究进行整合的那三年里，我认识到，这些复杂的研究可以整合为一个合乎逻辑的整体，因此，我的研究热情与日俱增。对动物的研究表明，它们拥有加工近似数量的古老能力，这种"数感"在人类的婴儿阶段同样存在，它赋予人类数量直觉。而诸如算盘或阿拉伯数字这样的文化产物，则将这种直觉转换为我们对符号数学的全面认知能力。因此，对数感的相关脑结构进行认真研究，显然可以解释人类对数学的理解，阐明进化过程，并将人类的数学能力与猴子甚至老鼠和鸽子的脑表征数量的方式联系起来。

　　自 15 年前完成此书以来，一些创新性的研究以前所未有的力量推动着这个领域的发展。现在，数学认知是认知科学范畴中的一个成熟领域，它不再只专注于数量的概念和起源，而是拓展至代数、几何等相关领域。《脑与数学》一书中仅仅概述过的一些研究主题，如今已经发展成全面完整的研究领域，如动物的数感、数值计算的脑成像研究、数学学习困难儿童的障碍本质等。其中最令人兴奋的一个突破性进展，是在猴脑中发现了负责数量编码的单个神经元，它们位于顶叶皮层的一个特定位置，这个区域对应于人类进行运算时所激活的脑区。另一个突飞猛进的发展，是这些知识在教育中的应用。我们开始理解学校教育如何培养学生对精确数量和算术的理解，以及如何用简单的游戏和软件帮助那些可能存在计算障碍的儿童。

　　重读此书的第 1 版时，我欣喜地发现，尽管这些想法在 15 年前有几分

猜测性，但现在它们都已萌芽。既然这些研究已经证实了这些想法，我认为
《脑与数学》一书应该再版了。诚然，1997 年以来出版了许多优秀的书籍，
其中有布赖恩·巴特沃思（Brian Butterworth）在 1999 年所著的《数学脑》
（*The Mathematical Brain*）、拉斐尔·努涅斯（Rafael Nuñez）和乔治·莱考
夫（George Lakoff）[①] 于 2000 年所著的《数学来自哪里》（*Where Mathematics
Comes From*），以及杰米·坎贝尔（Jamie Campbell）在 2004 年编写的《数
学认知手册》（*Handbook of Mathematical Cognition*），但是没有一本书囊括了
如今我们对脑与数学的所有认识。

　　非常感谢我的代理人马克斯·布罗克曼（Max Brockman）和约翰·布罗
克曼（John Brockman）[②]，也非常感谢编辑阿比·格罗斯（Abby Gross）和
奥迪尔·雅各布（Odile Jacob），是他们鼓励我撰写这本新版的《脑与数学》，
并帮助我确定此书的撰写形式。我们一致认为重写旧版较为棘手，甚至有
些冒失。重要的是，我们要让读者感受到这个领域在过去 20 年间是如何形
成的，是什么激发了我们提出现在的假设和实验方法，在此之后又取得了哪
些进展，以及它如何充实或者驳斥了我们的理论（所幸后者不太多）。因此，
我们所构思的第 2 版没有改变过去的版本，但会运用新的文献对其进行补
充，尤其是会补充一个新的章节，以较长的篇幅勾勒出自第 1 版出版至今
该领域中最重要的发现。过去 15 年间，这个领域经历了巨大的发展，所以
挑选将要收入最终章节的相关研究是一项艰巨的任务。确实，相关的科学发
现不胜枚举，我决定挑选能够从大脑层面阐述算术的实质以及阐述如何进行

---

① "认知语言学之父"乔治·莱考夫长期以来着力研究认知语言学对人际沟通的启示，其著作
　《别想那只大象》中文简体字版已由湛庐引进，浙江人民出版社 2020 年出版。——编者注
② 美国知名的文化推动者、出版人约翰·布罗克曼，是"第三种文化"领军人物。由他编著
　的"对话最伟大的头脑·大问题系列"旨在引领读者直达科学研究的最前沿，洞悉关乎人
　类命运的大问题。《那些最重要的科学新发现》作为最新的一部作品，其简体中文版已由湛
　庐引进，中国纺织出版社 2021 年出版。——编者注

算术教学的一小部分惊人的发现。

　　大多数数学家，或显或隐，都是柏拉图主义者（Platonists）。他们认为自己所探索的领域独立于人类思维而存在，它比生命更古老，是宇宙结构的固有成分。伟大的数学家理查德·戴德金（Richard Dedekind）在他的专著《数的本质及其意义》（*The Nature and Meaning of Numbers*）中却不这样认为。他认为，数是"人类思维的自由创作"，是"纯粹思维法则的直接产物"。我非常认同这一观点，但是解释证明这一观点的重担就落在了心理学家和神经科学家的肩上。他们需要弄清楚，一个仅仅由神经细胞构成的有限的大脑是如何运用这类抽象思维的。这本书能够为解答这一引人入胜的问题做出些许贡献。

斯坦尼斯拉斯·迪昂

2010 年 7 月

第三部分　大脑可塑：
神经元与数字

第四部分　数学与脑科学：
令人兴奋的新发现

任何诗人，即便是最讨厌数学的诗人，为了写出亚历山大式的诗行也不得不从 1 数到 12。

———雷蒙·凯诺（Raymond Quéneau）

在我第一次坐下来写这本书时，我遇到了一个有些荒唐的算术问题：如果这本书预计有 250 页，一共 9 个章节，那么每章有几页？认真思考以后，我得出了结论：每章略少于 30 页。我花了大约 5 秒的时间，对于人类来说，这样的计算速度并不算慢，然而这却远远比不上任何一台电子计算器的速度。计算器不仅反应迅速，而且它得出的结果精确到了小数点后 10 位：27.777 777 777 8！

为什么我们的心算能力远不如计算器的计算能力？我们是如何做到不通过精确计算就得出"略少于 30 页"这样接近的值的？这一过程甚至连最好

的电子计算器都做不到。解答这些令人困扰的问题就是本书的主要目的，在此过程中，我们会面临更多具有挑战性的谜题：

- 为什么经过了多年训练后，仍然有不少人不能确定 7 乘以 8 的结果是 54 还是 64，或者是 56？
- 为什么我们的数学知识如此脆弱，一次轻微的脑损伤就足以彻底破坏数感？
- 5 个月大的婴儿怎么会知道"1+1=2"？
- 像黑猩猩、老鼠和鸽子这样没有语言的动物，怎么可能也具备一些初级算术知识？

我的假设是，这些问题的答案必将回溯至同一个根源：脑的结构。我们进行的每一次思考和计算都源于大脑皮层中特异性的神经回路的激活。抽象的数学建构源于脑神经回路的协调运作，以及在人类产生之前，数百万种动物的脑塑造和选择了我们现有的数学工具。我们能了解神经结构给我们的数学活动带来的限制吗？

自达尔文以来，进化论一直都是生物学家的重要参考理论。就数学来说，生物进化和文化进化同样重要。数学不是一成不变的，不是天赐的完美典范，而是随着人类的研究探索不断演化的。即便是我们现在所使用的再简单不过的数字符号，也是历经几千年缓慢形成的。如今的乘法计算、平方根、实数集、虚数集以及复数集等概念也同样如此，所有这些概念仍然保留着其在近代艰难诞生时所遗留的痕迹。

数学之所以会经历如此缓慢的文化进化，应该归结于一个非常特别的生物器官：人脑。受到自然选择法则的支配，人脑本身就是更为缓慢的生物进化的典型产物。自然选择的压力塑造了眼睛的精密生理机制、蜂鸟翅膀的形状、蚂蚁这样的小型"机器人"，同样也塑造了人脑。年复一年，物种更替，大脑中涌现了越来越多特异性的心理器官，这些结构优化了大脑对大量感觉信息流的处理，并使生物反应更适应充满竞争甚至充满敌意的环境。

人脑中特异性的心理器官之一是一种原始的数字处理器，它部分预设了学校教学中所讲授的算术内容。虽然听起来不太可能，但是有些人认为"愚蠢或是邪恶"的动物，比如鸽子或老鼠，实际上在计算方面很有天赋。它们能够在心理层面表征数量，并且能够根据一些算术规则对数量进行转化。研究这些能力的科学家认为，动物拥有一种心理模块，一般被称为"累加器"（accumulator），它能够存储不同的数量。在之后的章节中，我会向大家展示老鼠如何利用这个心理累加器来辨别由 2 个、3 个或 4 个声音组成的声音序列，以及如何计算 2 个数量相加的近似值。累加器机制为感知觉开启了一个全新的维度，通过这一维度，感知一系列物体的大致数量就变得像感知物体的颜色、形状和位置一样简单。这种"数感"使人类以及其他动物都拥有理解数量意义的直觉。

托比亚斯·丹齐格（Tobias Dantzig）在他的著作中颂扬"数字是科学的语言"，并强调了它作为数量直觉的初级形式的重要性："人类即便处于较低的发展阶段，也拥有这样一种技能，我将其称为数感。这种技能使得人们在不需要运用直接知识的情况下，在一个客体被移除或加入一个小集合时，也能够意识到这个集合发生了改变。"[1]

丹齐格在 1954 年写下了上面这段话。当时让·皮亚杰的理论正引领着整个心理学领域，他的理论否认儿童拥有任何数学能力。直到 20 多年后，皮亚杰的建构主义才被彻底驳斥，而丹齐格的观点则被证实：所有人，即便是在他们生命的第一年中，都拥有发展完好的数字直觉。后面我将剖析一些巧妙的实验，它们展示了人类婴儿远非一无所知，他们从刚出生开始就掌握了一些零星的算术知识，堪比某些动物对数字的认知。仅 6 个月大的婴儿就已经掌握了初步的加减法！

但是千万不要产生误解。显然，只有成年人的脑才能够意识到 37 是一个素数，或者知道如何计算 π 的近似值，婴儿或动物是不可能做到这些的。事实上，这些能力仍然是某些文化背景中少数人的特权。婴儿的脑无法体现数学的灵活性，它们只能在有限的范围中运用少量的算术能力，更不必说动物的脑了。确切地说，动物的累加器不能处理离散量，而只能处理连续数量的估计值。鸽子永远也无法分辨 49 和 50，因为它们只能以一种近似的、不断变化的方式来表征数量。对于动物来说，5 加 5 并不等于 10，而是 10 左右：可能是 9、10 或者 11。如此低的数敏度和如此模糊的内部数字表征使动物无法形成有关精确算术的知识。动物受限于它们的脑结构，只能掌握近似算术。

然而，进化赋予人类一种额外的能力：创造复杂符号系统，包括口头语言和书面语言。单词和符号能够区分意思相近的概念，这使得我们不必局限于近似值。语言使我们能够表达无限多的数字，而在这些表达方式中，发展最完善的是阿拉伯数字，它们能够表达和分离任何连续量。正因为这些表达方式的存在，我们才能将那些在数量上相似，但是在算术性质上却截然不同的数字区分开来。也只有以此为基础，才能够构造出对两个数字进行比较、相加或相除时的纯形式化的法则。事实上，数字的产生并没有直接参照其他具体的对象，而是有着独属于它自己的生命历程，这样，数学的"脚手架"才能越搭越高，越来越抽象。

然而，我们会发现这中间存在一个悖论。自从 10 万年前智人出现至今，人类的大脑没有任何实质性的改变。事实上，我们的基因通过随机变异的方式只能发生缓慢和微小的进化，需要经过上千次失败的尝试才能从一片嘈杂中得到一个值得传递给下一代的有益基因变异。与此相反，文化的进化要迅速得多。任何想法、发明和进步，一旦在一些聪慧的头脑中萌芽，就能通过语言和教育的方式传播给所有人。这就是我们今天所知道的数学在短短几千年间逐渐形成的方式。数字的概念由巴比伦人提出，由希腊人完善，由印度人和阿拉伯人精炼，由理查德·戴德金和朱塞佩·皮亚诺（Guiseppe Peano）形成公理，再由埃瓦里斯特·伽罗瓦（Évariste Galois）进行概括，它从未停止过在不同文化中的演进，然而却没有要求对与数学有关的遗传物质进行任何改进！从初步的估计来看，爱因斯坦的脑与在马格德林时期①绘制拉斯科洞窟的那位艺术大师的脑没有明显区别。在小学学习现代数学的儿童所拥有的脑，起初的设计是为了在非洲大草原上生存。

我们如何使生物进化方面的惰性与闪电般快速发展的文化协调一致呢？非凡的现代工具，如正电子发射计算机断层扫描（PET）和功能性磁共振成像（fMRI），使得我们能够在活体人脑中获得负责语言、问题解决和心算活动的脑回路的影像。我们会看到，当大脑面临进化过程中没有遇到过的任务，比如两位数的乘法，它会调动一个庞大的脑区网络结构，虽然这些脑区的原始功能与两位数乘法无关，但是将它们结合起来就能够达到目标。除了与老鼠和鸽子一样的近似累加器，人脑中很可能不包含其他任何负责数字和数学任务的"算术单元"。然而，人脑通过运用其他替代回路弥补了这点不足，虽然这些回路只能起缓慢而间接的作用，但对这项任务却或多或少是有用的。

因此，文化客体，比如书面文字或数字，可以被视为一种侵蚀原本用作他途的脑系统的"寄生物"。以文字阅读为例，有时这个"寄生物"会极富侵蚀性，甚至能够完全替代某个脑区原先的功能。因此，一些在其他灵长类

---

① 欧洲旧石器时代晚期文化，距今 1.7 万～1.15 万年。——编者注

动物中负责识别视觉对象的脑区，在能够阅读的人身上，则对识别字母和数字串起着不可替代的特异性作用。

由于所处的背景和时代不同，人脑可以计划一场针对猛犸象的猎捕行动，或者构思对费马大定理（Fermat's last theory）的论证，这使我们不得不惊叹于脑的灵活性。然而，这种灵活性不能被过高地估计。我认为脑回路的优势和局限恰好决定了我们在数学学习方面的长处和短处。人脑，就像老鼠的脑一样，在远古时代就被赋予了对数量的直觉表征，这就是人类对处理近似值极具天赋的原因，同时也解释了为什么"10 大于 5"的结果对于我们来说如此显而易见。相反，我们的记忆与计算机不同，不是通过数位来表示，而是以观念联想的方式运作，这也许解释了为什么我们在记忆由少量等式组成的乘法表时会如此困难。

正如数学家的大脑逐渐适应数学的要求那样，数学对象也越来越适应大脑的限制。数学的历史提供了充足的证据来证明人类的数字概念绝不是一成不变的，而是处于不断进化的进程中。多少世纪以来，数学家们辛勤工作，通过扩大数字符号的普及性、增加其在各领域中的应用性，以及简化其形式等方式，增进了数字符号的用途。与此同时，数学家们在不经意间开发出了一些使得数字符号能够适应人脑结构限制的方法。虽然对于现在的儿童来说，几年的教育就足以让他们学会数字概念，但是我们不应该忘记，在这之前，我们经历了好几个世纪的完善才使这一系统的运行变得如儿童游戏一般轻而易举。现在的一些数学对象之所以显得十分直观简单，就是因为它们的结构非常契合人脑结构。但事情还有另一面，许多儿童觉得学习分数十分困难，这是因为他们的皮层机制抵制这种违反直觉的概念。

如果脑的基本结构会给我们理解算术带来很大的限制，那么为什么一些儿童能够在数学领域取得成功呢？高斯、爱因斯坦和斯里尼瓦瑟·拉马努扬（Srinivasa Ramanujan）等杰出的数学家怎么会对数学对象如此熟悉？一些智商为 50 的 "智障学者"（idiot savant）又是如何在心算方面表现出特殊才能的？我们是否不得不做出这样的假设：一些人在出生时就拥有特殊的脑结构，或是拥有一种可以让他们成为天才的生理素质？其实，只要仔细验证，我们就会发现这是不成立的。总之，到现在为止，几乎没有证据可以证明，伟大的数学家和计算奇才被赋予了与众不同的神经生理结构。与其他人一样，数学家也要与步骤冗长的计算以及深奥的数学概念作斗争，如果他们成功了，也只是因为他们在这个主题上投入了大量的时间，并且最终发现了完美的算法，这些巧妙的、任何人通过努力都能学会的快捷方法，巧妙地利用了人脑结构的长处而回避了其局限性。数学家们的独特之处在于，他们对数字和数学表现出极大的、不间断的激情。有时一种被称为孤独症（autism）的脑部疾病（表现为不能长期保持正常的人际关系）会助长这种激情。我相信，拥有同样初始能力的儿童会因为他们对学科的喜爱或者痛恨而在数学学科中表现得出色或令人绝望。激情孕育天才。因此，无论儿童对数学的态度是积极的还是消极的，父母和老师都负有一定的责任。

在《格列佛游记》（Gulliver's Travel）中，乔纳森·斯威夫特（Jonathan Swift）这样描述了位于巴尔尼巴比岛（Balnibarbi Island）上的拉格多（Lagado）数学学校中所使用的奇特的教学方法：

> 我在一所数学学校，那里的教师使用一种对欧洲人来说完全无法想象的方式来教导学生。所有命题和论证都用着色药剂制成的墨水清楚地写在一块薄饼干上。学生要空腹吞下这块饼干，且在接下来的 3 天中除了面包和水不能吃其他任何东西。等到饼干消化以后，墨水就会带着命题一起印刻在脑中。但是到目前为止其效果还无法判断，一方面是因为含量和成分方面的问题，另一方面是因为儿童十分顽固，这个 "大药片" 对于他们来说实在是太恶心了，所

以他们总是偷偷溜到一边，在"药片"起作用之前就把它吐出来，他们也不会像"处方"上要求的那样长时间不吃其他东西。

虽然斯威夫特的描述非常荒诞，但是把数学学习比作同化作用（assimilation）①过程这个基本隐喻确实是合理的。归根结底，所有的数学知识都会被纳入大脑的生理组织中。儿童所修读的任何一门数学课程都以数百万突触的变化为基础，这意味着广泛的基因表达和数十亿个神经递质和受体分子的形成，通过化学信号的调制来反映儿童对这个话题的关注程度和情感参与程度。人脑中的神经网络并不是十分灵活的，特定的结构使得某些数学概念比起其他的概念更容易被"消化"。

我希望我在这里表述的观点最终能够引领数学教学的改进。一门好的课程应当考虑学习者大脑结构的优势与劣势。为了优化儿童的学习过程，我们应当思考教育和大脑发育会对心理表征的组织带来什么影响。显然，我们还远未了解学习能够在何种程度上改变我们的大脑机制。尽管现有的知识极少，但仍然有些用处。20年来，认知科学家们积累的关于大脑如何加工数学问题的结论至今还没有成为公众的共识，也没有渗透到教育领域中。如果这本书能够作为一种催化剂，促进认知科学和教育学之间的交流，我将会十分高兴。

这本书将以生物学家的视角带领读者领略算术的世界，同时也不会忽视算术的文化组成。在第1章和第2章中，我会首先带领大家了解动物和人类婴儿的算术能力，继而让读者相信，人类所拥有的数学能力早已出现在其他动物身上。在第3章我们会发现，其他动物用来加工数字的许多方式在人类

---

① 是指生物体把从外界环境中获取的营养物质转变成自身的组成物质或能量储存的过程。——编者注

成年人的行为中仍留有痕迹。在第 4 章和第 5 章中，通过观察儿童学习计数和计算的方式，我们尝试去了解人类如何克服原始的近似系统的局限，以及学习高等数学给灵长类动物的大脑带来了怎样的挑战。这将为研究现有的数学教学方法，以及验证它们在何种程度上适应人的心理结构提供一个很好的契机。在第 6 章中，我们将寻找能够将普通人和计算奇才或年轻的爱因斯坦似的天才区分开来的特质。在第 7 章和第 8 章中，我将会带领大家了解大脑皮层的沟回，负责计算的那些神经元回路就存在于这些沟回中，它们会因为损伤或脑血管疾病而失能，从而使人丧失基本的数感。第 9 章总结了书中的这些实验数据在哪些方面影响了我们对于人脑和数学的理解。第 10 章则介绍了自第一版出版以来，快速发展的数学认知研究领域那些令人兴奋的新发现。至此，我们的数学探秘之旅宣告结束。

THE NUMBER SENSE

HOW THE MIND CREATES MATHEMATICS

———————— 第一部分　　天赋数感：
进化的馈赠

一块石头，两座房子，三处废墟，四个掘墓人，一座花园，一些花朵，一只浣熊。

——雅克·普雷韦尔（Jacques Prévert），《清单》（*Inventaire*）

会算术的"天才"动物

从 18 世纪开始，有关自然历史的一些书中就流传着这样一则故事：

一只乌鸦将它的巢筑在一座塔上，而这座塔坐落在一个贵族的领地上，于是这个贵族就想将这只乌鸦射下来。但是每当贵族接近那座塔时，那只乌鸦就会飞到射程之外，一旦这个贵族离开，它又会重新回到自己的巢穴。贵族请他的邻居帮忙，两个猎手一起进入那座塔，之后他们中的一个离开了。但是乌鸦并没有掉入这个陷阱，而是一直等到第二个人离开才返回自己的巢穴。后来，贵族又请来 3 个人、4 个人、5 个人帮忙，这些计谋都没有蒙蔽这只聪明的鸟儿。每一次，这只乌鸦总能等到所有的人都离开才飞回巢穴。最后，6 个猎手一起进入了那座塔，当他们中的第五个离开时，乌鸦自信地飞了回来，毕竟它不是那么擅长计数，最终它被第六个猎手射落。

这个故事真实可信吗？没有人知道。我们也不清楚这是否和数字能力有关：据我们所知，鸟类能够记住的是每个猎人的相貌，而不是猎人的数量。但是，我引用这个故事是因为它很好地说明了动物的算术能力，而这正是本章要讨论的主题。首先，在许多严格控制的实验中，鸟类和其他动物物种不需要经过特殊的训练就能表现出感知数量的能力。其次，这种感知并不是非常精确，随着数字的增大，这些参与实验的动物的感知准确率会下降，这就是为什么故事中的那只乌鸦混淆了 5 和 6。最后，也是最滑稽的，这则故事告诉我们，达尔文提出的自然选择的理论也同样适用于算术领域。如果那只乌鸦可以数到 6，那么它可能就不会被射中了！在许多物种中，估计捕食者的数量和凶残程度，量化和比较两种食物源的收益，这都是生死攸关的大事。这样的进化观点能够帮助我们理解一些科学实验，它们能够揭示动物进行数字计算时的复杂过程。

一匹名叫汉斯的马

在 20 世纪初，一匹名叫汉斯（Hans）的马登上德国报纸[1]的头条。它的主人威廉·冯·奥斯滕（Wilhelm Von Osten）可不是一名普通的马戏团驯兽师，受到达尔文观点的影响，他热衷于证明动物的智力水平。他用十多年的时间教他的马学习算术、阅读和音乐。虽然训练的效果过了很久才体现出来，但是最终却大大超出了他的预期。这匹马似乎拥有极高的智力，它可以解决算术问题，甚至可以拼出单词！

冯·奥斯滕常常会在自家院子里向众人展示聪明的汉斯的能力。人们在汉斯的前面围成一个半圆，并向驯马师提出一个算术问题，比如："5 加 3 等于多少？"冯·奥斯滕会在汉斯面前的一张桌子上摆上 5 件物品，在另一张桌子上摆上 3 件物品。在仔细审"题"之后，汉斯就会以蹄子敲击地面的方式来回答问题，敲击的次数与两数相加的和相同。然而，汉斯的数学能力远不止在这种简单的技艺上所表现的。对一些由观众口头提出或用数字符号写在黑板上的算术问题，汉斯仍能够轻松地解决（见图 1–1）。汉斯还能解决两个分数相加的问题。比如"2/5+1/2"，它会先敲击 9 下，再敲击 10 下，给出 9/10 的答案。据说，即便是"28 的约数有哪些"这样的问题，汉斯也能够给出非常准确的答案：2、4、7、14 和 28。显然，汉斯对数字知识的了解已经远远胜过了那些聪明的小学生！

1904 年 9 月，一个专家委员会对汉斯的技艺进行了深入彻底的调查，著名的德国心理学家卡尔·斯图姆夫（Carl Stumpf）也是委员会成员之一。他们最终得出结论：汉斯的技艺是真实的，并不存在欺骗性。然而，这个笼统的结论并没有使斯图姆夫的学生奥斯卡·芬格斯特（Oskar Pfungst）感到满意。在冯·奥斯滕的帮助下——这位主人确信他的天才马具有极高的智力，芬格斯特开始对汉斯的能力进行系统的研究。芬格斯特的实验，即便拿现在的标准来看，也是严密和富有创造力的典范。他的研究假设是：汉斯对数学根本一无所知，因此，一定是主人自己，或是人群中知道答案的某人，在汉斯敲击到正确数字的时候给了它隐蔽的信号，从而使它停止敲击。

为了证明这个假设，芬格斯特设计了一个方法，将汉斯对问题的认识与主人对问题的认识区分开来。他将之前的程序进行了微小的调整：主人可以看到用很大的印刷体写在题板上的简单加法算式，之后题板会转向汉斯，使得它能够看见问题并解答。然而，在实验中，有时芬格斯特在向汉斯展示问题之前会暗中调换加法算式，比如，主人看到的是"6+2"，而实际上汉斯要尝试解决的问题是"6+3"。

聪明的汉斯和它的主人站在一排令人印象深刻的算术问题前。较大的黑板上显示的是马用来拼写单词时使用的数字代码。

图 1-1　聪明的汉斯

资料来源：版权所有 ©Bildarchiv Preussicher Kulturbesitz。

在经过一些后续的细节控制之后，这项实验的结果非常明确。每当主人知道正确答案时，汉斯就能得出正确答案，而当主人不知道正确答案时，汉斯则会给出错误答案。另外，汉斯所给出的错误答案通常就是主人所期待的数字。显然，是冯·奥斯滕自己，而不是汉斯，得出了不同算术问题的答案。但是汉斯究竟是怎样知道要在何时停止敲击的呢？芬格斯特最终推断，汉斯真正惊人的能力在于它能够捕捉到主人头部和眉毛的微小动作，而这些动作通常表明停止敲击的时机。事实上，芬格斯特一直确信这位驯兽师是诚实的。他相信那些信号的发出完全是无意识的，而并非故意所为。即便冯·奥斯滕不在场，马也能继续给出正确的答案：显然，当敲击到正确的数字时，汉斯能够感受到观众的情绪中增长的紧张感。即便发现了汉斯能够利用哪些身体线索，芬格斯特也不能阻断人们与它进行无意识交流的所有方式。

芬格斯特的实验对"动物智力"的论证提出了严重质疑，同时也对那些像斯图姆夫一样自称专家却盲目认同这一论点的人的能力提出了质疑。确实，今天的心理学课堂中仍在讲授"聪明的汉斯现象"，它仍然象征着实验者的预期和干预可能对心理实验结果产生的不良影响，不论这种预期和干预多么微乎其微，不论实验对象是人还是动物。从历史层面来看，汉斯的故事在塑造心理学家和动物行为研究者的批判性思维方面起了重要的作用，它让人们注意到严谨的实验设计的必要性。一个很难被注意到的刺激，比如眨眼，都可以影响动物的表现。因此，一个设计良好的实验必须避免一切可能的失误源。这一教训尤其被行为主义者很好地接受了。比如斯金纳（Skinner），他做了大量的工作，致力于发展动物行为研究的严谨实验范式。

然而，汉斯这个典型案例也对心理科学的发展产生了很多负面的影响。它使得人们对整个动物数字表征的研究领域充满质疑。具有讽刺意味的是，每当有人证明动物的数字能力时，科学家们就会挑起眉毛，就好像在给汉斯提供解题线索似的。人们总会有意无意地将此类实验与汉斯的故事联系起来，它们即便不被认定为是伪造的，也会被质疑设计存在缺陷。这其实是一种不合理的偏见。芬格斯特的实验只是证明了汉斯具有数字能力是一种巧合，并没有证明动物不可能理解算术的某些方面。在很长一段时间内，科学家们只是系统地寻找一些实验偏差来解释动物行为，而完全不去考虑"动物拥有初始阶段的计算知识"这一假设。当时，即便是最有说服力的结果也不能说服任何人。一些研究者甚至倾向于认为动物有一种神秘的能力，例如"节奏辨别"的能力，而不愿意承认动物可以对客体集合进行计算。简言之，科学界往往在倒洗澡水的时候，将婴儿也一起倒掉了。

在引入一些最终得到所有人（除了那些最多疑的研究者）信服的实验之前，我想以一则现代故事来结束汉斯的故事。即便是在今天，对马戏团动物的训练用的也是与汉斯那时一样的把戏。如果你曾经在一场表演中看到动物将数字相加、能拼写单词，或是做类似的令人惊奇的事情，你完全可以确定，这些行为就像汉斯的行为一样，依靠的是驯兽师和动物之间的隐蔽交流。我要再次强调，这种交流并不一定是有意的。驯马师通常是由衷地对他的"学生"的天赋确信无疑。几年前，我在一份瑞士本土的报纸上看到一篇有趣的文章。一位记者拜访了吉勒（Gilles）和卡罗琳（Caroline），他们饲养的一只名为普佩特（Poupette）的贵妇犬似乎在数学上表现出超凡的天赋。图 1–2 中是普佩特自豪的主人，他正将一系列写在纸上需要相加的数字展示给他那位忠实而聪明的伙伴。普佩特用爪子拍打主人的手，用拍打的次数表示确切的数字。当拍到正确的次数时，它会舔主人的手，在此过程中它没有出现一次错误。据它的主人说，这只天才的贵妇犬只接受了很简短的训练就有了这种能力，这使他相信了轮回或类似的超自然现象。然而，这位记者敏锐地发现，当拍到正确数字时，这只狗能够从主人的眼皮或是手部的微小动作中获得提示。所以这确实是一种轮回：聪明汉斯的策略进行了一次轮回，在一个世纪之后，普佩特对其进行了一次惊人的重现。

普佩特，现代狗家族中的"聪明的汉斯"，据称这只狗能做加法运算。

图 1-2 能做加法的狗

老鼠"会计师"

在汉斯事件之后，一些著名的美国实验室开始对动物的数学能力展开研究。这类项目大多失败了，然而，德国著名动物行为学家奥托·克勒（Otto Koehler）的研究却取得了一些成就[2]。在他训练的乌鸦中，有一只名为雅各布（Jacob）的学会了在一些容器中选出钻有 5 个孔的那个盖子。因为在不同的实验轮次中，5 个点的大小、形状和位置是随机改变的，所以这种表现只能被解释为"此乌鸦对数字 5 有精确的认知"。但是，克勒团队的这项成果影响甚微，一方面是因为其大部分的研究结果只是在德国发表，另一方面是因为克勒的同事认为，他并没有排除所有可能的失误源，如实验者间的无意识交流或嗅觉线索。

在20世纪五六十年代，美国哥伦比亚大学的动物心理学家弗朗西斯·梅希纳（Francis Mechner）与艾奥瓦大学的约翰·普拉特（John Platt）和大卫·约翰逊（David Johnson）一起，采用了一种令人信服的实验范式，我在这里粗略地介绍一下[3]。实验者将一只被暂时剥夺了食物的老鼠安置在封闭的盒子中，盒子里有 A 和 B 两根操作杆。操作杆 B 与一个机械设备相连，这个设备可以给出少量的食物。然而，这个奖赏系统并不是即时的。老鼠需要重复地按压操作杆 A，只有按压到 n 次时，它才能在按下操作杆 B 时得到食物。如果这只老鼠过早地按压操作杆 B，它不仅不会得到任何食物，而且还会受到惩罚。在不同的实验中，光线可能会消失几秒，或者计数器会被重置，此时老鼠必须从头开始对操作杆 A 进行 n 次按压。

在这个不同寻常的实验中，老鼠的表现怎样呢？起初，通过反复尝试，它们发现，当按压了几次操作杆 A 后再按压操作杆 B，食物就会出现。逐渐地，它们对按压次数的估计越来越精确。最后，在训练结束时，老鼠对实验者选择的数字 n 都有非常合理的认识。那些需要先按压 4 次操作杆 A 才能得到食物的老鼠确实按了大约 4 次。那些需要按压 8 次的老鼠，也一定会按压大约 8 次，依此类推（见图1-3）。即便要求的按压次数是像 12 和 16 这样的大数字，聪明的老鼠"会计师"也能够按压到正确的次数！

其中有两个细节值得一提。第一，老鼠按压操作杆 A 的次数会略高于所要求的最低值——5 次而不是 4 次。但是，这是一个极其理性的策略。它们过早地按压操作杆 B 会受到惩罚，所以为了安全起见，它们宁愿多按 1 次操作杆 A，也不敢少按 1 次。第二，即便是在受到大量的训练之后，老鼠的行为仍旧不怎么精准。最理想的策略是精确地按压 4 次操作杆 A，然而老鼠通常会按 4 次、5 次或者 6 次，在一些实验中，它们甚至会按压 3 次或者 7 次。它们的行为绝对不是"数字化"（digital）的，而且在每一个实验轮次中都会有变化。事实上，其变化范围会随着老鼠所估计的目标数字的增大而扩大。当目标按压次数是 4 时，老鼠的按压次数在 3 次到 7 次之间；而当目标次数是 16 时，老鼠的按压次数就会在 12 次到 24 次之间变化，跨度很大。看来，老鼠的估计机制相当不精准，与我们的数字计算器完全不同。

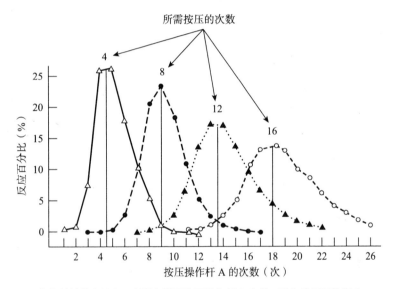

在梅希纳的实验中，老鼠在学习按压操作杆 B 之前，需先按压操作杆 A 达到事先规定的次数。尽管随着数字变大，估计值的变化范围也会扩大，但老鼠的按压次数与实验者规定的数字大致相当。

图 1-3[①] 老鼠"会计师"

资料来源：经作者和出版商许可，改编自 Mechner, 1958；版权所有 ©1958 by the Society for the Experimental Analysis of Behavior。

———————————

① 本书中所有学术图表均参照原始资料绘制。为便于读者阅读，部分图表的坐标轴经过特殊处理，后同。——编者注

　　到了这个阶段，许多人可能会怀疑我是否过早地认定老鼠拥有计数能力，以及我们是否真的找不到对老鼠行为的更为简单的解释。首先我要申明的是，"聪明的汉斯"效应不会对这类实验产生影响，因为老鼠被单独安置在笼中，而且所有的实验过程都由自动化的机械设备所控制。那么，老鼠是真的对操作杆的按压次数敏感，还是它们估计了从实验开始到停止按压的时间，或是利用了其他与数量无关的参量？如果老鼠以特定的频率按压，比如每秒 1 次，那么上述行为可能要用对时间的估计来解释，而不能用对次数的估计来解释。当按压操作杆 A 时，老鼠可能会依不同情况等上 4 秒、8 秒、12 秒或 16 秒再去按操作杆 B。比起"老鼠可以数出自己的动作次数"这一假说，这样的解释显得更为简单，尽管估计持续时间与估计数字实际上是同样复杂的操作。

　　为了驳斥这种有关时间估计的解释，梅希纳和洛朗斯·格夫雷基安（Laurence Guevrekian）[4] 采取了非常简单的控制方法：他们让老鼠的食物被剥夺程度产生差异。当老鼠真的很饿时，它们急于尽快得到食物奖励，所以会更快地按压操作杆。然而，这种频率的增加对它们按压操作杆的次数没有任何影响。被训练按压 4 次的老鼠，其压杆表现仍在 3 次到 7 次的范围内，而要求按压 8 次的，仍然会按压 8 次左右，对其他数字也同样如此。按压数的平均值和结果的离散程度都没有随着按压频率的增加而改变。显然，是数字参数而非时间参数促成了老鼠的行为。

　　美国布朗大学的拉塞尔·丘奇（Russell Church）和沃伦·梅克（Warren Meck）进行的一项较新的实验表明，老鼠自发地对事件的次数和持续时间给予同等程度的关注。在丘奇和梅克的实验[5] 中，实验者通过一个放置在鼠笼中的扬声器播放一串声音。一共有 2 个声音序列，序列 A 由 2 个音组成，一共持续 2 秒；序列 B 由 8 个音组成，持续 8 秒。老鼠需要辨别这两段声音。每放完一段声音，两根操作杆会被插入笼子中。为了得到食物奖励，老鼠在听到序列 A 时，必须按下左边的操作杆，而听到序列 B 时，必须按下右边的操作杆（见图 1-4）。

几个初步实验表明，处于这种环境下的老鼠很快就学会了按压正确的操作杆。显然，它们可以利用两个截然不同的参数来辨别 A 和 B：序列的总持续时间（2 秒和 8 秒），或是音数（2 个和 8 个）。那么，老鼠关注的是持续时间、音数，还是两个都关注？为了寻找答案，实验者设计了一些测试声音序列，其中一些声音序列的持续时间固定而音数不同，而另外一些则是音数相同但持续时间不同。在第一种类型中，所有的序列都持续 4 秒，每个序列由 2 至 8 个音组成。在第二种类型中，所有的序列都由 4 个音组成，每个序列持续时间为 2 至 8 秒不等。在所有这些测试中，不论按压哪根操作杆，老鼠都能够得到食物奖励。研究者的目的是想了解，在排除了奖励的影响之后，这些新刺激对老鼠来说意味着什么。因此，这个实验测试的是老鼠将先前习得的行为泛化至新环境的能力。

结果一目了然。在持续时间和数量方面，老鼠都能很容易地将习得行为进行泛化，以应对新的情况。当持续时间固定时，它们仍会在听到 2 个音时按压左边的操作杆，在听到 8 个音时按压右边的操作杆。反过来，当音数固定时，它们会在听到持续时间为 2 秒的声音序列时按压左边的操作杆，听到持续时间为 8 秒的声音序列时按压右边的操作杆。那么对于 2 到 8 之间的其他数，老鼠的表现如何呢？老鼠似乎会把呈现的刺激关联到最接近的已习得的刺激量。因此，在听到一个全新的、由 3 个音组成的序列时，老鼠会做出与听到 2 个音时一样的反应，当序列由 5 个或 6 个音组成时，其反应会与听到 8 个音时相同。奇怪的是，当序列由 4 个音组成时，老鼠无法决定应当按压哪根操作杆。对于老鼠来说，4 就是数字 2 和 8 之间的主观中点（subjective midpoint）！

（a）持续时间辨别

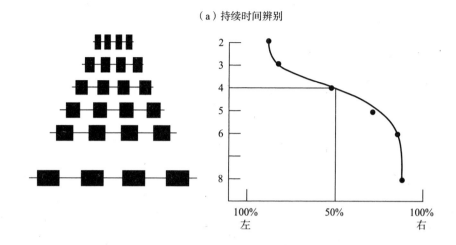

（b）数量辨别

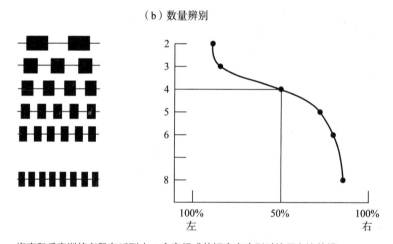

梅克和丘奇训练老鼠在听到由2个音组成的短声音序列时按压左边的操作杆，在听到由8个音组成的长声音序列时按压右边的操作杆。在之后的实验中，老鼠也会自动地泛化训练的结果：当声音数一定时，它们能够区分持续2秒的序列和持续8秒的序列（a）；而当持续时间一定时，它们能够区分由2个音组成的序列和由8个音组成的序列（b）。在两种条件下，4似乎都是2和8的"主观中点"，在这种情况下，老鼠无法决定应该按压哪边的操作杆。

图1-4 老鼠对事件次数和持续时间的关注度相同

资料来源：改编自 Meck & Church, 1983。

需要注意的是,在训练过程中,老鼠并不知道它们会在后续的实验中进行持续时间不同还是音数不同的测试。因此,这个实验表明,当一只老鼠听到一段旋律时,其大脑会自发地同时处理持续时间和音数。如果你认为这个实验运用了条件反射的原理,是实验者或多或少教会了老鼠怎样计数,那就大错特错了。实际上,实验中的老鼠拥有最高级的视觉、听觉、触觉和数字知觉的硬件条件。条件反射只是教动物将它一直拥有的知觉能力(比如对刺激持续时间、颜色或是次数的表征),与新的动作(比如按压操作杆)联系起来。数字并不是外部世界中的一个复杂参数,它不比其他所谓客观参数或物理参数(比如颜色、空间位置或持续时间)更抽象。事实上,既然动物已经具备了相应的脑模块,那么计算一个集合中客体的近似数目理应与感知其颜色和方位一样简单。

我们现在知道,老鼠和其他许多物种一样,都会自发地关注各种数量信息:动作、声音、闪光、食物的数量[6]。例如,有研究者已经证明,当试验者让浣熊在一些装有葡萄的透明箱子之间进行选择时,它能学会只选取装有 3 颗葡萄的箱子,而忽略装有 2 颗或 4 颗葡萄的箱子。同样,在迷津任务中,无论通道间的距离有多远,老鼠都能够通过条件反射训练,选取左侧第 4 条通道。其他的研究者教会了鸟在一组连通的笼子中选出它们发现的第 5 颗种子。另外,在一些情况下,鸽子能够估计自己啄击目标的次数,比如,它们能够辨别 45 次啄击和 50 次啄击之间的差异。最后再举一个例子。一些动物,包括老鼠,能够记得在特定环境中受到奖励和惩罚的次数。美国普渡大学的卡帕尔迪(Capaldi)和丹尼尔·米勒(Daniel Miller)的一个精妙实验表明,当老鼠获得两种不同的食物奖励时,比如葡萄干和谷物,它们同时记住了三则信息:它们吃的葡萄干数和谷物数,以及总的食物种类[7]。总的来说,算术能力在动物世界相当普遍,根本算不上特殊能力。它在帮助动物生存方面的优势是显而易见的。一旦老鼠记住了它的藏身之处是左侧第 4 条通道,那它在迷津一般的黑暗巢穴中就会移动得更快；松鼠在发现了长着 3 颗坚果的树枝时，会放弃长着 2 颗坚果的树枝，这样它就更有可能安全过冬。

动物的计算有多抽象

对于老鼠来说，按压 2 次操作杆、听到 2 个声音、吃 2 粒种子，能否让它们意识到这些事件都是数量 "2" 的实例呢？或者它们能否发现来源于不同知觉通道的数字之间的联系呢？在不同知觉通道和动作形式之间对数量进行概括的能力是数量概念（number concept）的重要组成部分。举一个极端的例子，我们假设一个儿童在看到 4 件物品时能够稳定地说出数词 "4"，但在听到 4 个声音或跳了 4 下时可能会随机地在数词 "3""4" 和 "9" 之间选择一个。虽然这个儿童在面对视觉刺激时有出色的表现，但是我们仍然不能认为这个儿童有 "4" 的概念，因为掌握这个概念就意味着能够将其运用到各种不同的通道情境中。事实上，一旦儿童掌握了一个数量，他们立刻就能够用它计算玩具车的数量，数出小猫叫了几声，或者能用它计算弟弟干了几件坏事。对于老鼠来说，情况又是怎样的呢？它们的数学能力是局限于某种知觉通道，还是抽象的？

鉴于对动物多通道知觉泛化的研究成功的很少，所有答案都只是尝试性的解释。不过，丘奇和梅克[8]已经证明，老鼠对数量进行表征时，是将其看作一个抽象参数的，而不是局限于听觉或者视觉等某一特定的知觉通道。他们再一次将老鼠放入一个有两个操作杆的笼子中，但是这次同时使用了视觉和听觉刺激序列。由于此前的学习，老鼠会条件反射地在听到 2 个音时按压左边的操作杆，听到 4 个音时按压右边的操作杆。这次，它们又被训练在看到 2 次闪光时按压左侧操作杆，看到 4 次闪光时按压右侧操作杆。实验的关键在于，这两种学习经历在老鼠的脑中是怎样编码的。它们会将这两种经历作为两项不相干的知识储存在脑中吗？或者，老鼠学会了抽象的规则，比如

"2 是左，4 是右"？为了寻找答案，两位研究者在一些实验轮次中将声音和闪光混合起来同时展现给老鼠。他们惊奇地发现，当他们同时呈现 1 个音和 1 次闪光，总共 2 个事件时，老鼠会立刻按下左侧的操作杆，而当他们呈现 2 个音和 2 次闪光所组成的总共 4 个事件时，老鼠会按压右侧的操作杆。动物们可以将它们的知识类推到全新的情境中。它们对数量"2"和"4"的概念并不仅仅体现在低层次的视知觉和听知觉中。

在同时使用 2 个音与 2 次闪光的实验中，老鼠的特殊表现十分值得注意。要知道，在训练过程中，老鼠通常是在听到 2 个音或看到 2 次闪光后按压左侧操作杆从而得到奖励的。因此，听觉刺激"2 个音"和视觉刺激"2 次闪光"都与按压左侧操作杆相关。然而，当这两种刺激同时呈现时，老鼠却按下了与数量"4"相联系的操作杆！为了让大家更好地理解这个发现的重要性，我们可以把它与另一个实验相比较。在这个实验中，老鼠被训练为看到正方形（另一种刺激为圆形）时按压左侧操作杆，看到红色（另一种刺激为绿色）时也按压左侧操作杆。那么当老鼠看到 1 个红色的正方形，即两种刺激结合起来时，我敢打赌，它们一定会更加坚决地按压左侧的操作杆。为什么在面对声音和闪光组合的刺激与形状和颜色组合的刺激时，它们的表现不一样呢？这个实验说明，在某种程度上，老鼠"知道"，数与数相加和形状与颜色相加的方式并不相同。1 个正方形加上红色就成了 1 个红色的正方形，但是 2 个音加上 2 次闪光却不能引发对"2"这个数更强的感受。确切地说，老鼠的脑似乎可以领会蕴含在"2+2=4"中的算术基本法则。

动物具有抽象的加法能力的最好例证或许来自美国宾夕法尼亚大学的盖伊·伍德拉夫（Guy Woodruff）和戴维·普雷马克（David Premack）所做的研究[9]。他们证明了黑猩猩能够进行简单的分数运算。在他们的第一个实验中，黑猩猩的任务十分简单：只要在 2 件物品中选出与给定物品外观相同的那一个，黑猩猩就能得到奖励。例如，实验者向黑猩猩展示一个盛有 1/2 杯蓝色液体的玻璃杯，黑猩猩就必须从 2 件物品中选出与此相同的物品。也就是说，盛有 1/2 杯液体的玻璃杯是正确的选择，因为另一个玻璃杯中的液体占了 3/4 杯。黑猩猩很快就掌握了这个简单的外观匹配任务。接着，决策变得越来越抽象：实验者仍然向黑猩猩展示一个盛有 1/2 杯液体的玻璃杯，但选项变成了 1/2 个苹果和 3/4 个苹果。从外观上看，两个选项均与样例相去甚远，然而黑猩猩仍能够选择 1/2 个苹果，显然是 1/2 杯液体和 1/2 个苹果在概念上的相似性使它做出了这个决定。对分数 1/4、1/2、3/4 的测试都同样取得了成功：这只黑猩猩知道一整个馅饼的 1/4 与一整杯牛奶的 1/4 具有相同的意义。

在最后的实验中，伍德拉夫和普雷马克证明了黑猩猩甚至能够对 2 个分数的加法进行心算：当样例由 1/4 个苹果和 1/2 杯液体组成时，面对一整个圆盘和 3/4 个圆盘，它们中的大部分选择了后者，这比完全随机所预期的概率要高很多。显然它们对两个分数进行了心算，与分数的加法运算"1/4+1/2=3/4"没有什么不同。据推测，它们并没有像我们一样使用复杂的符号计算法，但是它们显然直觉般知道这些比例该怎样相加。

最后说一则关于伍德拉夫和普雷马克研究的轶事。起初，他们研究手稿的标题是"黑猩猩的原始数学概念：比例和数量"（Primitive mathematical concepts in the chimpanzee: proportionality and numerosity），一个编辑错误导致了它在科学期刊《自然》上的标题变成了"灵长类动物的数学概念"（Primative mathematical concepts）[1]！虽然这属于无心之失，但是这个改动并不是完全错误的。事实上，用"原始"（primitive）一词来描述这种能力是不恰当的。如果 primitive 在这里指的是"灵长类动物所特有的"（specific to primates），那么这个新词用在这里就显得十分恰当，因为这种对分数进

---

[1] primative 是 primitive 的误写，英语中并没有 primative 一词。——编者注

行相加的抽象能力至今还没有在其他物种中发现过。

另外，加法并不是动物在数字运算方面的全部本领，比较两个数量的多少是更为基础的能力，而且这种能力确实在动物中普遍存在。实验者向黑猩猩展示两个放着几小块巧克力的托盘[10]，第一个托盘上有两堆巧克力，其中一堆有 4 块，另一堆有 3 块。第二个托盘上也有两堆巧克力，一堆有 5 块，还有 1 块巧克力被单独放置。实验者会给黑猩猩足够长的时间来仔细观察这个情境，然后让它们选择一个托盘并吃掉托盘上的东西。你认为黑猩猩会选择哪个托盘呢？大多数情况下，没有经过训练的黑猩猩会选择放置巧克力总数更多的那个托盘（见图 1–5）。贪心的灵长类动物必须自发地计算第一个托盘上巧克力的总数（4+3=7）和第二个托盘上巧克力的总数（5+1=6），最后得出 7 大于 6 的结论，从而认为选择第一个托盘有更大的优势。如果黑猩猩不会做加法，而是满足于选出单堆巧克力块数最多的托盘，那么情况就不应该是这样，因为第二个托盘上由 5 块巧克力组成的那堆比第一个托盘上的任意一堆都多，尽管第一个托盘上巧克力的总数更大。显然，将两数相加和之后进行比较的操作都是其做出成功选择所必需的。

虽然黑猩猩在从两个数量中选择较多数量时有非常好的表现，但它们仍会出错。这类错误向我们提供了非常重要的线索，使我们能够了解它们所采用的心理表征的本质[11]。若两个数量有显著不同，比如 2 和 6，黑猩猩几乎不会出错，它们通常会选择数量多的。但当两个数量越来越接近时，它们的表现会越来越差。当两个数量只相差一个单位时，只有 70% 的黑猩猩做出了正确的选择。这种错误率和两个数量差距之间的稳定依存关系被称为距离效应（distance effect）。它通常伴随大小效应（magnitude effect）产生。当数量差距相同时，数量越多表现就越差。黑猩猩在得出"2>1"的判断时没有任何困难，即便这两个数量只相差一个单位。但是，当它们比较 2 和 3、3 和 4 等较多的数量时出错率就会提升，数量越多，错误率越高。除了黑猩猩外，相似的距离效应和大小效应在许多任务和许多物种中均被发现，包括鸽子、老鼠，以及海豚。没有一种动物能够逃离这些行为法则——包括人类。

黑猩猩会自发地在两个托盘中选择放置巧克力总数更多的那个托盘，表现出与生俱来的对数量进行相加和粗略比较的能力。

图 1-5　黑猩猩的选择

资料来源：重印自 Rumbaugh et al., 1987。

为什么距离效应和大小效应的存在具有重要的意义？因为它们再一次证明了动物不能对数量进行数值性或离散性的表征。只有开始的几个数字——1、2 和 3，能够被准确地识别。数量一旦变多，判断就会变得模糊。数量内在表征的变异性与表征数量的大小成正比。这就是为什么当数量变多时，动物就很难区分数量 n 和相邻数量 n+1。但是，我们不能由此认为，老鼠或者鸽子的脑不能处理数值大的数量。事实上，当数量间距足够大时，动物仍能够成功地辨别和比较数值很大的两个数量，比如 45 和 50。动物对大数表征的不精确性使它们无法识别 49 和 50 在算术上的区别。

虽然受到内部不精确性的限制，但是我们仍然可以通过许多例子证明动物的确拥有实用的数学工具。它们能够将两个数量相加，并自发选出两者中较大的那一个。我们有必要对动物的这种能力感到惊讶吗？试想一下，这些实验还会有其他结果吗？当一只饥饿的狗面对一整盘和半盘同款食物进行选择时，它们难道不会自然地选择数量更多的那盘吗？它若不选一整盘食物，结果可能是灾难性的，这种行为并不合理。恐怕对于所有生物来说，选择两份食物中较多的那一份都是生存的先决条件之一。在进化过程中，动物形成了收集、储存和捕获食物的复杂策略，因此，许多物种拥有"比较两个数量的多少"这种简单能力也不应当令人感到惊讶。心理比较的算法很可能在更早以前就出现了，甚至很可能在进化过程中被彻底改造了许多次。毕竟，即便是最原始的有机生命体也必须永无止境地寻找最适宜的环境：最多的食物，最少的捕食者，最多的异性配偶，等等。生命体为了生存，必须不断地做出最优的选择，而为了选择最优，就必须学会比较。

我们还需要了解进行此类计算和比较的神经机制。鸟、老鼠和灵长类动物的脑中存在微型计算器吗？它们是怎么运作的？

蓄水池隐喻

老鼠是如何知道"2+2=4"的呢？鸽子又是如何比较 45 次和 50 次啄击的呢？根据我的经验，这些从动物身上得出的结论经常会引发怀疑、嘲笑甚至愤怒，尤其当听众是数学教授时！在西方社会，从欧几里得和毕达哥拉斯时期开始，数学就被视为人类成就的顶峰。我们将其视作一种至高的技能，需要通过不懈的教育才能获得，或者需要具有一种与生俱来的天赋。在许多哲学家看来，人类的数学能力由语言能力衍生而来，所以，认为没有语言功能的动物能够计数是匪夷所思的，更不用说它们能对数量进行计算。

在这一背景下，我之前讲述的关于动物行为的观察都极有可能被单纯地看作意料之外、离经叛道的科学结论。没有理论框架的支持，这些研究结果会被孤立起来，虽然它们不同寻常，但毕竟不是定论，因而仍不足以质疑"数学＝语言"的想法。简单地说，为了打破这种现象，我们需要一个能够明确解释"为什么没有语言也可以计数"的理论。

幸运的是，这样的理论是存在的[12]。事实上，我们熟知的一些机械设备与老鼠的表现极其相似。例如，所有汽车都配备有计数装置，用以记录从车辆首次上路开始累计的里程。这种计数装置最简单的形式就是一个齿轮，每增加一公里就向前滚动一个槽位。原则上，这个例子解释了一个简单的机械设备是如何记录累计数量的。那么，为什么生物系统就不能使用相似的计数原则呢？

汽车计数器（car counter）的例子并不完美，因为它使用的数量符号系统极有可能是人类独有的。为了解释动物的算术能力，我们应该寻找一个更为简单的比喻。想象鲁滨孙被困在孤岛上，孤独又无助。为了便于讨论，我们假设一次头部的重击使他丧失了语言能力，以致他不能运用数词来进行计数或计算。那么，在现有条件下，鲁滨孙该怎样找到替代品来构筑一个近似的"计算器"呢？实际上，这比想象的要简单。假设鲁滨孙在附近发现了一口泉，他用一根大圆木建成一个蓄水池，并把它放置在泉水旁。水不直接流到蓄水池中，而是由一根竹管导入其中。在这个以蓄水池为核心的基础设备的帮助下，鲁滨孙将能够进行计数、加法运算和近似数值大小的比较。这个蓄水池使他能够像老鼠或鸽子一样大体上掌握算术技能。

假如一艘载着食人者的独木舟正在向鲁滨孙的孤岛上驶来，当鲁滨孙用望远镜看到这一切时，他该如何利用他的"计算器"来记录食人者的人数呢？首先，他必须将蓄水池清空。其次，每当一个食人者登陆，鲁滨孙便将一些泉水引到蓄水池里。在此过程中，每一次引水的持续时间是固定的，并且水流量始终保持稳定。这样就可以保证每一个食人者登陆时，流入蓄水池中的水量基本是固定的。最后，蓄水池的总水位等于单次引水的水位的n倍。此时，最终的水位就可以作为登陆的食人者总数量n的近似表征，因为水位仅取决于所记录事件的次数。其他参数，比如事件的持续时间、事件的间隔等，对水位都没有影响。因此，蓄水池最后的水位就等同于登陆食人者的数量。

通过标记蓄水池的水位，鲁滨孙就能够记录有多少食人者上了岸，他在之后的计算中可能会用到这个数量。比如第二天，第二批食人者来了。为了估计食人者的总人数，鲁滨孙要先往蓄水池中注水，使水位达到前一天的标记处，然后每当一个新来的人上岸，他就会像之前那样往蓄水池中引入固定量的水。在完成这项操作之后，蓄水池中的水位达到了新的高度，这个高度代表了来到岛上的两批食人者的总数。通过在蓄水池中刻上不同的标记，鲁滨孙可以把这些计算结果永久地记录下来。

第三天，一些食人者离开了这座岛。为了估算他们的数量，鲁滨孙清空了蓄水池，重复上述程序，每离开一个人他就加一些水。他意识到代表离开人数的水位线远低于前一天的标记。通过比较两次的水位，鲁滨孙得出了一个让他烦恼的结论：已经离开的食人者的人数极有可能少于前两天上岸的食人者的总人数。总之，鲁滨孙用他简陋的设备完成了计数、简单加法运算和比较计算的结果，这个过程正如前述实验中的动物所做的那样。

这样的累加器存在一个明显的不足：尽管数量是离散的，但它们却是由连续量——水的高度来进行表征的。鉴于所有物理系统固有的可变性，在不同的时间，相同的数量可能由蓄水池中不同的水量来表示。例如，我们假设水流量不是固定的，而是在每秒 4~6 升之间变化，平均每秒 5 升。如果鲁滨孙引了 0.2 秒的水，那么被引入的水量平均为 1 升，然而实际水量会在 0.8 升和 1.2 升之间变化。因此，如果他对 5 个个体进行了计数，那么最后水量会在 4 到 6 升之间，鉴于对 4 个或 6 个个体计数也可以达到同样的水位，所以鲁滨孙的计算器不能够准确地辨别 4、5、6 这 3 个数量。如果 6 个食人者登陆，然后其中 5 人离开了，鲁滨孙可能会因为漏算了其中一人而面临危险。这正是我在本章开头所描述的故事中乌鸦所面临的情况！鲁滨孙能够更好地分辨差距较大的数量，这就是距离效应。这个效应会随着数量的增大而越来越显著，即大小效应，它同样是动物行为的特征。

可能有人会认为我所描述的鲁滨孙并不十分聪明。为什么他不使用石子，而是使用不精确的水面高度来计数呢？每数一个物品就向碗里放一颗石子，可以帮助他离散而精确地表征数量。运用这种方法，即便面对复杂的减法也能够避免错误。但是鲁滨孙的工具在这里是用来模拟动物的脑的，至少老鼠和鸽子的神经系统不能使用离散的标记来计数。神经系统在本质上就是不精确的，也不能够精确地记录已经数过的每项个体。因此，面对越来越大的数量，误差也越来越大。

虽然这里以一种非正式的方式描述了蓄水池模型（accumulator model），但它实际上是一个非常严密的数学模型，它所表达的数量大小和数量距离之间的函数关系能够精确预测动物行为的差异[13]。因此，蓄水池的比喻有助于我们了解，为什么老鼠在每个实验轮次中会有不一样的表现。即便是在经过大量的训练以后，一只老鼠也无法精准地按压 4 次操作杆，但是它能够在不同实验轮次中按压 4 次、5 次或 6 次。我认为，这是因为老鼠从根本上就不能像人类一样,用一种离散的方式来分别表征数量。对于一只老鼠来说,数量就是一个近似的大小,随时在变化,如同声音的持续时间一样转瞬即逝,也像色彩饱和度一样隐晦难懂。即便同一个需要识别的声音序列被播放两次,老鼠也不能够知觉到确切的声音数,而只是在脑内的"蓄水池"中形成上下波动的水位。

当然,蓄水池只是一个生动的比喻,它仅展现了一个简单的物理设备如何详尽地模仿动物算术。老鼠和鸽子的脑中没有水龙头和容器,那么我们是不是可以认为,脑中的神经系统可能拥有与蓄水池模型中的元件相似的功能?这个问题仍然没有定论。目前,科学家们才刚刚开始了解各种药物对某些参数的影响。比如,向老鼠体内注射某种有迷幻作用的物质似乎会加快内部计数[14]。被注射了这种物质的老鼠在听到 4 个声音组成的序列时,会做出听到 5 个或者 6 个声音时的反应,似乎往"蓄水池"中注水的速度因为这种物质而加快。每数一个个体,引入蓄水池的水量都要比之前的量多,从而导致最终水位变高。这就是为什么输入 4 会得到输入 6 时的反应。然而我们仍不了解这种物质导致的加速效应所作用的脑区,相应的脑回路更是个谜。

数量探测神经元

尽管我们并不了解负责数量加工的脑回路,但是对神经网络的模拟却可以被用来推测可能的脑回路组织形式。神经网络模型(neural network models)是一种能够在传统的数字计算机上运行的算法,可用于模拟真实脑回路中可能的运算方式。当然,与真实神经元网络的极度复杂性相比,这种模拟通常已经将其大大简化了。在大多数计算机模型中,每一个神经元被简化为一个数位单元,其活动的输出水平在 0 和 1 之间变化。兴奋单元通过不同权重的联结方式激发或抑制临近以及更远的单元,这正是真实神经元间突触联结的模拟物。在每一步中，每个模拟单元都把来自其他单元的输入信息累加起来，而该单元是否被激活则取决于累加的总数是否超出阈限值。这种对真实神经细胞的模拟是粗略的，但是其核心属性被保留了下来：许多简单的数学运算需要多个回路中的神经元同时参与其中。大多数神经生物学家认为，"大规模的并行加工"这一属性是脑能够在短时间内运用相对缓慢和不可靠的生物硬件进行复杂运算的关键。

神经元并行加工（parallel neuronal processing）的方式可以被用于加工数量吗？在巴黎巴斯德研究所的神经生物学家让－皮埃尔·尚热的帮助下，我提出了一个实验性的模拟神经网络模型，是有关动物如何从环境中快速和并行[15]地提取数量的。我们的模型提出了老鼠和鸽子都可以解决的简单问题：当视网膜接收到不同大小的输入、耳蜗接收到不同频率的声调时，模拟神经网络能否计算出视觉和听觉客体的总数？根据蓄水池模型，每接收一次输入之后向内在累加器添加固定的量，就可以计算出这个数量。困难之处在于，要利用模拟神经网络来完成这个任务，并要得到一个与视觉对象的大小、位置无关，与听觉对象的持续时间无关的数量表征。

我们设计了一个可以把视觉输入的大小进行标准化的回路来解决这个问题。这个网络会探测到对象投射在视网膜上的位置，并为该位置上的每个对象分配数量大致相等的活跃的神经元，而不考虑对象的大小和形状。这个标准化的步骤十分重要，因为它使网络能将每一个对象记为"1"，而不论其大小。就像我们会在后文中看到的那样，对哺乳动物而言，这样的运算很可能是由后顶叶皮层的回路来完成的，它主要负责对物品位置进行表征，而不考虑物品的确切形状和大小。

我们也对听觉刺激做了相似的处理。不考虑接受刺激的时间间隔，听觉输入在一个记忆存储器中进行累加。一旦完成了大小、形状和呈现时间的标准化，估计数量就变得简单了——只需估计标准化的视觉地图上和听觉存储器中总的神经元活动即可。这个总数等同于蓄水池中水的最终高度，它提供了一个合理可靠的估计数值。这个模型的求和操作是由一组单元负责的，这些单元集合了所有潜在的视觉和听觉单元的激活。在特定情况下，这些输出单元只有在接收到的总激活值落入特定范围时才会放电，这个范围因神经元而异。因此，每个模拟神经元就如同一个数量探测器（numerosity detector），只有在看到近似某个数量的对象时才会做出反应（见图 1-6）。例如，网络中的一个单元在呈现 4 个对象时优先做出反应——4 个视觉物块，4 个声音，或者 2 个视觉物块加 2 个声音。这个单元极少对呈现 3 个或 5 个对象的情境做出反应，在其他情况下则更不会有反应。所以这个神经元就如同一个针对数量 4 的抽象探测器。此类探测器可以完整地覆盖整条数轴，每一个探测器对应某一个近似值，而当数量逐渐增大时，对应的精确性就会下降。由于模拟神经元同时处理所有的视觉和听觉输入，数量探测器阵列的反应速度很快——它们能够并行加工整个视网膜上的所有信息，并估算 4 个物品的集合数量，而不用像计数那样一个一个地数。

令人惊叹的是，科学家在动物脑内不止一次地发现了上述模型中提出的数量探测神经元。在 20 世纪 60 年代，美国加州大学欧文分校的神经科学家理查德·汤普森（Richard Thompson）在他的实验中向猫展示了一系列声音或闪光，并记录下猫的大脑皮层中单个神经元的活动[16]。一些细胞只有在某一特定数量的事件发生时才会被激活。例如：一个神经元在任意 6 个事件发生后做出反应，不论是 6 次闪光、6 个短音还是 6 个长音。感觉通道似乎并不重要——神经元显然只关注数量。不同于电子计算机，它并不以全或无的离散方式来反应，相反，它的激活水平在 5 个项目之后开始增长，在 6 个项目时达到顶峰，在更多项目出现时下降。这种反应属性与我们模型中的模拟神经元十分相似。在猫的脑皮层中的这一小块区域内还记录到许多类似的对不同数量做出反应的神经元。

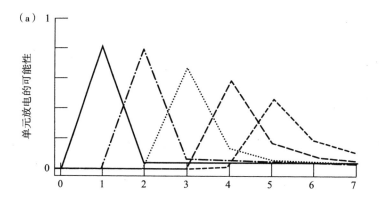

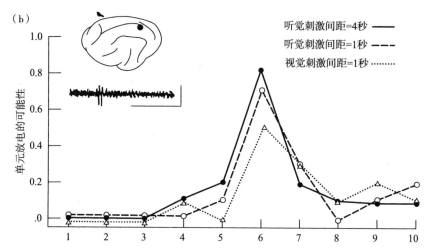

"数量探测器"对某一特定数量的输入次数优先做出反应（a）。每条曲线代表各个单元对不同数量项目的反应。值得注意的是，随着输入数量的增加，反应的选择性下降。在 20 世纪 60 年代，汤普森及同事对猫进行麻醉，随后在其联合皮层上记录到类似的"数量编码"神经元（b）。图中展示的神经元优先对 6 个连续事件做出反应，不论是间隔 1 秒的 6 次闪光，还是间隔 4 秒的 6 个声音。

图 1-6　一个包含"数量探测器"的电脑模拟神经网络

资料来源：上图改编自 Dehaene & Changeux, 1993；下图改编自 Thompson et al., 1970。版权所有 ©1970 by American Association for the Advancement of Science。

因此，动物脑中可能存在一个特异性的脑区，其作用与鲁滨孙的蓄水池相同。汤普森的研究在 1970 年刊登在了著名的《科学》杂志上，遗憾的是，这个研究并没有得到后续的关注。我们仍然不知道动物脑中的数量探测神经元是否以我们在模型中所预期的方式联结，或者猫是否会通过其他方式来提取数量。毫无疑问，只有那些敢于运用现代神经元记录工具继续探索动物算术的神经元基础的神经生物学家，才能最终找到答案[17]。

模糊的计数

如果累加器模型是正确的，那么无论神经元具体如何执行，我们都能得到以下两个结论：第一，动物能够计数，因为每当一个外部事件发生时，它们的内部计数器就会增加 1 个单位。第二，它们的计数方式与人类的不同。动物的数量表征是模糊的。

人类在计数时，会运用一系列精确的数量词，不让错误有机可乘。每计入 1 个项目就会相应地在数量序列中增加 1。对老鼠来说可不是这样，它们的数量像是一个虚拟的蓄水池中不断变动的水位。不同于人类 "+1" 的严苛逻辑，当老鼠向变化的总数中增加 1 个单位时，这项操作只能使用模糊的近似值，更像往鲁滨孙的蓄水池中加入一桶水。老鼠的情况让人联想到《爱丽丝镜中奇遇记》中爱丽丝遇到的算术窘境：

"你会做加法吗？"白皇后问道，"1 加 1 加 1 加 1 加 1 加 1 加 1 加 1 加 1 加 1 是多少？"

"我不知道，"爱丽丝回答，"我数不清了。"

"她不会做加法。"红桃皇后打断了她的话。

尽管爱丽丝可能没有足够的时间来口头数数，但是她应当能够在一个大致范围内估计出总数。与此类似，老鼠需要通过非词语或非数学符号的方式来进行近似计数。人类的口头计数与动物有很大不同，我们很可能根本不应该讨论动物的"数字"概念，因为"数字"一词通常指离散的抽象符号。这就是为什么当科学家讨论动物的数量知觉时，会用"numerosity"（数量）或"numerousness"（数量）这样的词而不是"number"（数字）。累加器使动物能够估计事件的大致数量，但不能够计算确切的数字。动物的思维只能记住模糊的数量。

难道人类真的无法教动物学会一种数字符号吗？我们能不能教它们认识一系列与人类的数字符号和数词类似的离散数字标记，然后让它们理解这些标记其实代表着确切数目呢？事实上，这类实验略有成效。在 20 世纪 80 年代，日本研究者松泽哲郎（Tetsuro Matsuzawa）教会一只名为 Ai 的黑猩猩运用随机安排的一些符号来表示物体集合（见图 1–7）[18]。每个用来代替单词的小图片占据电脑键盘上的一格。黑猩猩可以选择按任何一格来表示它看到的东西。经过长时间的训练，Ai 学会了运用 14 种物品符号、11 种颜色符号，以及对人类来说意义最为重大的前 6 个阿拉伯数字。比如，当屏幕上显示 3 支红色铅笔时，黑猩猩首先会按正方形中有黑色菱形的符号，这个符号表示"铅笔"，然后它会按下被水平线条贯穿的菱形（表示"红色"），最后它会按下手写体数字"3"。

这一系列行为很可能只是机械动作反射的复杂形式。然而，松泽哲郎证明，这些图案在某种程度上确实能够起到和文字一样的效果：将它们组合就可以描述新的情境。例如，如果黑猩猩学会了一个新的符号"牙刷"，它就可以部分地将其运用到新的情景中，比如"5 支绿色的牙刷"或者"2 支黄色的牙刷"。当然，这种泛化能力的表现仍存在频繁的错误。

从 1985 年松泽哲郎首次发表研究成果至今，他的黑猩猩 Ai 在计算方面不断取得进步。它现在学会了前 9 个阿拉伯数字，并且对集合计数能够达到 95% 的正确率。关于反应时的记录表明，和人类一样，Ai 会对大于 3 或 4 的数字进行串行计数。它也学会了将数字根据大小排序，不过，这项新能力的形成花费了多年时间。

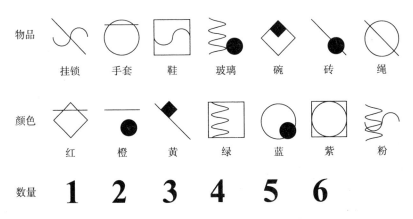

日本的灵长类动物学家松泽哲郎教授他的黑猩猩 Ai 学习的词汇，图中展示了其中的一部分内容。Ai 能够用这些词报告小集合物品的名称、颜色和数量。

图 1-7　一套由视觉符号构成的词汇

资料来源：Matsuzawa, 1985; 版权所有 ©1985 by Macmillan Magazines Ltd。

　　从松泽哲郎的早期实验开始，至少有 3 个灵长类动物训练中心成功地在一些黑猩猩身上重复了数字符号的学习。相似的能力也存在于与人类亲缘关系很远的物种中。经过训练的海豚能够将任意物品与精确数量的鱼相匹配。在大约 2 000 次实验后，它们能够在两个对象中选择代表更多鱼的那个对象[19]。来自美国亚利桑那州大学的艾琳·佩珀贝格（Irene Pepperberg）教她的鹦鹉亚历克斯（Alex）学习大量英语单词，其中包括前几个数词[20]。亚历克斯在实验中表现出色，实验中不需要使用标示牌和塑胶代币，实验者可以使用标准英语来陈述问题，而亚历克斯可以即刻说出可识别的单词来回答问题！实验者将一系列物品，如绿色的钥匙、红色的钥匙、绿色的玩具和红色的玩具，展示在亚历克斯面前时，它能够回答"有几把红色的钥匙"这种复杂的问题。当然，此前对它的训练也持续了很长时间——几乎有 20 年。这些实验的结果证明了数量标记并不是哺乳动物所独有的。

更新的研究发现，黑猩猩能够使用数字符号进行部分运算。比如，萨拉·博伊森（Sarah Boysen）教她的黑猩猩舍巴（Sheba）学习简单的加法和比较运算[21]。舍巴必须先掌握 0 至 9 的阿拉伯数字与相应的数量之间的关联。此类实验需要极大的耐心。两年过后，舍巴逐渐能够接受越来越复杂的任务。在第一个阶段，它只需要在棋盘的 6 个格子中各放上 1 块饼干。在第二个阶段，实验者向它展示 1 至 3 块饼干，要求它在一些卡片中选择点数与棋盘上的饼干数相一致的一张。它由此学会了关注饼干和点的数目，并将点数与饼干数对应起来。在第三个阶段，带点的卡片逐渐被相对应的阿拉伯数字替代。舍巴进而学会了识别数字 1、2 和 3，并且能够指出与饼干数对应的正确数字。最后，博伊森教舍巴学会了逆向操作：它必须从众多物品集合中选择一个数目与指定的阿拉伯数字相匹配的集合。

运用类似的策略，舍巴的知识逐渐扩展到从 0 到 9 的整个数字序列。在训练的最后阶段，舍巴已经可以灵活地将数字和对应的数量进行转换。这种能力被认为是符号认知的核心。符号代表着一种形状之外的隐藏含义，符号理解意指借助符号的形状来获取它的含义，而符号产出则需要根据想要表达的含义重现符号的形状。显然，在经历了漫长而刻苦的训练之后，黑猩猩舍巴掌握了这两种转换过程。

人类符号的一个重要特征是它们能够组合成句子，句子的意义源于组成它的词。比如，数字符号能被组合起来用于表示一个等式，如"2+2=4"。舍巴能不能结合多个数字进行符号运算呢？为了寻找答案，博伊森设计了一个符号加法任务。她将橙子藏在舍巴笼子中的不同地点，比如2个橙子藏在桌子下，3个橙子藏在盒子中。舍巴会在可能藏有橙子的地点搜寻，然后它会回到出发点，在几个阿拉伯数字中选择一个与找到的橙子总数相匹配的数字。从实验的第一轮次开始，舍巴就能成功完成任务。接下来是这个实验的符号版本。这一次，它在笼子中四处寻找时并没有发现橙子，而是找到了一些阿拉伯数字，比如桌子下有数字2，盒子中有数字4。同样，当搜寻结束后，它能够选出它所看到的数字的总和（2+4=6）。这个实验表明，黑猩猩能够识别每一个数字，并在心理层面将其与数量相关联，计算出所有数量相加的结果，最后提取出该结果所对应的视觉形式。没有哪种动物能够像黑猩猩一样拥有如此接近人类的符号计算能力。

即便是那些远不及黑猩猩聪明的物种，也能够学会运用数字符号进行初步的心算。比如，由美国佐治亚州立大学的戴维·沃什伯恩（David Washburn）和杜安·朗博（Duane Rumbaugh）训练的2只恒河猴，名为阿贝尔（Abel）和贝克（Baker），它们表现出一种能够对阿拉伯数字所代表的数量进行大小比较的非凡能力[22]。测试人员在计算机屏幕上给出一对阿拉伯数字，比如"2""4"，阿贝尔和贝克使用操纵杆来选择一个数字。之后一个自动分配器会给出相应数量的水果糖，这种水果糖是灵长类动物非常喜欢的食品。如果选择了数字"4"，它们就能够品尝4颗水果糖，而如果选择了数字"2"，它们就只能得到2颗水果糖，这使它们有很强的驱动力选择较大的数字。事实上，这个任务与前文中的比较任务十分相似，唯一的不同在于动物不是直接面对食物，而是将阿拉伯数字作为表示食物多少的符号表征。动物需要从记忆中提取出数字符号的意义，即它所代表的数量。

我必须指出，阿贝尔和贝克与舍巴不同，在测试开始前它们没有接受过任何关于阿拉伯数字的训练。这就是为什么它们需要通过上百个实验轮次才能学会稳定地选择较大的数字。舍巴已经知道数字和数量的对应关系，所以在初次实验时就能在类似的数字比较任务中做出正确的回答。经过训练，阿贝尔和贝克也同样表现出色。当数字间距离足够大时，它们根本不会犯错，但是当数字只相差一个单位时，它们会有 30% 的错误率。我们在这个实验中发现了大家现在所熟知的距离效应，这种效应反映了在数字十分接近时容易产生混淆的倾向。

除了两个数字的任务，阿贝尔和贝克在面对 3 个数字、4 个数字甚至 5 个 9 以内的数字时也能够成功做出选择，显然这两只恒河猴不可能通过死记硬背记住所有的正确答案。甚至当测试者向它们展示全新的随机数字集时，比如"5、8、2、1"，它们也能以远高于随机的正确率选出较大的数字。

在讨论这个主题时，有一个现象值得一提，舍巴在被要求选择两个数字中较小的那个时，遇到了困难，出现了奇怪的表现[23]。实验情境十分简单：舍巴和另一只黑猩猩共同面对两组食物，当舍巴指向其中一组食物时，实验者就会把这组食物给另一只黑猩猩，而舍巴则会拿到它并未选择的那组食物。在这个新情境中，指向数量较少的那组食物更符合舍巴的利益，因为这样做能让它得到更多食物。然而，舍巴没有一次能做出正确的选择。它仍继续指向数量较多的那组，就好像选择较多数量的食物是一种无法抑制的反应。随后，萨拉·博伊森用对应的阿拉伯数字替代食物实体。在第一轮实验中，舍巴立即选择了较小的数字！数字符号拯救了舍巴，让它可以不受实物的影响。数字符号使它摆脱了不可抑制地选择较多数量食物的冲动。

动物计算能力的局限

动物表现出的符号计算能力对我们的研究究竟有多大的意义？它会不会

只是以高强度训练为代价的马戏团把戏，把动物训练成表演机器，但对我们了解动物的正常能力其实毫无帮助？或者，在处理数学问题方面，动物是否像人类一样具有天赋？虽无意贬低前述任何一个实验的重要性，但我们不得不承认，动物对数字符号的心理运算仍旧是一个特殊的发现。虽然我提到了鹦鹉、海豚和恒河猴的实验，但是除了黑猩猩，我们没有发现任何一个物种能够利用符号进行加法运算。即便是黑猩猩，它们的表现与人类儿童相比仍然相当原始。舍巴经历了多年的反复训练才最终掌握了数字 0 至 9，但它仍然会在使用数字时频繁犯错，所有接受过数字任务训练的动物都是如此。相反，人类儿童会自发地用手指来计数，通常在 3 岁之前就能够数到 10，并且他们能够很快地继续学习结构更为复杂的多位数。发育中的人脑似乎能够毫不费力地吸收语言，这与动物不同，动物在接受任何事物之前都需要经过上百次的重复学习。

那么关于动物的算术能力，我们需要记住哪些内容呢？首先，动物拥有一种无可争议的广泛的能力，可以理解数量，并进行记忆、比较，甚至对数字进行近似相加。其次，一些特定的物种拥有一种相对稀有的能力，它们能够将一系列相对抽象的行为，比如指出阿拉伯数字，与数字表征联系起来。这些行为可能最终会成为数量的标记——符号。一些动物似乎还能学会对代表数量的心理蓄水池的水位标记刻度。长期的训练使它们能够记住一些行为：如果蓄水池的水位在 x 和 y 之间，要指向数字"2"；如果蓄水池水位在 y 和 z 之间，要指向数字"3"；依此类推。这些很可能只是一些条件性的行为，远不及人类在不同语境下使用数字"2"时所表现出的非凡的灵活性，比如"2 个苹果""2 加 2 等于 4"或是"两打"。在我们惊叹动物拥有操纵近似数量表征的能力的同时，也应明白教它们学习符号语言似乎违背了它们的自然倾向。事实上确实如此，动物在野外习得符号这种事情是永远不会发生的。

人类认知能力在动物界是独一无二的

进化是一种保留机制。当随机变异过程中出现了一个有用的器官时，自然选择会把它传递给下一代。事实上，有利品质的保留是生命组织的主要来源。因此，如果黑猩猩拥有一些算术能力，而且老鼠、鸽子和海豚之类的物种也拥有一些数字能力，我们人类很可能也继承了类似的遗产。我们的脑，就像老鼠那样，很可能配备有一个像蓄水池一样的累加器，使我们能够感知、记忆和比较数量多少。

人类的认知能力与其他动物（包括黑猩猩）的认知能力迥然不同。首先，我们拥有发展符号系统（包括数学语言）的特殊能力。其次，我们的脑拥有语言器官，这使我们能够表达思想并与同一种族的其他成员分享。最后，基于对过去事件的回顾性记忆以及对未来可能性的前瞻性记忆，我们有能力策划复杂的行为，这种能力在动物界独一无二。然而，从另一个层面来看，这是否意味着，我们负责数字处理的大脑硬件也理应与其他动物有很大不同？我在本书中始终坚持一个基本假设：人类对数量的心理表征实际上与老鼠、鸽子和猴子十分类似。与它们一样，我们能够很快列举视觉对象或听觉对象的集合，将它们相加，并且比较它们的数量。我猜测这些能力不仅使我们能够快速地计算出集合的数量，而且是我们理解阿拉伯数字这类符号数字的基础。本质上，我们在进化过程中继承的数感是更高级的数学能力产生的源头。[24]

在下一章中，我们将会仔细考察人类的数学能力，在其中寻找动物的数字理解模式遗留下的蛛丝马迹。我们研究中的第一个也是最引人注目的线索就是人类婴儿非凡的算术能力，这种能力在他们坐进教室之前很久便已经存在，事实上，它的存在远远早于他们能够坐起来之时！

不朽的灵魂，经历了许多次重生，见证了这里和世界各地所有存在的事物，它已经学会了这些事物；无怪乎它能唤起关于德行的记忆，唤起关于所有事物的记忆。

——柏拉图，《美诺篇》（*Meno*）

02
婴儿天生会计数

　　刚出生的婴儿是否对算术有抽象的认识呢？这个问题似乎很荒谬。直觉告诉我们，婴儿是初始的生命体，除了学习能力，他们没有其他任何能力。但是，如果我们的研究假设是正确的，那就意味着人类天生具有理解数量的能力，这种能力通过进化传承下来，引导着人类学习数学。儿童在一岁半左右会进入语言大发展时期，一些心理学家称之为"词汇爆发期"，在此之前，这种原数模块（protonumerical module）便已准备就绪，它将会影响儿童的数词学习。因此，在生命的第一年，婴儿应该能够理解部分算术知识。

皮亚杰的理论

直到 20 世纪 80 年代早期，人们才对婴儿的数字能力这一课题展开实证研究。在此之前，建构主义主宰着发展心理学，人类在生命的第一年就能理解算术概念这种观点是不可想象的。根据建构主义创始人皮亚杰在 50 多年前首次提出的理论，逻辑和数学能力是通过观察、内化和抽象外部世界的规律在婴儿头脑中逐步构建的[1]。刚出生的婴儿，其大脑就是一张白纸，没有任何概念性的知识，基因没有赋予这个生命体任何抽象的信息来使其理解即将步入的生存环境。他们仅有一些简单的感知和动作装置，以及普遍的学习机制，这个机制逐渐利用主体与外界环境的互动来组织自己。

根据建构主义理论，在生命的第一年，儿童处于"感觉运动"（sensorimotor）阶段：他们会通过 5 种感官来探索周围的世界，并通过动作来控制环境。皮亚杰认为，这一阶段的儿童一定会注意到某些显著的规律，比如，消失在遮屏后面的物品会在遮屏落下后重新出现，两个物体相撞不可能相互渗透，等等。在这些发现的引导下，婴儿会对他们所生存的世界逐渐形成一系列更为精炼和抽象的心理表征。根据这个观点，抽象思维的发展是一系列逐级递进的心理功能的展开，这就是心理学家能够识别和区分的皮亚杰理论中的各阶段。

皮亚杰及其同事对婴儿的数字概念如何发展做了很多思考。他们认为，数字就像世界上任何其他抽象表征一样，一定是在与外部环境进行感觉运动的交互作用的过程中形成的。这个理论的大意是：一个人在出生时没有任何先验的算术概念，他需要经过多年的仔细观察才能真正了解数量是什么。通过不断地操控客体的集合，他们最终发现，客体移动或者改变外观时，数量是唯一不会改变的属性。下面是西摩·佩珀特（Seymour Papert）在 1960 年对这个过程所做的描述[2]：

对婴儿来说，客体甚至是不存在的；要把经验整合成事物必须建立一个最初的结构。这里需要强调的是，婴儿发现客体的存在并不是像探险家发现山川那样，而是像一个人发现音乐一样：这个曲子他已经听了很多年，但是之前这段声音对他而言只是噪声。"发现了客体"之后，他们还需要经历很长的时间来学会分类、系列化、总结，并最终了解数字。

皮亚杰和他的许多合作者收集了很多证据证明幼童没有算术理解力。比如，如果你在衣服下藏一个玩具，10 个月大的婴儿不会去寻找它。皮亚杰认为，这个发现意味着婴儿认为看不见的物体是不存在的。皮亚杰把这种现象称为"客体永久性"（object permanence）概念的缺失。它是否表明婴儿完全不了解他们所生活的环境？如果婴儿没有意识到他们看不到的物体仍然存在，那么他们怎么能够了解更抽象、更易逝的数字概念呢？

皮亚杰的其他观察结果似乎表明，儿童要到 4 岁或 5 岁时才能理解数字概念。在此之前，儿童不能通过皮亚杰所谓的"数量守恒"（number conservation）测试。首先，实验者向儿童展示 6 个玻璃杯和 6 个瓶子，它们之间的间隔相同，杯子与瓶子各占一排。此时，如果问儿童玻璃杯多还是瓶子多，他们会回答"一样多"。显然，儿童是根据两排物品的一一对应关系来解决这个问题的。接下来，实验者将玻璃杯的间隔加大，这样玻璃杯那排就比瓶子那排长。显然，这项操作对数字本身没有影响。但是，当实验者重复上一个问题时，儿童普遍回答玻璃杯比瓶子多。他们似乎没有意识到移动客体并没有改变客体的数量。心理学家据此认为他们没有"数量守恒"的概念。

即使儿童通过了数量守恒的测试，建构主义者仍然认为他们并不具备多少算术概念。对于七八岁的儿童而言，一些简单的数字测试仍然很容易就能难倒他们。比如，实验者向他们展示由 6 朵玫瑰和 2 朵郁金香共 8 朵花组成的花束，然后问他们：是玫瑰花多还是花多？大多数儿童会回答玫瑰花比花多！于是皮亚杰肯定地得出结论：在推理能力形成之前，儿童缺乏最基本的集合论（set theory）知识。许多数学家认为，集合论的知识是算术的基础，他们似乎不知道子集来自原集合，子集的元素不可能多于原集合。

皮亚杰的发现对我们教育系统的影响很大。他的结论向人们传达了一种悲观的态度，并让教育者采取观望的教育策略。这个理论宣称，儿童以固定的成长节奏逐步达到皮亚杰阶段论中的每一个阶段。在六七岁之前，儿童没有为算术"做好准备"。因此，较早地进行数学教育是徒劳的，甚至是一种有害的尝试。如果过早向儿童讲授数学，儿童会在头脑中歪曲数字概念，因为他们不能真正理解，只能依靠死记硬背的方式来学习。而如果不明白算术是什么，儿童就会对数学学习产生强烈的焦虑。根据皮亚杰的理论，最好从学习逻辑和排序起步，因为这些概念是习得数字概念的前提。这就是为什么即便是在今天，大部分学前班的儿童在学习计数之前，必须花费大量时间来堆积大小不一的方块儿。

这种悲观的理论合理吗？我们已经知道老鼠和鸽子能够在客体的空间布局发生改变的情况下识别物体的数量，我们也已经知道黑猩猩会自发地从两者中选择数量较多的那一个。人类儿童四五岁时会在算术方面比其他动物落后如此之多，这是否可信呢？

皮亚杰的错误

现在我们知道，皮亚杰建构主义的这部分内容是错误的。显然，幼童在算术方面确实有很多要学习的地方，他们对数字的概念性认识也确实是随着年龄的增长和教育的深入而逐渐提升的。但是，即使他们刚刚出生，也并不是完全没有对数字的真正的心理表征！只是我们需要使用适合他们年龄的研究方法来进行测试。皮亚杰所推崇的测试没有能够反映儿童真正的能力。其中最主要的缺陷在于，这一测试依赖实验者和幼小的被试之间的开放性对话。儿童是否真的理解了所有问题？最重要的是，他们对问题的理解是否与成年人对问题的理解一样？有多种理由让我们对此给出否定的答案。运用类似于动物实验的情境，用非语言的方式对儿童的思维进行探测时，他们表现出相当强的数字能力。

以经典的皮亚杰数量守恒实验为例。早在 1967 年，在著名的《科学》杂志上，美国麻省理工学院心理学系的杰柯·梅勒和汤姆·贝弗（Tom Bever）发表文章，证明这项测验的结果会随背景和儿童动机水平的改变而发生根本性的变化[3]。他们为 2 至 4 岁的儿童设计了两种实验。在第一种实验中，实验者将弹珠排成两排，与传统的数量守恒测试情境相似，其中较长的一排只有 4 枚弹珠，而较短的一排有 6 枚弹珠（见图 2-1）。当询问儿童哪一排有更多的弹珠时，大多数 3 到 4 岁的儿童都会错误地选择更长但是弹珠数量更少的那排。这和皮亚杰的经典实验中被试儿童的发现并无二致。

然而，在第二种实验中，梅勒和贝弗的策略是将弹珠换成美味的食物（巧克力豆）。儿童不需要回答复杂的问题，而是可以选择两排中的一排并马上吃掉它们。这一程序的优点在于回避了语言理解的障碍，同时增加了儿童选择物品更多的那一排的动机。确实，使用巧克力豆进行测试时，大多数儿童都选择了两排中数量较多的那一排，即使物品列的长度和数量是矛盾的。这项测试展现了一个令人震撼的结果：儿童的计算能力与他们对巧克力豆的喜爱同样不容忽视！

虽然这个结果与皮亚杰的理论矛盾，但是 3 至 4 岁的儿童能够选出数量更多的一排巧克力豆可能并不令人惊讶。在梅勒和贝弗的实验中，不论是使用弹珠还是巧克力豆，2岁左右的儿童都表现优异，只有年龄较大的儿童才会在弹珠数量守恒测试中失败。儿童数量守恒测试成绩似乎在2至3岁期间暂时下降了。但是3至4岁儿童的认知能力显然不低于2岁儿童。因此，皮亚杰的测试不能够衡量儿童真实的数字能力。因为某些原因，这些测试会迷惑年长的儿童，使得他们比弟弟妹妹表现更差。

两排物品一一对应　　　　　　　　　下排物品间距、数量改变

当两排物品以一一对应的方式排列时（左图），3到4岁的儿童会报告它们数量相等。如果把下面一排缩短并且增加两个物品（右图），儿童会报告上面一排有更多的物品。这是首先由皮亚杰发现的一个经典错误：儿童以物品列的长度而非物品数量为判断依据。然而梅勒和贝弗在1967年证实，当测试物品是巧克力豆时，儿童能够自发地选择下面那一排。因此，皮亚杰所发现的错误不能归咎于儿童没有能力进行算术，而应该归因于数量守恒测试中不够严谨的实验条件。

图 2-1　皮亚杰数量守恒实验

资料来源：Mehler & Bever, 1967。

我认为事实是这样的：3至4岁的儿童以不同于成年人的方式来理解实验者的问题。问题的措辞和背景误导了儿童，让他们以为自己需要判断物品列的长度而不是物品的数量。在皮亚杰的原始实验中，实验者将完全相同的问题问了两遍："两者是相同的吗？哪一排有更多的弹珠？"他第一次提出这个问题的时候，两排弹珠完全一一对应，再一次提问时，弹珠列的长度被改变了。

面对这两个连续的提问，儿童会怎么想呢？让我们假设儿童完全明白两

排弹珠数量是相等的。他们一定会奇怪为什么大人会将无关紧要的相同问题重复两次。事实上，问一个对话双方都知道答案的问题违反了一般的对话规则。面对这个内在矛盾，儿童可能会认为，虽然从表面上来看第二个问题与第一个问题完全相同，但其意义却完全不同。可能孩子们的脑海中会有如下的推理：

> 如果大人将一个问题重复了两遍，那一定是因为他们在期待一个不同的答案。但是相对于前一种情境，唯一发生了变化的就是其中一排物品的长度。因此，新的问题一定与长度有关，虽然它看上去与数量有关。我猜我最好根据长度而不是根据数量来回答。

3 到 4 岁的儿童完全可以实现这个严密的推理过程。事实上，这类无意识的推理是理解许多句子的基础，包括儿童能够创造和理解的那些句子。我们每天都会进行上百次类似的推断。理解一句话需要透过字面意思去获得说话者本来的意图。在许多情况下，一句话的实际含义可能与字面的意思完全相反。我们谈及一部好的电影时会说："不赖啊，不是吗？"当我们问"你能把盐递过来吗"时，我们肯定不满足于对方仅仅回答一声"能"。这些例子证明，我们常常会根据对方的意图进行无意识的复杂推理，进而重新解释我们听到的句子。我们有理由认为，儿童在测试中与成人对话时，会进行相同的推断过程。事实上，这个假设看起来很有道理，因为梅勒和贝弗发现正是三四岁的儿童无法通过数量守恒的测试。根据意图、信念和对他人的理解进行推理的能力恰好在这一时期开始形成，这种能力被心理学家称为"心理理论"（theory of mind）[4]。

英国爱丁堡大学的两位发展心理学家詹姆斯·麦加里格尔（James McGarrigle）和玛格丽特·唐纳森（Margaret Donaldson）明确地检验了这个

假设：儿童在皮亚杰的测试中不能"守恒数量"，是因为他们误解了实验者的意图[5]。在他们的实验中，一半的轮次按照传统方式进行，在这些轮次中，实验者改变某一排的长度，然后询问："哪一排更多？"而在另一半的轮次中，长度的改变由一只"泰迪熊"来完成。当实验者适时地看向其他地方的时候，一只"泰迪熊"意外地闯入并改变了其中一排的长度。然后实验者转过头来并且惊叫道："哦不！这只愚蠢的泰迪熊又弄乱了所有东西。"只有在这时，研究者才问这样的问题："哪一排更多？"这样设计的原因是，在这种情况下，这个问题显得十分真诚并且只要根据字面意思来理解就可以。因为是玩具熊弄乱了两排物品，成人不再知道物品有多少个，因此才会询问儿童。在这种情境下，大多数儿童并没有受到物品摆放长度的影响，而是根据数量做出了正确的回答。而在实验者有意对长度进行改变时，这些儿童却会根据物品摆放的长度而做出错误的回答。这个实验证明了两点：其一，即便是儿童也能根据情境对完全相同的问题给出两种完全不同的解释。其二，与皮亚杰的结论相反，在有意义的情境下提出问题，儿童能够给出正确的答案——他们具有数量守恒的概念！

我不想让这项讨论成为一种误导。我当然不认为儿童未能通过皮亚杰的数量守恒测试是一个没有价值的现象。相反，这是一个相当活跃的研究领域，仍然吸引着世界上的许多研究者。在上百次实验后，我们仍然不清楚为什么儿童能够如此轻易地被不合理的线索欺骗，比如，在他们应该判断数量多少时却被物品列的长度所迷惑。一些科学家认为，皮亚杰任务中的失败反映了前额叶皮层的持续成熟过程，这部分脑区使我们能够选择一种策略并且能不受影响地坚持下去[6]。如果该理论被证实，那么皮亚杰的测试就被赋予了新的内涵，它将成为儿童抵抗分心的能力的行为标志。继续探索这一观点将是其他书的内容。我在这里提及这个观点的唯一目的是想告诉读者，我们现在已经确定了皮亚杰的测试不能反映什么。与皮亚杰的意图相反，这些测试并不能很好地测出儿童何时开始理解数字概念。

婴儿也能识别数量

前文所描述的实验都认为，儿童获得"数量守恒"能力的时间早于我们以往所认为的年龄，这对皮亚杰所提出的数字能力发展时间表提出了挑战。但是，它们真的驳倒了整个建构主义吗？并非如此。皮亚杰的理论比我在前文中以简要的文字所描述的要巧妙得多，他的理论提供了多种途径来包容上述研究结果。

比如，他可以这样反驳：改动过的实验任务从原始的数量守恒测试中去除了一些容易引发矛盾的线索，它们因此变得过于简单。皮亚杰十分清楚他的测试会对儿童产生误导，事实上，这种误导是有意设置的，这样物品摆放长度就会与物品数量产生矛盾。在他看来，儿童只有在以纯粹的逻辑为基础判断出哪排物品的数量较多，反思已经发生的操作的逻辑后果，并且不因物品摆放长度的变化或实验者提问的措辞方式等无关变化而分心时，他们才算是真正掌握了算术的概念性基础。皮亚杰认为，抵抗误导线索的能力也是数字概念认知的重要组成部分。

皮亚杰还可以这样解释：选择更多数量的糖果不需要对数量有概念认知，感知运动协调就能使儿童找出更多的一堆并指向它。他的研究自始至终不停地强调儿童的感觉运动智能，所以他会很高兴地接受儿童在早期发展出了"选大"策略。他仍然可能坚持认为，使用这种策略并不需要对其逻辑基础有所理解；只有在更晚的时候，儿童才能反思他们的感觉运动能力，并发展出对数量的更抽象理解。在听说奥托·克勒对鸟和松鼠进行数量知觉的研究时，皮亚杰所做出的反应，就是这种态度的典型体现。他相信动物能够习得"感知运动数量"，而不是习得对计算概念的理解。

在 20 世纪 80 年代之前，这些挑战皮亚杰理论的实验并没有真正触及他的核心假设：婴儿没有真正的数量概念。毕竟，参加梅勒和贝弗弹珠实验的儿童中，最小的也已经 2 岁了。在这种背景下，对婴儿的科学研究突然具有十分重要的理论意义。是否有研究能够证明，在通过与环境的互动获取抽象概念之前，1 岁以下的婴儿就已经掌握了数量概念的某些方面呢？答案是肯定的。20 世纪 80 年代，研究者发现，6 个月大的婴儿，甚至新生儿，都具有数量能力。

显然，为了揭示在如此早期的年龄阶段所具有的数量能力，运用语言提问是行不通的。因此，科学家们依靠新异事物对婴儿的吸引力来完成这类实验。家长们都知道，当婴儿一次又一次地看到同一件玩具时，最终会对这件玩具失去兴趣。这时，引入一个新玩具可以重新唤起婴儿的兴趣。这说明婴儿可以注意到第一件玩具和第二件玩具之间的区别，研究人员在实验室严格控制的环境下重复上述观察时，也得到了同样的结论。这项技术可以拓展到关于婴儿的所有类型的问题。也正是运用这种方法，研究者已经可以证明，在生命的早期，婴儿甚至新生儿，能够感知颜色、形状、大小之间的不同，更重要的是，他们也能感知数量之间的差异。

1980 年在美国宾夕法尼亚大学普伦蒂斯·斯塔基（Prentice Starkey）的实验室进行的一项实验，首次证明了婴儿能够识别小数量[7]。72 个 16 至 30 周大的婴儿参加了测试。每一个婴儿都坐在母亲的腿上，面对一个可以投影幻灯片的屏幕（见图 2–2）。一个摄像机对准婴儿的眼睛，来记录他们的注视轨迹，这样，一个不了解实验具体条件的助手就能够准确地计算出婴儿注视每张幻灯片的时间。当婴儿注视其他地方时，新的幻灯片就会出现在屏幕上。起初，幻灯片的内容基本上是一致的：2 个横向排列的黑点，随着实验轮次的不同，两点之间的距离会有所变化。在实验过程中，婴儿对这些重复出现的刺激的关注会越来越少。这时，幻灯片就会毫无征兆地换成由 3 个黑点组成的图像。婴儿会立即给予这个意料之外的图像更多的关注，注视时间从图像改变前的 1.9 秒变成 2.5 秒。由此可见，婴儿能够觉察 2 个点和 3 个点之间的不同。以相同方式进行测试的其他婴儿能够觉察从 3 个点到 2 个点的变化。起初，这些实验由 6 到 7 个月大的婴儿参与，但是几年之后，美国马里兰大学巴尔的摩县分校的休·埃伦·安特尔（Sue Ellen Antell）和丹尼尔·基廷（Daniel Keating）运用相似的技术证明，即使是出生只有几天的新生儿，也能够区分数量 2 和 3[8]。

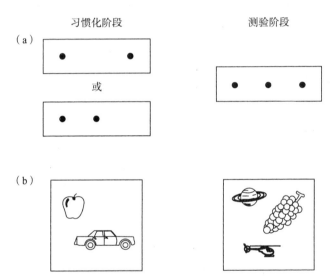

为了证明婴儿能够区分数量 2 和 3，首先要重复呈现固定数量的物品集合，比如 2 件物品（图中左侧）。经过这个阶段的习惯化，婴儿在看到3 件物品一组的图片（图中右侧）时会注意更长时间。由于物品的位置、大小以及物品本身一直在变化，只有对数量的敏感性才能解释婴儿被重新唤醒的注意。

图 2-2　婴儿能够识别小数量

资料来源：（a）的内容来自 Starkey & Cooper, 1980；（b）的内容与 Strauss & Curtis, 1981 所使用的类似。

如何才能确定婴儿注意到的是数量的改变，而不是其他物理性质的改变呢？在最初的实验中，斯塔基和库珀（Cooper）将点排成一列，这样，由点组成的整体图形对数量不会有任何提示（在其他排列形式中，数量经常会与形状相混淆，因为两点组成一线，而三点组成一个三角形）。他们也改变了点与点之间的距离，这样点的密度和线的总长度就都不会对分辨 2 个点和 3 个点产生影响了。之后，美国匹兹堡大学的马克·斯特劳斯（Mark Strauss）和琳内·柯蒂斯（Lynne Curtis）引入了一种更好的控制方式[9]，他们使用印有各种常见物品的彩色图片。这些物品有大有小；有的排成一列，有的则没有；有从近处拍摄的，也有从远处拍摄的。只是它们的数量始终是固定的：一半实验中是 2 件物品，另一半实验中是 3 件物品。所有可能的物理参数的改变都没有对婴儿产生影响，婴儿注意的始终是数量的变化。近期，荷兰心理学家埃里克·冯·洛斯布罗克（Erik van Loosbroek）和斯米茨曼（Smitsman）重复了这项实验。他们使用了动态的呈现方式：在物品随机移动过程中，偶尔会有几何形状相互重叠[10]。即使是几个月大的婴儿，似乎也能注意到动态环境中物品的恒常性，并提取其数量。

一种数字知觉的抽象模块

我们还不知道这种较早出现的对数量的敏感性到底是反映了婴儿视觉系统的能力，还是体现了他们对数字更抽象的表征。对于非常年幼的儿童，我们面临着与研究老鼠和黑猩猩一样的问题。比如，他们能否在声音序列中提取出声音的数量？更重要的是，他们是否知道抽象概念"3"代表了 3 个声音或 3 件物品？还有，他们是否能够在心理层面整合数量表征，进行诸如"1+1=2"的初级计算？

为了回答第一个问题，科学家们简单地将最初的数字视觉认知实验转换为听觉模式。他们一遍又一遍地向婴儿重复由 3 个音组成的声音序列，使婴儿感到厌倦，接着观察由 2 个音组成的新序列的出现是否会重新唤起婴儿的兴趣。其中一个实验具有十分重要的指导意义，因为它证明，出生 4 天的婴儿能够将语音分解成更小的单位——音节，然后列举出来。但是在这样幼小的年纪，使用吮吸节奏作为实验工具比使用凝视方向要好得多，因此在巴黎认知科学和心理语言实验室工作的兰卡·比耶利亚茨 - 巴比克（Ranka Bijeljac-Babic）及其同事在婴儿的奶嘴上安置了一个压力传感器，并将其与计算机相连[11]。每当婴儿有吮吸动作，计算机就会将其记录下来，并立即通过扬声器给出一个无意义单词，比如 "bakifoo" 或 "pilofa"。所有的单词都有相同数量的音节，比如 3 个音节。当婴儿第一次处在这个一吮吸就会产生声音的特殊环境时，他的兴趣会越来越高涨，表现为吮吸频率的增加。然而几分钟过后，吮吸频率就会下降。计算机一旦检测到频率下降，就会转而给出由 2 个音节所组成的单词。婴儿的反应如何呢？为了听到新的单词结构，他立即恢复有力吮吸的状态。为了确保这种反应与音节数有关而与新单词的出现无关，一些婴儿会听到音节数不变的新单词。对于这个控制组，计算机没有检测到任何反应。因为单词的持续时间和语速变化很大，音节数确实是唯一能够使婴儿区分第一组和第二组单词的参数。

由此可见，非常年幼的儿童对环境中的声音数和物品数给予了同样的关注。通过卡伦·温（Karen Wynn）进行的一项实验，我们知道 6 个月大的婴儿能够区分动作的数量，比如，一个木偶是跳了 2 下还是 3 下[12]。但是，他们是否意识到听觉和视觉之间的"对应性"（correspondence），从而理解法国作家波德莱尔的作品呢？他们能否通过 3 次闪电来推测接下来会有 3 次雷声呢？简单来说，他们能否不依赖视觉或听觉媒介而实现对数字的抽象表征呢？幸亏美国心理学家普伦蒂斯·斯塔基、伊丽莎白·斯佩尔克（Elizabeth Spelke）和罗切尔·戈尔曼（Rochel Gelman）设计了一个极其精妙的实验，使我们能够对这个问题给出一个肯定的答案[13]。我个人把他们的工作奉为实验心理学的典范，因为在 20 世纪 80 年代的认知革命以前，学术界似乎不可能提出如此复杂的有关婴儿思维的问题。

在这个多媒体实验中，一个 6 至 8 个月大的婴儿坐在两台幻灯片投影仪前。右侧幻灯片展示 2 件随机排列的常见物品，左侧幻灯片上展示 3 件物品。同时，婴儿会听到两个屏幕之间的扬声器播放的一串鼓点。像之前的实验一样，有一台隐形摄像机记录婴儿的注视轨迹，这样实验者就能计算出婴儿看每张幻灯片的时间。

起初，婴儿十分专注，他们认真地观察图片。显然，3 件物品的图片比 2 件物品的图片更为复杂，所以婴儿对其投入了较多的时间和注意力。然而在几个实验轮次过后，这种偏差逐渐消失，同时出现了一个有趣的现象：若幻灯片上物品的数量与听到的鼓点数相同，婴儿注视该幻灯片的时间会更长。他们会在听到 3 声鼓点时投入更多的时间看有 3 件物品的幻灯片，而在听到 2 声鼓点时倾向于看有 2 件物品的幻灯片。

看起来，婴儿似乎能够识别不断变化的声音数量，并且能够将其与眼前出现的物品数量相比较。当两者数量不匹配时，婴儿不再探究这张幻灯片而会看向另一张。几个月大的婴儿就能够应用这种复杂策略，这一事实表明，他们的数量表征没有局限于低层次的视知觉或听知觉。对此最简单的解释是，儿童确实感知的是数量，而不是听觉模式或物品的几何排列。看到 3 件物品和听到 3 个声音，都会激活他们大脑中数字"3"的表征。这种内在的、抽象的、跨通道的表征使婴儿能够意识到幻灯片上物品的数量与同时听到的鼓点数量之间的对应性。记得吗？动物也表现出类似的行为：它们也拥有对 3 个声音和 3 次闪光做出相同反应的神经元。在进化过程中，有一种数字知

觉的抽象模块深深植入人类和其他动物脑中。婴儿的行为也许很好地反映了
这一点。

1 加 1 等于几

我们现在要将婴儿和其他物种的行为进行对比。我们在上一章看到，黑
猩猩能够进行简单的加法运算，比如，它们会将 2 个橙子和 3 个橙子相加，
并得出近似的答案。幼小的婴儿是否也能做到这一点呢？乍一看，这似乎是
一个相当大胆的假设。我们更倾向于认为，对数学知识的习得发生在幼儿园
阶段。20 世纪 90 年代，一个突破旧观念的观点终于得到实证研究的证实：
计算能力在婴儿一岁前就已存在。迄今为止，科学界进行了许多有关婴儿和
动物数学知觉研究的实验，因此完全有能力进行这种实验，并能够获得引人
瞩目的研究结果。

1992 年，卡伦·温有关 4 至 5 个月大的婴儿做加减法的著名论文刊登
在《自然》杂志上[14]。这位年轻的美国科学家运用了一种简单而富有创造性
的设计，这一设计的依据是婴儿对不可能事件的探测能力。几个更早的实验
显示，在出生的第一年中，当婴儿看到违反基础物理法则的、"魔术般"的
事件时，他们会表现出强烈的疑惑[15]。比如，如果婴儿看到某物品在失去支
撑的情况下于半空中保持悬浮状态时，他们会观察这个场景，并感到难以置
信。同样，当婴儿看到暗示 2 件物品占据同一个空间位置的场景时，他们也
会表现得很惊讶。如果人们将一件物品藏在遮屏后面，当遮屏降下后，若婴
儿没能再看到这件物品，他们会感到震惊。顺便提一下，这种发现证明：与
皮亚杰的理论相反，对于 5 个月大的婴儿来说，"看不见"（out of sight）不
等于"消失了"（out of mind）。我们现在知道，1 岁以下的儿童无法通过皮
亚杰的客体永久性测试与他们不成熟的前额叶皮层有关，前额叶皮层的不成
熟限制了他们伸手够物的动作。他们不去伸手够藏起来的物品，并不代表他

们认为该物品已经不存在了[16]。

在所有此类情境中，与不涉及违背物理规则的控制组相比，婴儿的惊讶体现在对场景注视时间的显著增加上。卡伦·温的设计的诀窍在于，她将这种方式用于探测婴儿的数感。她给婴儿展示一些表现数字转变过程的事件，比如，一个对象加另一个对象，并探测婴儿能否精确地预期到结果。

到达实验室之后，4 个半月大的被试们会发现一个木偶剧台，剧台正面有可以活动的遮屏（见图 2–3）。实验者拿着一个米老鼠玩具在剧台的一边出现，并将它放置在台上。之后，遮屏就会升起，挡住玩具。接着，实验者伸出手将另一个米老鼠玩具放置在台上，然后把空着的手缩回去。事件的整个过程是对 "1+1" 的具体描述：起初，遮屏后只有 1 个玩具，之后加上了 1 个。婴儿并没有同时看到 2 个玩具，而是先看到 1 个，再看到 1 个。那么，他们能否推测出遮屏后应该有 2 个米老鼠玩具呢？

为了找到答案，实验者设计了一个意想不到的场景：当遮屏降下时只有 1 个米老鼠玩具！在被试不知情的情况下，2 个玩具中的 1 个已经通过暗门被移走了。为了评估婴儿的惊讶程度，实验者记录了他们关注 "1+1=1" 这一不可能情况的时间，并与他们关注可预料情况 "1+1=2" 的时间做比较。相较于可能事件 "1+1=2"，婴儿对错误加法 "1+1=1" 的关注时间更长，平均为 1 秒。人们可能还会对此提出反对意见，认为婴儿并不是真正进行了加法运算，而仅仅是因为看 1 个对象的时间多于看 2 个对象的时间。然而，这种解释是站不住脚的，因为第二组婴儿的实验反驳了这种解释。这一组的婴儿看到的是 "2–1" 的操作而不是 "1+1" 的操作。在呈现结果时，婴儿对遮屏后仍有 2 个物品感到惊讶，相比可能事件 "2–1=1"，他们对 "2–1=2" 的观察时间平均长了 3 秒。

最初的操作步骤：1+1

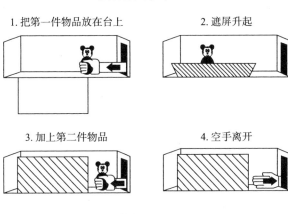

1. 把第一件物品放在台上　　　　2. 遮屏升起

3. 加上第二件物品　　　　4. 空手离开

可能结果：1+1=2

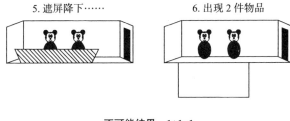

5. 遮屏降下……　　　　6. 出现 2 件物品

不可能结果：1+1=1

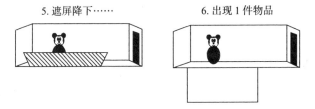

5. 遮屏降下……　　　　6. 出现 1 件物品

卡伦·温的实验表明 4 个半月大的婴儿期望"1+1"的结果是 2。首先，一件物品被藏在遮屏后。之后加上另一个完全相同的玩具。最后，遮屏降下，有时台上会有 2 个玩具，有时则只有 1 个（另一个已在被试不知情的情况下被移走了）。婴儿对不可能事件"1+1=1"的注视时间普遍长于对可能事件"1+1=2"的注视时间，这表明婴儿期望看到有 2 件物品。

图 2-3　卡伦·温的实验

资料来源：改编自 Wynn, 1992。

正如卡伦·温自己所说，对于一个故意唱反调的人，这个结果仍然不能表明婴儿能够进行准确的计算。他们可能仅仅知道在客体被添加或被移走时，客体的数量被改变了。因此，他们知道"1+1"不可能等于 1、"2−1"不可能等于 2，而并不知道这些操作的确切结果。不过，这种牵强的解释没有通过实证的检验。实验者可以重复"1+1"的加法操作，并给出 2 个或 3 个对象的结果。卡伦·温重复了这个过程，同样观察到，4 个半月大的婴儿注视不可能结果（3 个对象）的时间比注视可能结果（2 个对象）的时间更长。婴儿知道"1+1"不等于 1，也不等于 3，而是确切地等于 2，这个结果是无可辩驳的。

婴儿的这种知识使他们与老鼠以及有计算能力的天才黑猩猩舍巴处在了同一个水平（关于天才舍巴的计算能力在前面的章节已有讲述）。哈佛大学的心理学家马克·豪泽（Mark Hauser）以野生恒河猴为对象精确地重复了卡伦·温的实验[17]。当一只恒河猴对豪泽的出现产生兴趣并主动看向他时，豪泽会连续地将 2 个茄子放在盒子中。然后，在有些实验轮次中，他会在打开盒子前偷偷拿走一个茄子，与此同时，他的同事会对动物进行拍摄，以测量它们的惊奇程度。野外情境实验的研究结果十分重要且引人瞩目。恒河猴的反应比婴儿的更为强烈：当其中的一个茄子魔术般地不见了时，它们会花大量的时间仔细检查盒子。显然，人类婴儿和他们的动物近亲一样具有算术的天赋，这证实了生物能够在没有语言的条件下进行数学基础运算。

不过，卡伦·温的实验仍没有给出婴儿数学知识的实际抽象程度的线索。婴儿可能是对藏在遮屏后的物品形成了一个生动而真实的影像——一种足够精确的、能使他们立即发现任何缺失或新增物品的心理图像。也有可能他们只记住了遮屏后被加减的物品的数量，而没有关注物品的位置及特性。为了找到答案，我们需要阻止婴儿建立对物品位置和特性的精确心理模型，然后观察他们是否仍然能够预测物品的数量。艾蒂安·克什兰（Etienne Koechlin）在我们的巴黎实验室所进行的实验正是建基于这个观点[18]。该实验设计与卡伦·温的实验相似，但是在此实验中，物品被放置在一个缓慢旋转的转盘上，这样即便物品藏在遮屏后面时仍能保持不断运动的状态，因此，要预测它们在遮屏降下后的位置是不可能的，婴儿无法形成对预期场景的精确心理表征，被试唯一能够构建的就是对两个位置不明的旋转物品的抽象表征。

令人惊奇的是，实验结果表明，4 个半月大的婴儿完全不会被物品移动所迷惑。他们仍会惊讶于不可能事件"1+1=1"和"2-1=2"。因此，他们的行为并不依赖于对物品确切位置的预期。他们并不期望看到遮屏后物品的某种精确排列，而只期望看到遮屏后只有不多不少 2 件物品。来自美国佐治亚理工学院的心理学家托尼·西蒙（Tony Simon）和他的同事们也发现，婴儿在进行数字计算时并不会注意遮屏后物品的精确特性[19]。与年龄更大的儿童不同，4 至 5 个月大的婴儿在算术运算的过程中并不会因为遮屏后物品外观发生变化而感到惊奇。如果遮屏后放置了 2 个米老鼠玩具，当遮屏降下后出现 2 个红球而不是米老鼠时，他们不会感到震惊。但是，如果只能看到 1 个球，他们的注意就会被高度唤起。对于婴儿的数字处理系统来说，米老鼠变球，或者青蛙变王子，都是可以接受的转换。只要没有物品消失或被重新创造，他们就会认为此操作在数量上是正确的，也就不会表现得很惊讶。相反，一件物品的消失或者无法解释的复制，就显得不可思议了，因为它违背了我们内心深处的数量预期。婴儿不仅能够注意到少量物品的数量，而且他们的数感已足够复杂，不会因物品的移动或物品特性的突然改变而感到受骗。

婴儿算术的局限

我希望这些实验能够让读者相信幼儿拥有对数字的自然天赋。但是，这并不意味着应该让蹒跚学步的儿童报名参加业余数学课程。如果你的孩子在基础加法运算中出现了很大的错误，我也不会建议你去咨询儿童神经科医生。如果那些冒充内行者将我对皮亚杰理论的反驳用作托词，宣称他们能够在孩子出生后的第一年提升其智力，方法是向婴儿展示其根本无法理解的阿拉伯数字甚至日语假名写成的加法算式，那么，我将非常遗憾。虽然幼儿确实拥有数学能力，但是这种能力仅局限于最基础的算术。

第一个局限，婴儿的精确运算范围似乎不会超过数字 3，或许还有 4。实验者向婴儿呈现 2 个或 3 个对象时，婴儿每次都能够区分二者。可是，他们只能偶尔区分 3 个对象和 4 个对象，而且没有任何 1 岁以下组的儿童能够将 4 个点和 5 个点或者 6 个点区分开来[20]。显然，婴儿只对最开始的几个数字有精确的认识。他们在这一领域所表现出的能力很可能低于成年黑猩猩，因为在 6 块巧克力和 7 块巧克力之间进行选择时，成年黑猩猩的正确率高于随机水平。

我们也不能太快得出"数字 4 就是婴儿算术能力的极限"的结论。目前已有许多实验关注了婴儿对较小整数的精确表征，但是，就像老鼠、鸽子和猴子一样，婴儿很可能仅对数字拥有粗略的连续的心理表征。这种表征方式同样符合在老鼠和黑猩猩身上发现的距离效应和大小效应。因此，我们应该认为，在超出一定范围之后，婴儿不能够区分数字 n 和它的相邻数 $n+1$。这一现象确实已在比 4 大的数字中发现。但是，假如他们能够区分距离足够大的数字，我们也应该期待他们能区分在这个范围之外的数字。因此，婴儿可能不知道"2+2"的结果是 3、4，还是 5，但是当他们发现一个场景显示"2+2=8"时，他们仍会感到惊讶。据我所知，这个预测还没有被实验证实[21]。一旦它被证实，将会大幅度拓展我们在幼儿数字方面的认知。

婴儿的数学能力还有第二个局限。在一些成人可以自发推测物品数量的场景中，婴儿不一定会得出相同的结论。我来解释一下。假如你看到 1 辆红色玩具卡车和 1 个绿色的球交替从遮屏后出现，你会立即得出遮屏后藏着 2 件物品的结论，当遮屏被打开，你发现只有 1 件物品，假设那是 1 个绿球，此时，你会非常困惑。婴儿的表现却不同。无论遮屏打开后出现 1 件还是 2 件物品，10 个月大的婴儿都不会有任何惊讶的表现[22]。显然，对婴儿来说，不同形状和颜色的物品交替地从遮屏后出现不是一个能够提示存在多件物品的充分线索。即便实验材料换成了他们相当熟悉的物品，比如被试自己的水壶或他们最喜欢的洋娃娃，他们仍然不能通过测试。直到 12 个月大时，婴儿才开始预期遮屏后有 2 件物品。即便是在这个时候，也只有当物品的形状不同时，他们才能通过测试。如果只是颜色或大小发生改变，比如 1 个大球从遮屏一侧出现之后又有 1 个小球从遮屏另一侧出现，就算是 12 个月大的儿童也不能推测出遮屏后有 2 件物品。

唯一决定性的线索是客体的轨迹（见图 2-4）[23]。在使用中间有间隔的两个遮屏重复同样的实验时，如果同一个客体交替地从右侧遮屏和左侧遮屏后出现，婴儿会推测存在 2 个客体，每个遮屏后各有 1 个。他们知道，一个客体从右侧遮屏后移到左侧遮屏后时，它不可能不在遮屏间的空隙中出现，哪怕只出现很短的时间。如果该客体在适当的时间内确实出现在了这段空隙中，婴儿的选择会转变，他们会认为只有 1 个客体。相反，如果只有一块遮屏，实验开始时同时向婴儿呈现 2 个客体，即使只呈现很短的时间，他们也会期望最终可以找到 2 件物品。

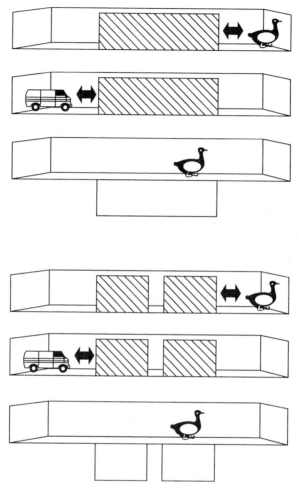

在上图的情境中，1只鸭子和1辆玩具卡车交替地出现在遮屏的右侧和左侧。尽管客体本身发生了改变，但是遮屏落下后，婴儿并没有对遮屏后只有1件物品感到奇怪。在下图的情境中，遮屏之间有一段空隙，如果1件物品从右端移动到左端，就不可能不出现在空隙中。在这种情境下，如果物品交替地从右侧遮屏和左侧遮屏后出现，且没有在遮屏的空隙中出现，此时，婴儿会认为存在2件物品，当遮屏落下后，如果只看见1件物品，他们会感到惊奇。

图2-4　婴儿根据客体的轨迹而非客体的特性来估计数量

资料来源：改编自 Xu & Carey, 1996。

物体的空间轨迹信息确实为数字知觉提供了关键线索。需要注意的是，这个结论并没有驳倒我之前所提到的转盘实验。转盘实验证明，婴儿并不在意遮屏后的物体是运动的还是静止的。事实上，我们有理由相信，在这项实验中，轨迹信息同样是十分关键的。比如在"1+1=2"的情境下，第一个米老鼠玩具被放置在遮屏后的转盘上之后，一个同样的玩具出现在遮屏右侧实验者的手中。这个玩具不可能是前一个玩具，因为前一个玩具不可能在不被看到的情况下从遮屏后被移走。因此，婴儿们得出结论，这是表面上与前一个玩具一模一样的第二个玩具，所以他们会预期存在 2 件物品。即使物品随后被移动，且它们的位置无法预测，这些并不重要，一旦"2"这一抽象表征被激活，它就能够抵制这类变动。离散物体位置的空间信息对于儿童在大脑中建立数字表征十分关键，但是一旦数字表征被激活，他们就不再需要此类信息了。

总的来说，婴儿对数量的推测似乎完全由客体的空间轨迹决定。如果他们看到的动作在不违背物理法则的条件下不可能由单个客体完成，那么他们就会得出至少存在 2 个客体的推论。否则他们就会坚持存在 1 个客体的默认假设，即便这种假设意味着这个客体在形状、大小和颜色方面会不断地产生变化。由此可见，婴儿的数量加工模块对客体的轨迹、位置和被遮挡情况高度敏感，同时他们会完全忽视形状和颜色的改变。婴儿从不在意客体本身的特性，对于他们来说，只有位置和轨迹才是真正重要的。

只有一个非常愚蠢的侦探才会忽视半数的可用线索。既然我们已经习惯于婴儿的高水准表现，那就不得不思考，这种策略是否并不像看起来那么缺乏智慧。婴儿的推理线是有缺陷的吗，或者与此相反，他们像福尔摩斯一样有智慧？毕竟每个人都知道，一个罪犯可以将他自己装扮成其他人，客体外表的变化也属于这种情况。比如，人脸的不同侧面是不同的视觉客体，但是婴儿会将它们视作同一个人的不同形象。既然一小片红色的橡胶可以在充气后变成一个粉色的大气球，儿童又怎么可能事先肯定一辆卡车不能将自己变成一个球呢？这种信息是不能够提前知道的，它必须通过不断遇到新的客体而一步步习得，而且在认识某物之前，最好不要有先入为主的偏见。这也许能够解释为什么婴儿会做出只有 1 件物品的假设。像优秀的逻辑学家一样，即便看到了物品形状和颜色的奇怪改变，他们也会坚持这种假设，直到有明确的证据能够证伪。

从进化的观点来看，自然将算术建立在了最基本的物理法则之上。人类的"数感"至少利用了 3 条法则。第一，1 个客体不可能同时占据多个分散的位置。第二，2 个客体不能占据相同的位置。第三，1 个客体不可能突然消失，也不可能在原本空空如也的位置上突然出现，它的轨迹应当是连续的。非常感谢儿童心理学家伊丽莎白·斯佩尔克和勒妮·巴亚尔容（Renée Baillargeon），她们发现，即便是年龄非常小的儿童，也能够理解这些法则[24]。但是，在我们的物质世界中的确也存在着极少的例外，这其中最为人们熟知的例外是由影子、反射和透明度所引发的。这或许能够解释当这些"物品"出现在幼儿面前时他们所表现出的着迷和困惑。正是这些基本法则为动物和人类大脑中天生就具有的少量数字理论提供了坚定的基础。婴儿的大脑只能依靠这些法则来预测会出现几个物品，他们固执地拒绝利用其他附属线索，比如物品的视觉外观。这就证明了婴儿"数感"的古老，因为只有经过几百万年试误的进化才能够区分物品的基本性质和特殊性质。

事实上，离散物品和数字信息的紧密联系会一直持续到较晚的年龄阶段，这会对数学能力发展的某些方面产生负面的影响。如果你认识一个三四岁大的儿童，你可以尝试进行下面这个实验[25]。当你向他展示图 2–5 时询问他能够看见几把叉子。你会惊奇地发现他会得出错误的总数，因为他把叉子的每一部分都计算为 1 件。他将那把断掉的叉子算了 2 次，所以得出 6 把这个结果。很难向他解释分开的两部分应当被看作 1 件。与此类似，你可以向他展示 2 个红色的苹果和 3 根黄色的香蕉，问他看见了几种不同的颜色，或者有几种不同的水果。显然，正确的答案是 2。但是，在这个年龄阶段，儿童会不由自主地将每个离散的客体计作 1 件，从而得出错误的总数 "5"。"数字是离散物品集合的属性"这句话已经深深印刻在他们的大脑中。

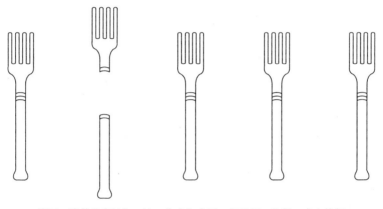

3 岁至 4 岁的儿童认为，这一集合包含了 6 把叉子。他们一定会将每 1 个独立物品计为 1 个单位。

图 2-5　叉子的数量

资料来源：Shipley & Shepperson, 1990。

遗传、环境和数字

在本章中，我似乎总是把婴儿当作表现死板的迟钝机体。在谈论婴儿实验时，我们很容易忽视年龄组之间的差异可以小至几天，大至 10 到 12 个月。事实上，出生的第一年是婴儿大脑可塑性最强的阶段。在这一时期，婴儿日复一日地吸收大量新知识，因此我们不能把他们看作表现稳定的静止系统。刚一出生，他们就开始学习辨识母亲的声音和面孔、处理周围环境所使用的语言、探索如何控制身体移动等。我们有理由认为，数字能力的发展不会在这个学习与探索的大爆发期缺席。

为了公平地对待婴儿智力的易变性，我在本章中提到的数字能力应被放入一个动态框架中。鉴于我们对出生后第一年中数字表征的发展逻辑还所知甚少，这是一个极其冒险的尝试，但是我们至少可以对此类能力在短短几个月中发展的顺序和方式进行尝试性的描述。

我们从出生说起。在这个阶段，婴儿已经表现出辨别数字的能力。新生儿可以区分 2 个和 3 个客体，甚至也可能区分 3 个和 4 个客体，同时，他们的耳朵能够注意到 2 个声音和 3 个声音之间的区别。因此，新生儿的大脑显然在出生前就配备了数字探测器，这很可能是由人类的先天基因决定的。事实上，婴儿很难在如此早的年龄阶段就从环境中获得足够的信息来学习数字 1、2 和 3。即便我们假设出生前或者出生后几小时内的婴儿就能够进行学习（在这段时间，视觉刺激常常接近于零），问题仍然存在，因为对于一个忽视了所有数字信息的机体来说，学会去辨识它们是不可能的，这就像要求黑白电视机显示出色彩一样！更有可能的解释是：在基因的直接控制和环境的微弱引导下，专门用于识别数字的脑模块是在皮层神经网络的自然成熟过程中逐渐形成的。由于人类的基因编码是通过几百万年的进化过程传承下来的，人类有可能和其他物种共享同一种先天的原数系统——这个结论的合理性已在上一章被证实。

虽然新生儿配备了视觉和听觉方面的数量探测器，但是至今为止没有一项实验证明，这两种输入模式从婴儿一出生就开始进行交流并分享数字线索。目前，只有 6 至 8 个月大的婴儿能够将 2 个声音和 2 个图像，或者 3 个声音和 3 个图像联系起来。"儿童在不同感觉模式间的数量对应能力是通过学习获得的，与脑的成熟无关。"在决定性的幼儿实验出现之前，这种观点也仍然是可能成立的。听到单个物品发出 1 个声音，2 个对象发出 2 个声音，或面对更多符合这一规律的情况时，婴儿会发现对象数和声音数之间存在着稳定的联系。但是这样一种回归到建构主义的观点是否有道理呢？一些对象发出的声音数会大于 1，而另一些则根本不发出声音，环境线索不可避免是含糊的，而且我们也不清楚这些线索是否会对某种学习形式有所帮助。因此，我怀疑，婴儿倾向于认为声音和对象之间存在对应关系，这可能源于其在数字方面固有的抽象能力。

在儿童的加法和减法能力方面也存在类似的不确定性。在卡伦·温的"1+1"和"2-1"实验中，最小的实验对象也有 4 个半月大了。出生后的这段时间可能足以让一个婴儿通过实证发现，当一个客体随着另一个客体消失在遮屏后面时，只要有意寻找，就一定能够找到 2 个客体。在这种情况下，皮亚杰的理论是部分正确的：婴儿必须从环境中提取基本的算术法则——虽然他们开始这一行为的年龄阶段比皮亚杰预想的更早。但是也有可能这种知识天生就存在于婴儿大脑的特定结构中，直到他们在 4 个月左右发展出能够记忆遮屏后客体的能力时，这种知识的存在才变得明显。

一个初级的数字累加器能使 6 个月大的婴儿识别少量的物品和声音，并且能对它们进行简单的加减法运算。奇怪的是，他们可能缺乏一种简单的算术概念，那就是数字的顺序。我们几岁的时候才知道 3 大于 2 呢？有关这方面的幼儿实验研究非常少，并且难以令人信服。不过他们的研究结果表明，小于 15 个月的儿童没有表现出显著的排序能力。在这个年龄阶段，儿童开始表现得如同恒河猴阿贝尔、贝克以及黑猩猩舍巴：他们自发地选择两组玩具中数量较多的一组。年幼的儿童似乎没有意识到数字的自然顺序，就好像大脑中对 1 个、2 个或 3 个对象做出反应的数字探测器之间没有任何特殊的关联。我们可以将儿童对数字 1、2、3 的表征与成人对蓝色、黄色、绿色的表征相类比。我们可以识别这些颜色，甚至知道蓝加黄为绿，但是我们对它们的顺序完全没有概念。与此类似，在不需要意识到 3 大于 2，或者 2 大于

1 的情况下，婴儿也可以辨识 1 个、2 个和 3 个对象，甚至也知道 1 加 1 等于 2。

如果这些初步的数据是可信的，那么"更小"或"更大"的概念是最晚进入婴儿思维的概念之一。这些概念是从哪里产生的呢？或许是通过观察加法和减法的特性得来的[26]。"更大"的数字是通过加法得到的，而"更小"的数字是通过减法得到的。婴儿会发现，由于从 1 到 2 以及从 2 到 3 的变化都经历了同样的"+1"操作，因此 2 和 1 以及 3 和 2 之间存在着相同的"大于"关系。通过进行连续的加法运算，数字 1、2、3 的探测器会在婴儿的思维中以一种稳定的顺序逐个激活，婴儿由此认识到它们在数字序列中的位置。

不过这仍然是一个假设，我们需要进行一系列的实验来证实或者驳斥这一假设。现阶段我们所能确定的是，婴儿在数学方面的表现远比我们在 15 年前所想的更加优秀。当他们吹灭第 1 支生日蜡烛时，父母完全有理由为他们感到骄傲，因为无论是通过学习还是因为脑的成熟，他们都已经获得了算术的基本原理以及清晰到令人惊讶的数感。

我建议你质疑你所有的信仰，只相信 2 加 2 等于 4。

——伏尔泰，《年收入四十埃居[①]的人》(*L'homme Aux Quarante Écus*)

03

成人的心理数轴

　　长久以来，我一直为罗马数字所吸引。几个起始数字如此简单，而其他数字又复杂得令人迷惑，这看上去有点矛盾。起始的 3 个数字——Ⅰ（1）、Ⅱ（2）和Ⅲ（3）——所遵守的规律一目了然：有几个竖条就代表几。不过，数字Ⅳ（4）打破了这个规律，它引入了一个表面上完全看不出意义的新符号 Ⅴ（5），以及一个减法运算——Ⅴ–Ⅰ，这个运算似乎是随意的，那为什么不用"6–2""7–3"，甚至"2×2"呢？

　　回顾数字符号的历史，我们发现，前 3 个罗马数字就像是活化石，它们把我们带回到远古时代，那时人们还没有发明书写数字的方法。人们发现，

---

① 法国古货币的一种。——编者注

想要记录他们拥有的绵羊或者骆驼的数量，只要在木棒上刻下相同数量的刻痕就可以了。这些刻痕是对计数的持久记录。事实上，这正是符号记数法最初始的形态，因为 5 个一组的刻痕可以代表任意 5 个客体。然而，这一史实更加凸显了罗马数字Ⅳ的神秘性。为什么人们放弃了这种简单实用的记数法？Ⅳ这个给读者带来注意和记忆负担的、任意的记号，又是如何取代Ⅲ这个普通人都能理解的、简单明了的记号的呢？更重要的是，如果真是因为某种原因，记数系统需要做一些修订，那为什么前 3 个数字Ⅰ、Ⅱ和Ⅲ可以幸免呢？

难道这仅仅是个意外？一定有一些偶然事件影响了幸存至今的罗马数字符号的命运。然而，罗马数字Ⅰ、Ⅱ和Ⅲ的独特性，却具有一种超越了地中海国家历史的普遍特征。乔治·伊弗拉（Georges Ifrah）在他那本关于数字记数法历史的巨著中介绍[1]，在所有文明中，前 3 个数字都是通过重复相应次数的代表"1"的符号来表示的，恰如罗马数字这样。而且，大部分的文明，甚至可能是所有文明，都会在数字大于 3 的时候停止使用这一规则（见图 3–1）。比如，中文分别用 1 条、2 条和 3 条水平横线代表数字 1、2 和 3，却采用了一个差别相当大的符号"四"来表示数字 4。再来看阿拉伯数字，尽管表面上看起来所有数字都是随意的，实际上它也遵循同一种规律。数字 1 是 1 条单独的竖杠，数字 2 和 3 实际上是书写时将 2 条和 3 条水平横杠连在一起的变形。只有 4 及以上的阿拉伯数字，才是真正随意的。

遍布世界的几十个人类社会最终选择了同一个解决方案。在几乎所有的社会中，前 3 个或 4 个数字都是由相应数量的记号组成，而接下来的数字基本上就是任意的符号。对于这种显著的跨文化汇集，需要一个具有普适性的解释。很明显，排列 19 个记号来表示数字 19，对于写作和阅读都会是一个无法容忍的负担：一次写 19 个笔画，费时费力又容易出错，而且读者又该

如何区分 19 与 18 和 20 呢？因此，一种比排列横杠更紧凑的记数法的出现
似乎也合情合理。然而，这还是没有解释为什么所有地区的人一致选择在数
字大于 3 或 4 的时候不再使用这种方法，不是 5 或 8，也不是 10。

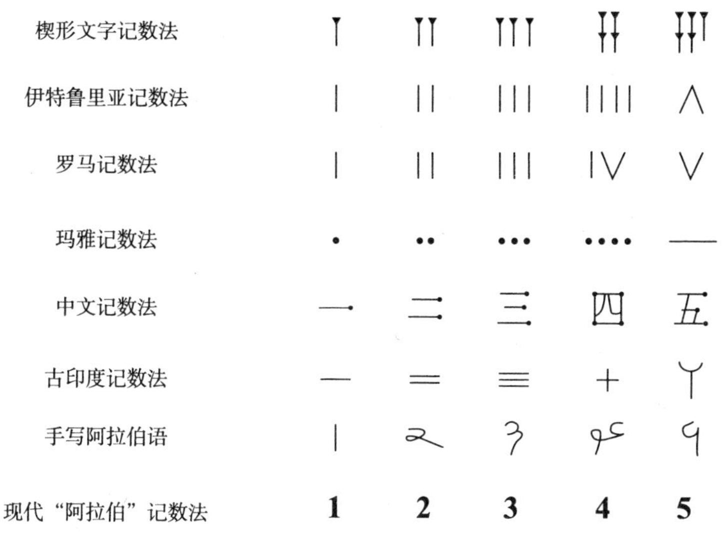

楔形文字记数法	𒁹	𒁹𒁹	𒁹𒁹𒁹	𒁹𒁹	𒁹𒁹𒁹
伊特鲁里亚记数法	I	II	III	IIII	Λ
罗马记数法	I	II	III	IV	V
玛雅记数法	•	••	•••	••••	—
中文记数法	一	二	三	四	五
古印度记数法	一	=	≡	+	Ψ
手写阿拉伯语	I	2	3	9	9
现代"阿拉伯"记数法	**1**	**2**	**3**	**4**	**5**

在世界各地，人们通过重复相应次数的相同符号来表示前 3 个数字。大
于数字 3 或 4 时，几乎所有的文明都放弃了这种模拟记数法，这一现象
表现出人类"即时"理解数字的局限。

图 3-1　世界各地的模拟记数法

资料来源：重绘自 Ifrah, 1994。

　　我们很容易把这一现象与婴儿对数的辨别能力相提并论。人类婴儿可以
轻而易举地区分 1 个对象和 2 个对象，或者 2 个对象和 3 个对象，但他们的
能力很难超出这个范围。显然，婴儿对记数法的演变没有什么影响。我们甚
至可以假设：成年人的数量辨别能力相对于婴儿也没有发生变化。其中的一
个原因可能是，大于数字 3 后，线条符号表示的数字将不再清晰可辨，因为

我们不能一目了然地区分 ⅢⅠ 和 ⅢⅡ。

因此，罗马数字使我们能够研究，动物和人类婴儿的原始计数能力到底在多大程度上延伸到了成年。在本章中，我们旨在寻找能够带领我们回溯人类算术根基的活化石和其他线索，如罗马数字。事实上，许多迹象表明，这种对数量的原始表征在成年人身上依然存在。尽管数学语言和文化的发展使我们人类的能力远远超越了动物那有限的数字表征，但是这种原始的模块依然是我们数字直觉的核心。它对我们如何感知、构想、书写和谈论数字都有相当大的影响力。

1、2、3 及其后的数字

早在一个多世纪之前，心理学家就发现，人类精确快速计数的能力有一条严格的界限。1886 年，詹姆斯·麦基恩·卡特尔（James McKeen Cattell）在位于莱比锡的实验室发现，在向被试短暂呈现包含若干黑点的卡片时，如果卡片上的黑点不超过 3 个，他们可以准确无误地识别黑点的个数[2]，超过这一界限，错误就会增加。继美国普林斯顿大学的沃伦（Warren）之后，法国巴黎索邦大学的贝特朗·布尔东（Bertrand Bourdon）也开发了用于准确测量对客体进行计数所需时间的新方法[3]。1908 年，布尔东在没有任何高科技实验设备的情况下，通过拼凑一些特殊的工具，以自己为被试展开实验。下文摘自他的原著：

> 由水平排列的亮点所表示的数字距我的眼睛 1 米远。一片带着矩形开口的铜板从固定高度下落，使这些亮点只在一段很短的时间内可见……为了测量反应时，我使用了一台仔细校准过的希普计时器（一种电机精密计时器，精确到千分之一秒）。在这些点可见时，通过计时器的电路是闭合的。在这个电路中有一个口腔开关：其主

要组成部分是两片独立的铜叶，每片铜叶的表面都覆盖着纤维，将
其与口腔隔开。我将这两片铜叶放在门牙间，紧咬的时候两片铜叶
彼此接触，一旦识别出点的数量，我必须尽可能快地说出数字，这
样我就必然要开口，使铜叶分离，从而切断电流。

正是有了这种简陋的设备，布尔东才发现人类视觉计数的基本规律：对
1 个到 3 个亮点计数所需的时间缓慢增加，超出此范围后所需时间突然大幅
增加，同时，错误数也突然剧增。这一实验结果得到了数百次验证，至今仍
然有效。人类知觉到 1 个、2 个或 3 个客体所需的时间不到半秒，但超过这
个范围，速度和精度都会显著下降（见图 3-2）。

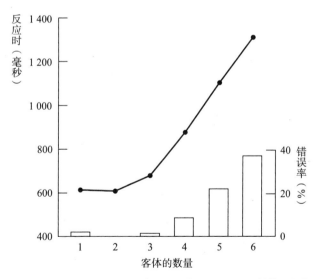

当集合中有 1 个、2 个或 3 个元素时，对它进行计数是很快的，但若元
素数大于 4，计数的速度会急剧变慢，同时，错误率也开始增加。

图 3-2　知觉数量的速度和精度变化趋势

资料来源：重绘自 Mandler & Shebo, 1982。

对反应时曲线的仔细测量揭示出几个重要的细节。在 3 到 6 个点之间，反应时的增加呈线性，这意味着对每一个新增点进行计数所需的时间是固定的。超过 3 个点时，成人每辨识 1 个点，需要大概 200 毫秒或 300 毫秒。这个 200 至 300 毫秒的斜率，大致相当于成人尽可能快地出声数数所需的时间。对儿童而言，辨识的速度下降到每个数字需一两秒钟——反应时曲线的斜率以同样的幅度增加。因此，成年人和儿童都以相对缓慢的速度对超过 3 个点的集合进行计数。

为什么对 1、2 和 3 进行计数会这么快？这一区间内平缓的反应时曲线表明，对前 3 个客体集合不需要一个一个去数。识别数字 1、2 和 3 的过程似乎没有任何数数的动作。

尽管心理学家仍然在琢磨这个不数数的计数过程是如何进行的，他们还是给它起了个名字，称其为"感数"（subitization 或 subitizing）能力，这个词起源于拉丁文"subitus"，意为"突然"[4]。这个名字并不恰当，因为尽管非常快速，但是感数并不是一个瞬时事件。识别 3 个点组成的集合大概需要 0.5 秒或 0.6 秒，这跟大声读一个单词或者识别一张熟悉面孔所需的时间差不多。这个时间也并非恒定不变，识别从 1 到 3 的集合，用时会缓慢增加。因此，感数过程可能需要一系列的视觉操作，需要识别的数量越多，整个过程就越复杂。

这一系列操作到底是什么呢？一个被广泛接受的理论假设认为，我们识别由 1 个、2 个或者 3 个对象组成的小集合之所以很快，是因为它们构成了易辨识的几何图形：1 个对象是一个点，2 个对象是一条线，3 个对象则构成一个三角形。然而，这一假设并不能解释我们为什么对排成直线、因而不形成任何几何线索的数个对象依然可以进行感数操作。的确，没有什么几何参数能够区分罗马数字 Ⅱ 和 Ⅲ，但是我们仍然对其进行感数操作。

心理学家拉纳·特里克（Lana Trick）和泽农·派利夏恩（Zenon Pylyshyn）发现了一种感数失败的情况，它出现在对象重叠以致很难准确觉察它们的位置时。[5]例如，辨识同心圆的数目时，我们必须通过逐个去数才能知道有 2 个、3 个还是 4 个。因此，感数过程似乎需要各个对象占据不同的空间位置——正如我们前面所看到的，这一线索对于婴儿辨别面前呈现了几件物品同样重要。

我因此相信，成人的感数过程与婴儿和动物辨别客体数量一样，依赖于负责对客体空间位置进行判断和追踪的视觉系统回路。分布在大脑枕顶区的神经元群能够迅速提取视野内客体的空间位置，并且以并行方式加工这些信息。它们只负责加工客体的位置，而忽略其特性，甚至可以表征被挡在遮屏后面的对象。因此，它们提取的信息对运用近似累加器而言，具有理想的抽象性。我相信，在感数过程中，这些大脑区域迅速地将视觉场景分割成离散的对象。接下来就可以很容易地把它们一一相加，以得出一个近似总量。我在第 1 章描述过我与让－皮埃尔·尚热一起开发的神经网络模型，它展现了如何通过简单的脑回路来实现这个计算过程[6]。

为什么这一机制会导致 3 和 4 之间的不连续性？如果你还记得，我在前面讲过，累加器的准确性随着数量的增大而下降，因此，区别 n 与"$n+1$"要比区别 n 与"$n-1$"的难度更大。数字 4 似乎是我们的累加器产生大量失误的起始值，它会与 3 和 5 相混淆。这就是为什么我们不得不在超过 4 以后开始数数——我们的累加器仍然会给我们提供一个大概的数量，但是这个数量无法精确到某个具体的数字。

我刚刚简述的"客体位置的并行加工"理论并不是唯一解释感数的理论。美国加州大学洛杉矶分校的心理学家兰迪·加利斯特尔（Randy Gallistel）和罗切尔·戈尔曼认为，在我们感数时，即使我们意识不到，我们对所有的元素也都是逐个去数的，但是数的速度非常快[7]。因此，感数只是一个不需要语言参与的快速序列计数过程。尽管这有悖于直觉，但感数加工实际上需要依次注意每个对象，因而依赖的是一个序列性的、按部就班的算法。这个观点与我的假设分歧最大。我的模型认为，在感数过程中，进入视野中的所有物品被同时加工，而且不需要注意参与——这一过程在认知心理学术语中被称为"并行前注意加工"（parallel preattentive processing）。在我的神经网络模拟中，不管呈现 1 个、2 个还是 3 个物品，数字探测器都会在同一时间开始响应（尽管随着输入数量的增大，探测器确实需要稍微长一点的时间来达到稳定的激活状态，从而准确给出一个精确的命名）。最重要的是，不同于戈尔曼和加利斯特尔的快速数数假设，我的数字探测器不需要通过心理"聚焦"或标记过程逐个把物品区分出来，一切都是即时而且并行发生的。

这一问题仍然悬而未决，或许能够证明感数不需要按顺序逐个注意每个物品的最好证据来自脑损伤患者：他们不能集中注意地探索视野中的环境，因而也不能数数[8]。我曾与劳伦特·科恩（Laurent Cohen）医生在巴黎的萨彼里埃医院一起诊察过 I 太太，她在怀孕期间由于高血压导致脑后动脉梗死。1 年后，这一损伤对她的视知觉能力造成的后遗症依然存在。I 太太变得无法识别包括面孔在内的某些视觉形状，而且她还抱怨过视觉的奇怪扭曲。当我们要求她描述一个复杂的图像时，她常常会因遗漏重要的细节而无法觉察整体的含义。神经学家将这种疾病称作"组合失认症"（simultanagnosia）。这使得她无法数数。当 4 个、5 个或者 6 个点在电脑屏幕上快速闪过时，她几乎总是漏数一部分。她试图去数，但是无法把注意力逐次指向每个物品。她数到大约一半的时候就会停止，因为她觉得自己已经全部数完了。另外一个患有相似疾病的患者则陷于相反的错误模式：她对自己已经数过的个体没有概念，会一直不停地一遍一遍地数下去。她会毫不犹豫地告诉我们总共有

12 个点，而实际上只有 4 个。

尽管有计数缺陷，这两位患者在对 1 个、2 个或 3 个点的集合进行计数的时候几乎没有任何困难。她们对小数字的反应非常迅速、自信，而且几乎不会出错。例如，I 太太在数 3 个物品时错误率仅为 8%，但是在数 4 个物品时错误率高达 75%。我们经常观察到这种分离：即使脑损伤使患者完全无法逐次按顺序把注意力集中于每一个物品，他们对小数字的知觉仍然完好无损。这就强有力地证明了，在感数过程中并没有顺序计数的行为参与，它仅仅是一种对场景中的物品进行预先注意和并行提取的过程。

估计大数字

达斯汀·霍夫曼（Dustin Hoffman）在影片《雨人》（*Rain Man*）中扮演的雷蒙（Raymond），是一位具有惊人能力的孤独症患者，影片中发生了一起特殊事件。一位服务员掉了一盒牙签在地上，雷蒙马上咕哝道："82……82……82……有 246 根！"仿佛他以 82 为单位来数牙签，比我们说"二二得四"还要快。在第 6 章，我们将会仔细分析哪些技艺造就了诸如雷蒙这样的计算奇才。然而，在这里，我并不认为达斯汀·霍夫曼的表演应该被当真。有些轶事报道了一些能够快速感数的孤独症患者，但是并没有给出他们的反应时。据我所知，反应时能够用于判断这些人是否确实在数数。我自己的经验是，要模拟《雨人》的场景很容易：提前开始数数，把各组点数在心里相加，然后以一种虚张声势的方式说出来。以这样的方式，猜准一次屋内的确切人数就足以使你成为传奇！更有可能的其实是，3 个或者 4 个项目作为感数极限对于每个人来说都是一样的。

但是，这一极限的实质究竟是什么？当一个集合内元素多于 3 个时，我们的并行计数能力真的会瘫痪吗？达到这个临界值时，我们就必须去数吗？事实上，任何成人都可以在一个合理的不确定范围内估计超过 3 或 4 的数值[9]。因此，这个感知极限并不是一道不可逾越的障碍，而仅仅是个边界，超过它就进入了近似估计的世界。面对一群人时，我们可能不知道确切的人数是 81 个、82 个还是 83 个，但是我们可以不通过数数而估计有 80 到 100 个人。

这样的估计通常是有效的。心理学家明确知道，在一些情况下，人类的估计值会稳定地偏离真实值（见图 3–3）。例如，当物品规则地布满一张纸的时候，我们会倾向于高估其数量；相反，当物品不规则分布的时候，我们会低估其数量，这也许是因为我们的视觉系统把它们分解成了数个小集合[10]。我们的估计对环境影响也很敏感：同样是 30 个点，我们会因为其周围分布着 10 个点而低估其数量，也会因为其周围分布着 100 个点而高估其数量。但是一般来说，我们的估计其实非常准确，尤其是考虑到，在日常生活中我们很少有机会能够验证其正确性。确实，有关一群人是由 100 人、200 人还是 500 人组成的，我们有多少机会能得到精确反馈呢？然而，在一个实验室条件下所做的实验中发现：只要向我们提供一次数量信息确定的材料，比如明确标记为 200 个点的集合，就足以提高我们对于点数在 10 到 400 个之间的集合的数量估计的准确性[11]。想要校准我们的数字估算系统，只需要少数几次精确的测量。

人类知觉大数字的规律并不特殊，而是与动物数字行为所遵循的规律完全相同[12]。我们受制于距离效应：相比于差距较小的数值，如 81 与 82，我们更容易区分差距较大的数值，如 80 与 100。我们的数量知觉也表现出大小效应：对于相同差距的两个数值，相比于数值较小的情况，如 10 与 20，我们更难区别数值较大的两个数，如 90 与 100。

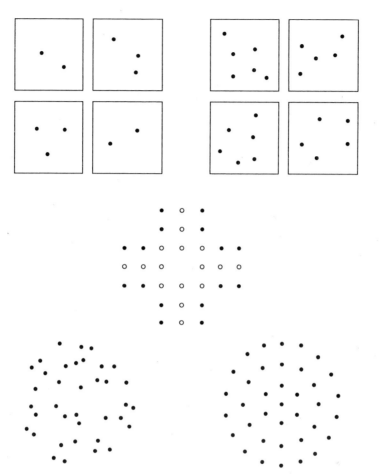

我们能够立即察觉到 2 个和 3 个（左上）之间的区别，但是如果不数数，
我们较难区分 5 个和 6 个（右上）。我们对大数字的知觉依赖于物品的
密度、占据的面积和空间分布的规则程度。尤塔·弗里思（Uta Frith）和
克里斯托弗·弗里思（Christopher Frith）于 1972 年首次描述了中图所
呈现的"宝石错觉"：我们的感知系统使我们错误地相信，中间的图中
白点比黑点多，大概是因为白点被更紧密地组织在一起。下方的两张图
中，随机分布的点看起来要比间隔规则的点少一些，而实际上这两幅图
中都有 37 个点。

图 3-3　人类的估计值会稳定地偏离真实值

这些规律是心理学不同寻常的一项发现，其揭示的数学规律性因屡试不爽而令人印象深刻。假定一个人能够区分 13 个点的集合和另一个 10 个点的参考集合（数字间距为 3），准确率达到 90%。现在让我们将参考集合的点数加倍，变成 20 个点，我们要选择距离这个数值多远的一个数字，才能使分辨的准确率仍能达到 90% 呢？答案非常简单，你只需要将数字间距也加倍，让两个集合的点数相差 6。因此该集合应该有 26 个点。当参考数字加倍，人们能够以同样的水准实现辨别的数字间距也同样加倍。这一加倍法则也被称为"梯度定律"（scalar law），或者"韦伯定律"（Weber's law），以发现这一规律的德国心理学家命名。这一定律与动物行为规律的显著相似性表明，就数量的近似知觉这一点而言，人类与老鼠或鸽子没有任何不同。我们所有的数学天赋在感知和估计大数字时都毫无用处。

符号所代表的数量

我们对数量的理解与其他动物没有差别，这一点听起来似乎不足为奇，毕竟哺乳动物都拥有基本相似的视觉和听觉系统。甚至在某些领域，如嗅觉方面，人类的感知能力远不如其他物种。有人可能会认为，涉及人类语言时，情况应该完全不同。很明显，我们与其他动物的区别在于，我们有能力运用任意符号来代表数字，比如单词或者阿拉伯数字。这些符号由离散的元素组成，人们可以以一种纯粹形式化的方式对其进行操纵，并且不存在任何模糊性。内省研究表明，我们的大脑能够以同样的敏锐度（acuity）表征 1 到 9 的含义。实际上，这些符号在我们看来没什么区别。我们对这些符号的使用得心应手，甚至可以在短暂的固定时间内对任何两个数字进行加法运算或者比较，就像电脑一样。总体来讲，数字符号的发明让我们摆脱了对数字的数量表征模糊不清的情况。

直觉误导人！尽管数字符号为我们开启了一扇通向原本无法触及的严格

算术领域的大门，但是它们并没有将我们的根基与动物对数量的粗略表征分离开来。恰恰相反，每次面对阿拉伯数字，我们的脑都不得不把它看作一个表征精度随数量增加而降低的模拟量，这基本就是老鼠或是黑猩猩的做法。将符号翻译成数量，是以增加可以测量的心理运作速度为重要代价的。

对这一现象的首次报道要追溯到 1967 年。这一现象在当时具有革命性的意义，因此发表在《自然》杂志上绝对名副其实[13]。罗伯特·莫耶（Robert Moyer）与托马斯·朗多埃（Thomas Landauer）测量了成人判断两个阿拉伯数字哪个更大时所需要的精确时间。他们的实验过程是：快速闪现一对数字，如 9 和 7，然后要求被试通过按下两个反应键中的一个来报告较大数字的位置。

这个简单的比较任务并不像看起来那么轻松，成人通常要用大于 0.5 秒的时间才能完成，而且结果并非全无差错。更令人吃惊的是，成人的表现会随所挑选的数字呈现系统性变化。若两个数字代表的数值差别很大，如 2 与 9，被试的反应迅速而准确。然而，若两个数字的数值比较接近，如 5 与 6，他们的反应会慢 100 毫秒以上，并且平均每 10 个实验轮次就会出错一次。此外，数值间距相同时，随着数值逐渐增大，被试反应会变慢。从 1 与 2 中挑选较大的数字很容易，但是比较 2 与 3 哪个更大，就会有点困难，比较 8 与 9 则会很困难。

我们需要声明的是，参与莫耶与朗多埃测试的人并没有异常，而是和你我一样的普通人。在数字比较实验进行了十多年后，我仍然没有找到任何一个不受数字距离影响且比较 5 和 6 与比较 2 和 9 一样快的人。我曾经对一群年轻有为的科学家进行过测试，其中包括法国最好的两所数学学院——巴黎高等师范学校和巴黎综合理工学院的学生。让所有人觉得神奇的是，他们在试图判断 8 与 9 哪个更大时居然会慢下来，甚至还可能出错。

系统的训练也不能改变这种情况。在一项实验中，我试图训练一群美国俄勒冈大学的学生，使他们免受距离效应的制约。我尽可能地简化任务，在电脑屏幕上只呈现数字 1、4、6 和 9。如果看到的数字大于 5，学生们必须按右手边的键，小于 5 则按左手边的键。很难想象还会有更简单的任务：看到 1 或 4 就按左键，看到 6 或 9 就按右键。然而经过几天共 1 600 个轮次的训练后，与离 5 较远的数字 1 和 9 相比，被试在看到离 5 较近的数字 4 和 6 时，反应仍然较慢，准确率仍然较低。事实上，在训练过程中，尽管反应时整体上是变短了，但是，被试在看到离 5 较近的数字与离 5 较远的数字时，反应时仍有差别，距离效应本身并没有受到训练的任何影响。

我们该如何理解这些数字比较的结果？显然，我们的大脑不会保留一份关于所有可能的数字比较的清单。如果我们靠死记硬背掌握所有的可能性，如 1 小于 2、7 大于 5 等，那么比较时间就不会随数字距离的改变而发生变化。这种距离效应究竟源自哪里？就外形而言，数字 4 和 5 的区别跟数字 1 和 5 的区别没什么不同。因此，判断数字 4 是小于还是大于 5 的困难，与分辨数字外形的难度毫无关系。显而易见，人脑并未在识别出数字的外形后就停止工作。它迅速在数量含义的层面上识别数字，数字 4 确实比 1 更靠近 5。我们大脑的沟回之中隐藏着一种包含阿拉伯数字之间近似关系的数量信息模拟表征。我们一看到数字，就可以提取它的数量表征，但是这种表征较容易将相邻的数字混淆。

当我们比较两位数时，会出现另一种更为惊人的现象[14]。假设你要比较 71 和 65 的大小，一个合理的方法是，先检查它们最左边的数字，当你发现 7 大于 6 时，根本无须考虑最右边的数字是什么，就可以得出 71 大于 65 的结论。这一算法被应用于计算机的数字比较中。但是人脑并不是这样运行的。将 65 与其他两位数进行比较，并测量所需的时间，你会得到一条光滑的曲线（见图 3-4）。随着数字逐渐靠近 65，比较时间会持续上升。个位和十位数同时对这一趋势产生影响。因此，判断 71 大于 65 所用的时间要比判断 79 大于 65 所用的时间更长，尽管两种情况下左边的数字都是 7。与此同时，当十位数不同时，反应时也不会不成比例地突然变化——比较 71 和 65 只比比较 69 和 65 快了一点，如果我们选择性地先注意左边的数字，比较 69 和 65 应该更加困难。

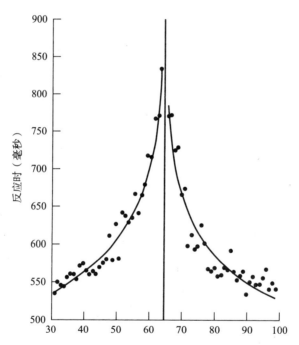

实验中 35 名成年志愿者将 31 和 99 之间的所有两位数与 65 进行了大小比较，他们的反应时以毫秒级的精确度被记录下来。每一个黑点代表一个给定数字的平均反应时。数字越接近 65，反应越慢，这就是距离效应。

图 3-4　比较两个数字需要多久？

资料来源：Dehaene, Dupoux, & Mehler, 1990。

我能想到的唯一解释就是，我们的大脑将两位数字作为整体来加工，并把它转化成一个内部数量或大小。在这一阶段，我们的大脑会忽略与这一数量相对应的精确数值。比较运算仅涉及数量，涉及用于传递数量信息的符号。

对大数字的心理压缩

我们比较两个阿拉伯数字大小的速度不仅与它们的间距有关，同时也与它们的大小有关。判断 9 大于 8 比判断 2 大于 1 需要更长的时间。在距离相等的情况下，大数字会比小数字更难进行大小比较。这种数字变大引起的反应速度变慢再次让我们联想到婴儿与其他动物的知觉能力，它们同样会受到数字间距和大小的影响。这个惊人的相似性证实：在使用阿拉伯数字之类的符号时，我们的大脑所读取的数量内部表征与其他动物和婴儿的表征非常相似。

事实上，正像其他动物那样，决定人类区分两个数字容易程度的参数并不是两个数之间的绝对距离，而是相对于它们自身大小的距离。从主观上来看，8 和 9 之间的距离与 1 和 2 之间的距离并不相同。我们衡量数字的"心理尺"的刻度并不是均匀的，而是倾向于将较大的数字压缩至一个较小的空间。我们的大脑表征数字的方式更像对数尺度：1 和 2、2 和 4 以及 4 和 8 之间是等距的。因此，计算的准确性和速度都不可避免地随数值的增大而下降。

大量实证研究的结果非常集中地支持了大数字在心理上以压缩的形式进行表征的假说[15]。有些实验完全基于内省：主观估计 4 和 6 哪个更接近 5?[16] 尽管问题看起来有些词不达意，但大多数人都认为，在数字间距相同的情况下，大一点的 6 看起来与 5 差异更小。其他实验则采用了更微妙、更间接的方法，例如：让我们假设你是个随机数产生器，你必须在 1 到 50 之间随机选择数字。当参与这项实验的被试足够多的时候，就能产生一个系统偏差：不同于完全随机，比起大数字来，我们更倾向于经常性地产出小数字，就好像小数字在我们抽取数字的"内部容器"中占更大的比重[17]。这意味着，在没有"客观"的随机性来源（比如骰子或者一个真实的随机数产生器）的情况下，我们无法实现随机选择。

据我推测，这种对小数字的偏向可能对我们利用直觉来完成和解释统计分析有着深远的甚至是毁灭性的影响。思考一下下面这个问题[18]。计算机随机生成两组数字，你的任务是在不进行计算的情况下估计这两组自 1 到 2 000 之间的数字的随机性和均匀性：

序列 A：879　5　1 322　1 987　212　1 776　1 561　437　1 098　663
序列 B：238　5　　689　1 987　 16　1 446　1 018　 58　　421　117

多数人会觉得序列 B 中的数字看起来分布更均匀，因而比序列 A 组的数字"更随机"。在序列 A 中，大数字似乎出现得太频繁了。然而从数学的角度看来，A 组比 B 组更能代表从 1 到 2 000 的数字连续体。序列 A 中的数字以略大于 200 为间隔单位规则地分布，而序列 B 中的数字则呈指数型分布。我们选择序列 B 的原因在于，它更符合我们对数轴的心理表征，即大数字不如小数字醒目的压缩序列。

我们在选择度量单位时，同样能够表现出这种压缩效应。1795 年 4 月 17 日，公制开始在巴黎实行。为使其具有普遍性，其单位涵盖了从纳米到千米范围内所有 10 的幂，甚至每个幂都对应一个专门的名字：毫米、厘米、分米、米等。然而这些单位仍然因为间距太大而不适合日常使用。于是法国的立法者规定"每个十进位单位必须有它的双倍数和半数"。根据这项规定产生了规则序列 1、2、5、10、20、50、100……今天的硬币和纸币系统仍在使用这个序列。这一序列符合人类的数感，因为它类似于指数序列，并且由较小的约整数①构成。1877 年，出于类似的理由，查理·雷纳（Charles Renard）上校实施了一种基于准对数序列（100、125、160、200、250、315、400、500、630、800、1 000）的工业产品（如螺钉直径和轮子尺寸）标准化方法。当一个连续量需要被分割成一些离散的类别时，直觉就会指引我们选择一个与我们的内部数字表征相吻合的压缩序列，它通常是对数的形式。

数字含义的反射性加工

一个阿拉伯数字出现在我们面前时，是一系列分布在我们的视网膜上的光子，这一模式被大脑的视觉区识别为熟悉的数字形状。然而，我们刚刚描述的许多例子表明，大脑可以一鼓作气地完成数字识别。它很快就重建出这一数字所对应的数量的连续性压缩表征。这种向数量的转换是一个无意识、自动化且速度很快的过程。事实上，看见了数字 5 的形状而不把它立刻转化成数量 5 几乎是不可能的，即使这种转换在有些情境下毫无用处。因此，对数字的理解是一个反射性的过程[19]。

假设有人将两个数字并排展示给你，要求你尽快说出它们是否相同，你肯定会觉得你的判断只会以数字的视觉外观为基础，即根据它们的形状是否相同做出判断。然而对反应时的测量结果表明，这个假设是错误的[20]。判断 8 和 9 不同所需要的时间稳定地长于判断 2 和 9。数字距离再一次操控了我们的反应速度。我们无意识地抵触 8 与 9 是不同的数字，因为它们所代表的数量太接近了。

---

① round number，如整十、整百等。——译者注

一种类似的"理解性反射"（comprehension reflex）也会影响我们对数字的记忆[21]。记住下面的数字：6、9、7、8。好了吗？现在告诉我，这个序列中有5吗？那么数字1呢？是不是看起来第一个问题要比第二个更难？尽管这两个问题的答案都是"没有"，但正式实验表明，目标数字距序列中的数字越远，所需要的反应时越短。很显然，我们在记忆的时候不仅把这个序列当成一系列任意符号，同样也把它当作一群接近7或者8的数量，这就是为什么我们可以立刻说出1不在这个集合内。

这种理解性反射有可能被抑制吗？为了回答这个问题，实验者让被试置身一种不去识别数字含义反而更利于完成任务的情境。以色列的两位研究者阿维沙伊·海尼克（Avishai Henik）和约瑟夫·策尔戈夫（Joseph Tzelgov）在电脑屏幕上呈现字号不同的一对数字符号，如1和9，然后测量被试判断哪个符号字号更大的反应时[22]。这个任务要求被试把注意力集中在物理尺度上，而尽可能地忽略数字的数量。然而对反应时的分析再次表明，我们对数量的理解是何等的自动化和难以抑制。对被试而言，若视觉刺激的物理维度与数量维度一致（如："1""9"），将比不一致时（如："9""1"）更容易做出判断。很显然，我们无法忘记符号"1"代表着小于9的数量。

更令人惊讶的是，即使我们没有意识到自己看见了数字，我们的大脑仍能获取数量信息[23]。通过在电脑屏幕上以非常短的时间呈现一个符号，可以使这个符号等同于不可见。有一种被心理学家称为"三明治启动"的技术，即把需要隐藏的单词或者数字夹在前后两个没有意义的字符串中间。比如，我们可以先呈现"######"，然后是单词"five"（5），接着再呈现"######"，最后呈现单词"six"（6）。如果前3个视觉刺激每个仅呈现1/20秒，那么夹在中间的启动词"five"就会变得不可见，不仅仅是很难被读出来，而且是从意识流中消失。在正常情况下，甚至实验设计者本人都不能分辨这个隐藏的单词有没有出现！只有最先呈现的字符串"######"和最后呈现的单词"six"在意识上是可见的。其实，只需要 50 毫秒，视网膜上就能够形成一个完美的正常视觉刺激"five"。事实上，被试自己也不知道，这个单词在他的大脑中已经产生了一系列的心理表征。这一点可以通过测量命名目标词"six"所用的时间来证明。这一时间随启动词和目标词所代表的数量的距离改变发生稳定的变化。相比于启动词与目标词的距离较大的情况，如启动词是"two"（2），当启动词与目标词的距离较小时，如启动词是"five"，被试对目标词"six"的命名更快。理解性反射在这种情况下也有所体现：尽管无法有意识地看到单词"five"，它却仍然被大脑理解为"一个接近 6 的量"。

尽管我们并没有意识到在我们的大脑回路中不停进行的自动数值运算，但它们确实以各种方式对我们的日常生活产生了影响。在巴黎的一个较大的火车站中，由于车站被划分成几个区，站台编码的顺序被打乱：站台 11 紧邻站台 12，但站台 12 与站台 13 却离得很远。由于数量的连续性在我们的观念中已经根深蒂固，这种设计使得很多旅客陷入混乱。我们直觉地认为，站台 13 就应该在站台 12 的旁边。

与此类似，下面这则轶事保证吸引眼球：

> 来自阿维拉的圣特雷莎（St. Theresa）在 1583 年 10 月 4 日至 15 日夜间去世。

不，这不是排印错误！巧得很，圣特雷莎去世的夜晚很特殊，恰好是教皇格雷果里十三世废除恺撒颁布的古老的罗马儒略历、启用格雷果里历（沿用至今）①的夜晚。这一调整非常必要，因为几个世纪以来，夏至或者冬至

---

① 即公历。——译者注

等天文事件已经导致日历中的日期逐渐推移，使 10 月 4 日后的那天变成了 10 月 15 日。这是一个及时的决定，但同时也严重扰乱了我们的数字连续感。

对数字的自动诠释也被运用到了广告界。众多零售商不怕麻烦，为商品标价 59 美元，而不是 60 美元，那是因为他们知道，顾客会自动地认为这个价格是"大概 50 美元"，只有稍加思考，顾客才会意识到真实的价格其实更接近 60 美元。

最后一个例子，让我说说我自己不得不适应华氏温标的经历。我生长在法国，在那里，我们只使用摄氏温标，水凝固的温度为 0℃，沸腾的温度为 100℃。即使在美国生活了两年，我发现自己仍然很难把 32℉ 想成低温，因为对我来说，32 会被自动认为是一个温暖而阳光明媚的天气所具有的正常温度值。反之，我猜想，在欧洲旅行的大部分美国人都会惊讶，37 这样低的温度值居然代表人的体温。这种把意义自动赋予数量的习惯深深根植于我们的大脑中，成年人需要克服很多困难才能校正它。

空间感

数字不仅会激发数量感，它们还会诱发一种不可抑制的空间上的延伸感。数字与空间之间的这种紧密联系，在我的数字比较实验中明显可见[24]。你可能会记得，在该实验中，被试需要判断数字是大于还是小于65。因此会有两个反应键，一个在左手边，一个在右手边。作为一个执着的实验者，我系统地改变了反应侧：一半的被试右手边的按键代表"大于"，左手边的按键代表"小于"；而另一半的被试遵循相反的指示。令人吃惊的是，这一看似无关痛痒的变化让我关注到一个重要的现象："右大"组中被试的反应要快于"左大"组，而且错误更少。当目标数字比65大时，被试按右键比按左键要快，数字小于65时则正相反。似乎在被试的头脑中，大数自发地与右手边的空间联系在一起，而小数与左手边的空间联系在一起。

这种联系的自动化程度还有待观察。为了弄明白这一点，我设计了一项跟空间和数量都没有关系的任务。被试现在要判断的是数字的奇偶性[25]。随后其他研究者采用了更加随意的任务，例如，判断数字名是以辅音开头还是以元音开头，或者判断数字是否具有对称的视觉外观[26]。不管指导语是什么，所有实验都出现了同一种效应：数字越大，右手反应越快；数字越小，左手反应更快的偏向性就更明显。为纪念刘易斯·卡罗尔（Lewis Carroll），我把这项发现命名为"SNARC 效应"，即"反应编码的空间 – 数字联合"（Spatial-Numerical Association of Response Codes）。在卡罗尔的著名荒诞诗《蛇鲨之猎》（*The Hunting of the Snark*）中，主人公不屈不挠地寻找一种神秘生物"蛇鲨"，虽然从来没人真正见过它，但是人们却清楚地知晓它的行为细节，包括它喜欢睡懒觉，以及它对游泳更衣车的钟爱。这是对科学家执着追求更加精确地描述自然的贴切比喻，比如夸克、黑洞和普遍语法。遗憾的是，我没能想出一个正好能与 snark 相对应的有意义的首字母组合词！事实上，只要数字可见，即使任务本身与数量无关，"SNARC 效应"都会出现，这证实了被试的大脑对数量信息是自动加工的。

在寻找"SNARC"的许多实验中，我和同事们有很多有趣的发现[27]。首先，数字的绝对大小无关紧要，真正要紧的是实验中所使用的数字之间间隔的大小。例如，如果实验只涉及 0 到 5 之间的数字，那么数字 4 与 5 就会优先与右侧空间联系在一起，而如果只涉及 4 到 9 之间的数字，这两个数字就会优先与左侧空间联系在一起。其次，负责反应的手也是无关变量。若被试在做出反应时两臂交叉，仍然是右侧的空间与大数关联在一起，即使右侧空间的反应是由左手做出的。被试自己当然也完全没有意识到某一侧的反应要快于另一侧。

数字与空间的自动关联这一发现，引出了一个对于数量心理表征的简单却引人注目的隐喻——数轴（number line），即各个数字在心理上被排在一条线段上，每个位置都对应一个确定的数量，相邻的数字在线段上的对应位置也毗邻。这也难怪我们会如距离效应所反映的那样容易将它们混淆。而且，我们可以想象这条数轴在空间中具有方向性：0 在最左边，越大的数字越靠右。这就是为什么阿拉伯数字所对应数量的反射性编码会与数字在空间上的自动定位相一致：小数在左边，大数在右边。

这条从左向右排列的特别数轴的起源是什么呢？它与生物学上的参数有关，如利手或者大脑半球特异化，还是仅仅依赖文化因素？为探索第一种假设，我对一组左利手被试进行了研究，但是结果与此前针对右利手被试所做的实验结果没有不同，大数同样与右侧空间相联系。接下来转向第二种假设。我和同事们招募了 20 名伊朗学生，他们最初学习阅读时是从右向左读的，这与我们的阅读方向相反。这次的结果是决定性的。从整个组的情况来看，伊朗人没有显示出任何数字和空间的选择性关联。然而就个体而言，这一关联的方向变化受被试接触西方文化时间长短的影响。长期居住在法国的伊朗学生表现出了与法国本土学生一样的"SNARC 效应"，而那些近几年才移民到法国的伊朗学生，则倾向于将大数与左侧而不是右侧的空间联系在一起。由此看来，文化浸染是一个主要因素。数字与空间联结的方向似乎与书写的方向有关系[28]。

我们稍稍思索一下就可以发现，书写体系确实普遍地影响了我们在生活中使用数字的习惯。每当我们写下一串数字时，小数总是先出现而位于左侧。同样地，直尺、日历、数学图表、图书馆的书架、电梯门上方的楼层标记以及计算机键盘等，也都同样采用从左到右的数字排列方式。对这种惯例的内化开始于孩提时代：美国儿童从小就开始从左往右探索物品，而以色列儿童的探索方向则与此相反。数数时，欧美国家的儿童几乎总是从左开始。

数数时起始点和终止点与不同空间方向的规律性关联被逐渐内化，成为我们对数字进行心理表征的一种主要特征。

只有当这条内隐的惯例被违背时，我们才会突然痛苦地意识到它的重要性。旅客在进入巴黎戴高乐机场 2 号航站楼时会经历这样一种让人困惑的情形：标号为小数的登机口向右侧延伸，而标号为大数的登机口向左侧延伸。我发现很多旅客，包括我自己，在走向登机口时总会搞错方向，即使来过这里很多次，我也没有办法完全摆脱这种空间错乱感。

数字与垂直轴可能也有关联，尽管还没有这方面的实证研究。我曾经跟同事住过一家酒店，它位于意大利的里雅斯特附近亚得里亚海边的峭壁上。入口在顶层，也许就是因为这点，楼层号码是从上往下排的。我们坐电梯的时候，经常会感到非常困惑。向上走时，我们会下意识地希望亮起的楼层号码逐渐变大，但是情况却相反，这总会使我们困惑几秒。甚至在决定去楼上那层要按哪个键时我们都会遇到麻烦！我希望，读到这本书的建筑家和生物工程学家，在将来排列数字时能采用从左到右、从下到上的顺序，因为这确实是我们大脑所期待的惯例。

数字有颜色吗

大部分人头脑中都有一条从左向右延伸的无意识数轴，不过有些人对数字有更加生动的形象知觉。5%～10% 的人确信数字有颜色，而且具有非常精确的空间位置[29]。早在 19 世纪 80 年代，约翰·高尔顿（John Galton）爵士就观察到他的一些熟人，其中大多是女士，能够赋予数字极其精确和丰富生动的特质，这对别人来说是无法理解的[30]。他们中有一位将数字比作一条向右延伸的丝带，由蓝色、黄色和红色等丰富的色彩渐变而成（见图 3–5）。

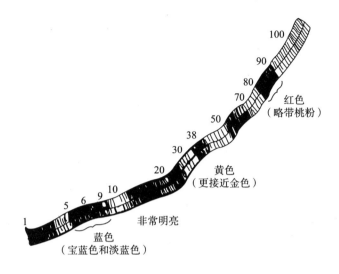

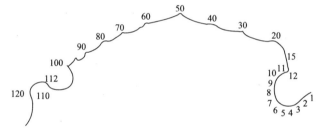

这些图所描述的是高尔顿的两个被试所体验到的"数形"（number forms）。其中一个被试看到的是一条向右延伸的彩带。另一个被试把数字排列在一条扭曲的曲线上，其初始部分类似于一个时钟的钟面。

图3-5　大脑中的"数形"

资料来源：转自 Galton, 1880，版权所有 ©1880 by Macmillan Magazines Ltd。

另一位声称从 1 到 12 的数字盘绕成一个圆形的曲线，在 10 到 11 之间有一个轻微的断点。过了 12 曲线开始向左延伸，在每个整十数处就有一段弯曲。还有人认为在他心里数字 1 到 30 呈垂直柱状排列，接下来以整十数为单位逐渐向右偏移。在他看来，这些数字"大概 1.27 厘米长，暗棕灰色带着一点亮灰色"。

不管听起来多古怪，这样的"数形"都不是这些想象力丰富的维多利亚时代的人为了满足高尔顿对数字的热情而杜撰的。在距高尔顿的时代1个世纪的现代，一项研究发现，大学生也能够感知到类似的数字图像。有人看到同样的曲线，有人看到同样的直线，也有人说整十数时就会出现外形的突然变化，等等[31]。此外，数字和颜色之间的关联是系统的：大多数人会把黑色和白色与0和1或者8和9相关联；把黄色、红色和蓝色与2、3和4等小数相关联；将棕色、紫色和灰色与6、7和8等大数相关联[32]。

这些统计出来的规律表明，大多数声称体验到数形的人是真实可信的。他们似乎忠实地描述了一种极其精确的真实知觉。有个被试被要求用50支彩色铅笔在纸上画出她知觉到的数字形象。在间隔一个星期的两次测试中，她选择了几乎完全一样的颜色。对于一些数字，她甚至觉得自己需要混合几种铅笔的色调，才能更准确地刻画她头脑中的图像。

尽管数形很少见而且显得很奇怪，它却与"正常"的数量表征之间有许多共同的特性。整数序列几乎总是一条连续的曲线，1在2的旁边，2在3的旁边，依此类推。只有在极少数的情况下，在整十数的边界处，如在29和30之间，会出现方向上的突然变化或小小的不连续性。至今还没有一个人声称他看到的是一个混乱的数字图像，比如质数或平方数被组织在同一曲线上。数量的连续性是数形的组织所遵守的主要参数。

数字和空间之间的关系也有所体现。在大多数的数形中，越来越大的数字会向右上方延伸。最终，大多数人声称他们的数形在表征大数字时变得越来越模糊。这正是大小效应或压缩效应的体现，是动物和人类表征数字的特点，它限制了我们对大数进行心理表征的精确度。

数形在本质上可以被当作大家所共有的心理数轴的另一个版本，该版本中的心理数轴可以被意识到，并且更加丰富。大多数人的心理数轴只能通过精细的反应时实验反映出来，但是数形能够被有意识地知觉，而且具有丰富的视觉细节，如颜色，或是空间上的精确定位。这些修饰从何而来？被问及此，拥有数形的人说它们在自己 8 岁之前就自然地出现了，或者是从记事起就一直存在。有时候，一个家庭的几名成员具有相同的数形。然而，这并不意味着它一定有遗传因素，因为家庭环境也可能是一个决定性因素。

我个人的猜测是，数形的形成，可能跟空间和数字的脑皮层发育有关系。正如第 2 章所提到的，婴儿可能已经有了数量的"心理表征"。在 3 到 8 岁之间，伴随着学校教育，为了适应儿童日益增长的大数知识以及以十进制为基础的记数方式，初始的数轴一定被大大丰富了。我们可以推测，算术的习得过程伴随着负责"数字地图"的脑皮层的逐渐扩张，这种扩张在动物学习精细手工任务时也被观察到了，它发生在大脑感觉运动区域。正如我们将在第 7 章和第 8 章中看到的，在邻近顶枕颞叶的联合处，有一块更靠后更靠两侧的大脑区域，称为下顶叶皮层，算术知识的神经网络的扩张很可能发生在这一区域。由于神经元的总数是恒定的，数字神经网络的扩张必然会牺牲周围的脑皮层，诸如编码颜色、形状和位置的区域。而对有些儿童来说，非数字区域的缩小可能并没有达到最大限度。在这种情况下，编码数字、空间和色彩的脑皮层之间就会存在部分重叠，并在主观上转化成一种无法抑制的"看到"数字的颜色和位置的感觉。类似的原因也许能够解释联觉这一相关现象，例如诗人和音乐家所熟知的感受：声音具有形状，味道唤起色彩。

尽管这种解释有些推测的成分，但是这个关于脑皮层如何被越来越精细化的数字表征侵占的理论是有证据的。神经心理学家斯波尔丁（Spalding）和奥利弗·赞格威尔（Oliver Zangwill）描述了一个 24 岁的患者，在左侧顶枕区受到损伤之后，他感知数字视觉图像的能力突然消失了。这一区域一直以来都被认为在心算方面发挥着核心作用[33]。事实上，这位患者在计算和空间定位上也都出现了严重障碍，我们会在第 7 章更详细地讨论这种神经系统综合征。这一病例证实："看到数字"的主观感觉依赖于数字和空间信息在大脑皮层的同一区域同时编码。

此外，皮层表征可能会重叠，进而导致奇怪的主观感觉这一假设在对截肢患者的研究中也得到了验证[34]。截掉一只胳膊后，这只胳膊对应的感觉皮层区域会空置，之后会被周围的感觉区域侵占，例如感觉头的区域。极少数情况下，刺激患者面部的某些点位，会使患者感觉到刺激好像是来自失去的胳膊，从而产生一种无法克制的拥有"幻肢"的感受。例如，一滴水落在脸上，给人的感觉就像已经不存在的手臂浸没在一个水桶中！我相信，数字引起不存在的颜色和形状知觉的数形现象，也同样起源于大脑皮层表征的重叠。

数字直觉

现在来概括一下本章的基本内容。本章集合了对罗马数字的观察、对阿拉伯数字比较反应时的观察，以及对一些人奇怪的数字幻觉的观察，揭示出我们的数字心理表征的迷人特殊性。一个专门负责感知和表征数量信息的器官深深地扎根于我们的大脑中。它与动物和婴儿表现出来的原始的数字能力密切相关。它可以精确表征不超过 3 的数量；数字变大或相互临近时，则容易被混淆。它还倾向于把数量范围跟空间地图关联起来，从而使空间上延伸的心理数轴的隐喻更加合理化。

显然，与婴儿和动物相比，成年人具有使用文字和数字表达数量的优势。在下一章我们将看到，语言如何简化精确数量的计算和沟通过程。然而，精确的记数法的使用，并不会消除我们生来具有的对数量的连续近似表征。恰恰相反，实验表明，一旦有数字呈现，成人的大脑就会迅速地把它转换成最接近的内部近似量。这种转换是自动的、无意识的。它让我们能够迅速获取一个符号的含义，例如，符号8是7和9之间的一个数量，离10更近，离2更远，等等。

这种数量表征，是我们在进化过程中继承的一种能力，它是我们凭直觉理解数字的基础。如果不是我们已经对数量8有了一种既定的非语言的内部表征，我们可能根本不会赋予数字8一个含义。我们将被限制于纯粹形式化的数字操作，和一台遵循算法而并不理解其意义的计算机没有两样。

我们用来代表数量的数轴显然只支持一种非常有限的数字直觉形式，它只对正整数和它们之间的距离关系进行编码。这或许解释了我们能直觉地掌握整数含义的原因，同时也解释了为什么我们缺乏掌握其他类型数字的直觉。现代数学家认为的"数字"包括零、负整数、分数、像 π 这样的无理数，以及像 $i = \sqrt{-1}$ 这样的复数。然而，除了最简单的分数，如 1/2 或 1/4，所有这些实数，在过去几个世纪中给数学家们带来了许多概念上的困扰，而且仍然给今天的学生造成很大的困扰。

在公元前 5 世纪之前，对于毕达哥拉斯和其追随者来说，数字仅限于正整数，不含分数或负数。$\sqrt{2}$ 这样的无理数被认为是违背直觉的。传说希帕索斯（Hippasus）因为证明了无理数的存在，粉碎了毕达哥拉斯整数统治宇宙的观点，因此被抛入大海。尽管丢番图（Diophantes）以及后来的印度数学家都是计算算法的大师，然而他们都不接受负数作为方程的解。在帕斯卡（Pascal）看来，结果是负数的减法"0–4"纯粹是无稽之谈。1545 年，意大利数学家卡丹（Cardan）首次将负数的平方根写进了数学公式，这激起了持续一个多世纪暴风雨般的抗议。"虚数"（imaginary numbers）这种叫法正是来自抵制它的笛卡尔，而德·摩根（De Morgan）也认为虚数是"没有意义的，甚至是自相矛盾和荒谬的"。只有在扎实的数学基础建立起来后，这类数字在数学界才获得了认可。

　　我想说明的是，这些数学实体之所以很难被接受，并且如此违背直觉，都是因为它们不属于任何预先存在于我们大脑中的范畴。正整数自发地呈现在我们天生的数量表征中，因此一个 4 岁的儿童就能够理解正整数。然而，大脑中并不存在对其他各种数字的直接模拟。要真正了解它们，我们必须整合出一个新的心理模型以提供直观的理解。这正是教师所做的事，他们会通过打比方来介绍负数，如温度低于零摄氏度，从银行借来的钱，或者一条向左延伸的线。英国数学家约翰·沃利斯（John Wallis）在 1685 年引入的复数的具体表征，可以称得上是他送给数学界的一份独特的礼物。他最先认识到，数字可以被设想为一个平面，而"实"数沿水平轴存在。我们的大脑想要在直观模式下起作用需要图像——而在数字理论方面，进化赋予我们的只有对正整数的直觉图像。

THE NUMBER SENSE

HOW THE MIND CREATES MATHEMATICS

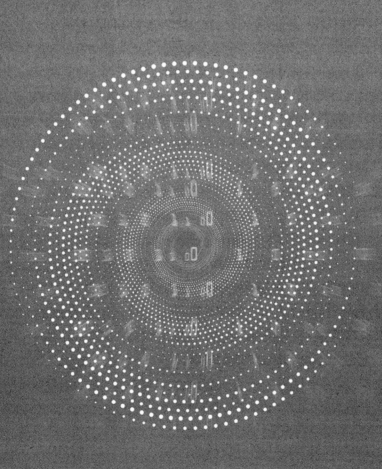

———————— 第二部分　　超越数感：
人类计算之谜

我观察到，当我们提到任意一个大数字，比如 1 000，我们对它通常并没有恰当的认识，但是我们有能力凭借我们本身对十进位的足够认识来理解这个数字。

——大卫·休谟（David Hume），《人性论》(*A Treatise of Human Nature*)

数字语言：人类的杰作

04

设想一下，我们对数字的心理表征仅有一个近似累加器，就像老鼠那样：我们仅对数字 1、2 和 3 有很精确的概念，沿着这个点往后，数字线将消失在一片越来越浓的迷雾中；我们总会把 9 与相邻的 8 和 10 混淆；即使我们知道圆周长除以它的直径是一个常数 π，我们只会觉得它"大约是 3"。这种模糊不清的感觉处处给我们带来迷惑，无论是货币系统、大部分科学知识，还是我们所知的人类社会。

为什么唯独智人能超越近似性？人类独有的设计符号数字系统的能力可

能是最关键的因素。一些我们还不甚了解的人脑结构，使得我们能够使用随意的符号，作为我们心理表征的媒介，比如，一个口语单词、一个手势，或纸上的一个图形。语言符号把这个世界解析成离散的类别，因此，它们使我们能够使用精确的数字，并将邻近的数字区分开来。没有符号，我们可能无法区分 8 和 9。而在精密的数字符号的帮助下，我们所表达的观点可以是精确的，例如，"光的速度是每秒 299 792 458 米"。这种把近似值变成数字的符号表征的转换，正是我打算在本章中描述的。它发生在文化历史中，同时发生在任何一个学习数字语言的儿童的大脑中。

数字简史

当我们的祖先第一次开始讲话时，他可能只能说出数字 1、2，或许还有 3。单一、双重、三重是知觉上的特性，不用数数，我们的大脑就可以毫不费力地计算出来。因此，给它们命名也许不会比命名其他感官属性更难，如红、大或热。

语言学家詹姆斯·赫福德（James Hurford）收集了相当多的证据，证明了前 3 个数词的古老及其特殊地位[1]。在需要对语义格和阴阳性进行词形变化的语言中，往往只有前 3 个数词是可以变形的。例如，在古德语中，"二"可以根据所指对象的语法性别而被变形成 "zwei"、"zwo" 或 "zween"。同样，前 3 个序词也有特定的形式。例如，在英语中，大部分的序词以 "th" 结尾，如，"fourth"（第四）、"fifth"（第五）等，但 "first"（第一）、"second"（第二）和 "third"（第三）却不是。

数字 1、2 和 3，也是仅有的可以由语法变换（grammatical inflections）[1]，而不是文字变化来体现含义的数字。在许多语言中，单词不光带有单数或复

---

① 使用词缀表达意义。——译者注

数的标记。不同的单词结尾也可以用来区分两个东西（dual）和两个以上的东西（plural），一些语言甚至有特殊的变形来表示三个东西（trial）。例如，在古希腊，"o hippos"指的是这匹马，"to hippo"指两匹马，"toi hip-poi"指数目不详的马。但从来没有哪种语言发展出针对大于 3 的数字的特殊语法变换。

另外，前 3 个数字的词源也见证了它们的悠久历史。"2"（two）和"第二"（second），往往表达了"另一个"的意思，动词（to second）或形容词（secondary）形式也是如此。印欧语系中"三"的词根表明，它可能曾经是最大的数字，是"很多"和"超过其他所有"的代名词，比如，法语中有"très"（非常），意大利语中有"troppo"（太多），英语中有"through"（彻底），拉丁语中有前缀"trans-"（超过）。因此，也许印欧语系的人们知道的数量仅限于"一个"（1）、"一个和另一个"（2），还有"很多"（3 及更多）。

今天，我们很难想象我们的祖先可能被限制于 3 以内的数字。然而，这并非难以置信。来自澳大利亚的原住民部落瓦尔皮里斯（Warlpiris）直到现在也只定义了数量 1、2、一些和很多[2]。在颜色方面，一些非洲语言仅仅区别了黑、白、红。不用说，这些限制纯粹是词汇性的。当瓦尔皮里斯人接触到西方人后，他们很轻松地学会了英语的数字单词。可见，他们对数字进行概念化的能力并不受限于他们语言中的词汇，显然也不受限于他们的基因。虽然这方面的实验非常缺乏，但是看起来他们对 3 以上的数字也具备量的概念，尽管这些概念是非语言的，或许还是近似的。

人类语言是如何超越 3 的限制的呢？向更先进的数字系统的转换似乎与通过身体部位进行计数有关[3]。所有儿童都能够自发地发现，他们的手指可以与任意一组东西有一一对应的关系。1 个手指代表第一个东西，2 个手指就代表有第二个，以此类推。根据这种机制，3 个手指的手势就是一个代表数量 3 的符号。这一机制的优势在于所需的符号总可以"信手拈来"——在这一数字系统中，数字（digits）可以通过字面意思理解为说话者的手指（digits）!

从历史的角度来看，数字和身体部位间的对应关系支持了这种基于身体的数字语言，一些偏远的部落至今仍在使用这种语言。许多原住民群体，其口语中缺少用于描述 3 以上数字的词汇，他们却有丰富的身体语言来实现同样的目的。例如，居住在托雷斯海峡群岛的当地人，通过按照固定的顺序指向不同的身体部位来表示数字（见图4–1）：右手的小指到拇指（数字1至5），然后沿右臂向上至胸腔，再顺左臂下来（6至12），经过左手的手指（13至17），左脚趾（18至22），左腿和右腿（23至28），最后是右脚趾（29至33）。几十年前，在新几内亚的一所学校，让老师们困惑的是，数学课上，那些原住民学生的身体总是扭来扭去，好像计算会使他们的身体发痒。事实上，正是通过迅速指向自己身体的各个部位，儿童把老师用英语教给他们的数字和运算翻译成与母语对应的肢体语言。

在更先进的数字系统里，"指"这个动作不再必要：身体部分的名称足以唤起相应的数字。因此，在新几内亚的许多部落中，"6"的字面意思是"手腕"，而"9"是"左胸"。同样，在世界各地数不清的语言中，从中非到巴拉圭，"5"的词源都是单词"手"。

我们需要消除这些基于身体的语言与我们无实际意义的现代数字之间的隔阂。通过指向身体来表示数字，存在严重的局限性：我们的手指实际上只是一个相当小的有限集合，即使算上脚趾和身体其他一些显著部位，这一方法也很难表达 30 以上的数字。而学习每一个数字的随意名称也极其不切实际。解决方案是创建一种语法，通过组合几个较小的数字来表示较大的数字。

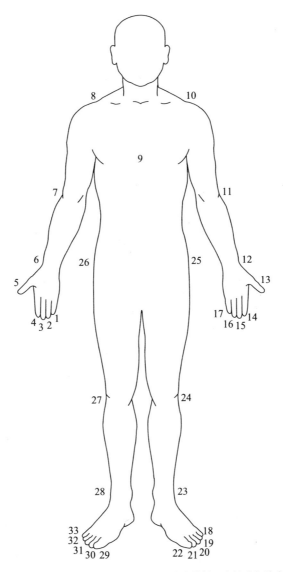

居住在托雷斯海峡的当地人通过指向他们身体的某一个精确部位来标记
数字。

图 4-1　用身体部位表示数字

资料来源：Ifrah, 1998。

　　数字语法的产生可能是基于对身体计数法的延伸。在巴拉圭原住民部落这样的社会中，数字 6 并没有被命名为如"手腕"这样的任意名称，而是以"1 只手和 1 个手指"来表示。因为"手"本身代表 5，基于该部落所使用的身体语言的逻辑，人们用"5 加 1"表示 6。同样，数字 7 是"5 加 2"，以此类推 10 被简单地表示为"2 只手"（2 个 5）。这个简单例子背后暗含着现代记数法的两个基本组织原则：基数（base number）的选择（这里是数字 5）；使用加和与乘积的组合来表示大数。这些原则可以扩展应用到任意大的数字。例如，11 可以被表示为"2 只手和 1 个手指"（2 个 5 和 1 个 1），而 22 则是"4 只手和 2 个手指"（4 个 5 和 2 个 1）。

　　大多数语言都采用了一个基数，如 10 或 20，它们的名称通常是更小单位的缩写形式。例如，在阿里语言中，意为 10 的"mboona"由"moro boona"缩写而来，字面意思是"2 只手"。一旦固定了这种新的形式，它就可以用于组成更复杂的结构。因此，"21"可以表示为"2 个 10 和 1 个 1"。现代英语中也有些数字是不规则的，如 eleven、twelve、thirteen 或 fifty，我们可以用这种简缩过程来解释。这些数字在变形和简缩前，明显是由"1 和 10""2 和 10""3 和 10""5 个 10"构成的。

　　基数 20 可能反映了一个通过手指和脚趾计数的古老传统。这就解释了为什么在一些玛雅方言中，或在因纽特人的语言中，数字 20 和"一个人"常用同一个词表示。数字 93 可以用一个简短的句子表示为"4 个人（80），以及第 5 个人的 2 只手（10）和 3 根脚趾（3）"。这种语法确实很绕口，但现代法语"quatre-vingt-treize"（4×20+13）则更甚。正是有了这种方法，人类最终学会了绝对精确地表达任意一个数字。

数字书写系统

除了给数字起个名字，留下可持续的数字记录也很重要。出于经济和科学方面的原因，人类迅速发展了书写系统，它能够永久性地记下重要的事件、日期、数量或交易，简言之，任何事物都可以用数字表示。因此，书面数字符号的发明，可能与口头数字系统的发展齐头并进。

要了解数字书写系统的起源，我们必须追溯一段漫长的历史。通过奥瑞纳时期（Aurignacian Period，公元前 35000 年至公元前 20000 年）的几根骨头，我们得以看到最古老的数字书写方法：用数量完全相同的刻痕来表示一组客体[4]。这些骨头上有一些平行的刻痕。这可能是早期人类保留狩猎记录的方式，每捕获 1 只动物，就留下 1 个刻痕。有研究人员在一块年代略晚些的骨片上发现了具有周期性结构的刻痕，对其进行深入研究后，研究人员认为它可能作为一种阴历用于记录 2 次满月之间经过多少天（见图 4-2）。

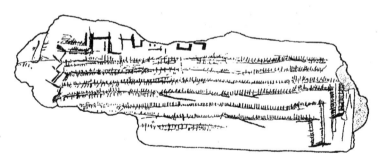

这个小骨片在 1969 年出土于法国南部一个洞穴，其年代可以追溯到旧石器时代晚期（约公元前 10000 年），上面刻有规则排列的标记。鉴于一些刻痕按照大约 29 个一组的方式分组，研究人员认为这个骨片可能是用来记录 2 次满月之间的天数的。

图 4-2　刻有数量记号的骨片

资料来源：转载自 Marshack, 1991, 版权所有 ©1991 by Cambridge University Press，得到出版商的授权。

这种一一对应的方式作为一种最简单最基本的数字记录原则，在全世界范围内不断改进。苏美尔人在陶器中投入与所数的物品数量相同的弹珠；印加人通过在绳子上打结的方式记录数字，作为档案来保存；罗马人把前3个数字用竖线来表示。现在，仍有一些面包师使用带有刻痕的棍子来记录他们客户的欠款情况。"calculation"（计算）这个词本身源自拉丁语 calculus，意为"卵石"，它将我们带回到那个通过移动算盘上的卵石来计算数字的年代。

尽管看似简单，一一对应原则仍是一项了不起的发明。它提供了持久、精确、抽象的数字表征。一串刻痕可以作为一个抽象的数字符号代表任意事物的集合，可以是牲畜、人、债务或满月周期。它还帮人类克服了感官的限制。像鸽子一样，人类不能区分49个物品和50个物品。然而，一根刻有49个刻痕的棍子可以记录下这个确切数字并将它永久保留下来。要验证计数是否正确，人们只要逐个清点物品，每清点一个就向前移动一个刻痕。这样，人类心理数轴上不能准确记忆的大数字，就可以通过一一对应的方式进行精确表达。

显而易见，一一对应也存在局限性。众所周知，一列列刻痕读写很不方便。正如我们在前面看到的，对一组3个以上的物品，人类的视觉系统无法在一瞥之下捕捉其数量。因此，37个无差别的刻痕与它们所代表的37只羊同样难以感知！人类很快学会了给刻痕分组，以及引进新的符号，从而打破了以单调的数字序列计数的模式，实际上是把大的数字分解，使其简单易读。正如我们用斜线把每5个划分成一组，把它们变成视觉上一目了然的分组。使用这种技术，数字21看起来就是 卌 卌 卌 卌 丨，毫无疑问，这个符号比 ||||||||||||||||||||| 更具可读性。

然而，这种系统只是在纸上书写时方便。若使用一根棍子进行记录，要雕刻出平行的线条是非常费劲儿的。而以一定角度在木头上留下刻痕则更容易，这正是几千年前牧羊人采用的方法。他们用 V 或 X 这样斜划的符号来表示数字 5 和 10。可能你已经猜到了，这正是罗马数字的由来。它们的几何形状取决于被刻在一根木棒上的容易程度。使用其他书写媒介的人则采用了不同的形状。例如，在软黏土片上书写的苏美尔人，采用能用笔写出的最简单的形状来表示数字，即圆形或圆柱形刻痕，以及著名的钉子状或"楔形"的文字。

把几个这样的符号组合在一起就可以表示更多的数字。在罗马数字中，7 写作"Ⅶ（5+1+1）"。一个数的值等于其组成部分所代表的数字的总和，这种加法原则存在于许多记数法中，包括埃及人、苏美尔人和阿兹特克人的记数法在内。加法记数法既省时间也省空间，比如 38 这个数字，任何具体的基于一一对应的标记过程都会需要 38 个相同的符号，而现在只需调用 7 个罗马数字（38=10+10+10+5+1+1+1 或 XXXVⅢ）。不过，对于阅读和书写而言，这些数字仍然是冗长而乏味的。通过引入特殊符号，比如 L（50）和 D（500），可以使数字标记略简洁。如果你愿意用不同的符号表示 1 至 9、10 至 90、100 至 900 间的 27 个数字，则完全可以避免重复。希腊人和犹太人就采用了这样的解决方案，他们使用字母表示数字。使用这个技巧，表示 345 这样的复杂数字只需要 3 个字母（希腊文为 TME，或 300+40+5）。然而这种方案的使用者需要付出相当大的代价：为表示 1 到 999 的所有数字首先要记住 27 个符号，而记忆这些符号并不轻松。

回顾前面的内容，我们会发现，仅靠加法显然不足以表示很大的数字。乘法变得不可或缺。加法和乘法混合的符号表达起源于 4 000 多年以前的美索不达米亚。对于 300 这样的数字，马里城的居民只需简单地写下符号"3"，再在其后写下符号"百"，而不是重复 3 次代表 100 的符号，譬如罗马数字中的 CCC。但是，他们仍旧在加法原则下使用个位数和十位数，因而他们的符号还不够简洁。例如，数字 2 342，实际上是写作"1+1 千，1+1+1 百，

10+10+10+10，1+1"。

后来的数字符号进一步改善了乘法原则的优势。尤其是 5 个世纪之前，中国人发明的一种一直沿用至今的非常规则的记数法。它只有 13 个任意的符号，分别代表数字 1 到 9，数字 10、100、1 000 和 10 000。数字 2 342 可以简单地根据口头表达"两千三百四十二"逐字地写成"2 1000 3 100 4 10 2"（汉语中 40 是"4 个 10"）。因此，在这个阶段，书写系统直接反映了口头记数系统。

位值原则

最后一项发明大大提高了数字符号的功效，这就是位值原则（place-value principle）。当一个数所代表的数量取决于它在整个数字中所处的位置时，我们就说这个数字符号服从位值原则。因此，虽然组成 222 的 3 个数字完全相同，它们却代表不同的数量级：2 个百，2 个十，2 个单位一。在位值记数法中，有一个特权数字被称为基（base）。我们现在使用的是基数 10，但这不是唯一的基数。数字中连续的位置代表连续的基数数量级，从个位数（$10^0=1$）到十位数（$10^1=10$）、百位数（$10^2=100$），等等。通过把每个数字乘以相应数量级的基数，然后将所有的结果相加，可以得出一个数字所表示的数量。因此，数字 328 代表的数量为"$3×100+2×10+8×1$"。

如果想让计算变得简单，位值编码是必需的。试试用罗马数字计算 XIV×VII！希腊语的字母记数法在计算时也不方便，因为你完全无法看出 N（50）是 E（5）的 10 倍。这就是希腊人和罗马人从不在没有算盘时进行计算的主要原因。相比之下，基于位值原则的阿拉伯数字使 5、50、500 和 5 000 的大小关系清清楚楚。位值记数法是唯一一种能把复杂的乘法计算简化到仅需记忆 2×2 到 9×9 的乘法口诀的记数法。它们的发明革命性地改变了数学计算的艺术。

　　尽管四大文明古国都发明了位值符号，然而其中三个却从未达到像现代阿拉伯数字这样简单的程度。因为，记数法要实现高效，必须结合其他 3 项发明：一个表示"零"的符号、唯一的基数，以及对数字 1 到 9 的加法原则的舍弃。例如，目前已知最古老的位值体系，是公元前 18 世纪由巴比伦的天文学家发明的，其基数为 60。因此，数字 43 345 就等于"$12×60^2+2×60+25$"，是将 12、2 和 25 几个符号连接起来进行表达。

　　原则上，0～59 之间的 60 个数字，每个都需要一个不同的符号来表示。然而，学习 60 个随意符号显然是不切实际的。于是，巴比伦人又增加了基数 10 来表示这些数字。例如，数字 25 被表示为"10+10+1+1+1+1+1"。最终，数字 43 345 被表示成一个模糊的楔形文字序列，其字面意思是"（10+1+1）$×60^2$，（1+1）×60，10+10+1+1+1+1+1"。这种加法和位值编码混合的表示方法，以及 10 和 60 两种基数的使用，使得巴比伦符号变成一个只有受过教育的精英才能理解的棘手的系统。不过在当时，这仍然称得上是一项了不起的先进的记数法。巴比伦天文学家非常娴熟地用它进行天体计算，其精度在 1 000 多年间一直保持领先。它的成功某种程度上归功于其分数表示的简单化：2、3、4、5 和 6 是基数 60 的约数，因而分数 1/2、1/3、1/4、1/5 和 1/6 都有一个简单的六十进位的表达。

　　以今天的标准看，巴比伦系统还有一个缺陷：公元前 18 世纪之后的 15 个世纪里，它始终缺少一个零。零有什么好？作为一个占位符，它可以表示多位数字中某个单位没有数字的情况。比如，阿拉伯数字记数法中的 503，指 5 个百，没有十，3 个单位一。由于缺少一个零，巴比伦的科学家们只能在应出现一个数字的地方留下一个空格。这个有意义的空白经常会导致含糊不清。数字"301"（5×60+1）、"18 001"（$5×60^2+1$）和"1 080 001"（$5×60^3+1$）

被含糊地表示为相似的字符串: 51, 5 1 (中间有 1 个空格), 和 5 1 (中间有 2 个空格)。因此, 没有零是许多计算错误产生的原因。更糟糕的是, 一个单独的数字有多重意义。如 "1" 可能意味着数量 1, 但也可能是 "1 后面带一个空格" 表示 "1×60", 或者是 "1 后面跟着两个空格" 表示 "1×60^2=3600", 等等。人们只有根据上下文才可以判断哪种解读是正确的。直到公元前 3 世纪, 巴比伦人才最终引入了一个符号来明确表示没有数的单位。即使是这样, 这个符号也只是一个占位符。它从未获得过 "空值" 或 "1 之前的一个整数" 的含义。

巴比伦天文学家发明的位值符号随着文明的衰落遗失了。后来, 其他文明古国发明了类似的系统。公元前 2 世纪, 中国科学家设计了一种没有 0 的位值编码方法, 使用基数 5 和 10。玛雅天文学家在公元 500 年至公元 1000 年间使用基数 5 和 20 及完全成熟的数字 0 来进行书写和计算。最后, 印度数学家馈赠给人类以 10 为基数的位值记数法, 至今全世界都仍在使用它。

看起来似乎不太公平, 最初由印度文明的智者发明的数字, 却被称为 "阿拉伯数字"。这是因为西方世界第一次发现它, 是在伟大的阿拉伯数学家的数学著作中, 所以我们的记数法才被冠以 "阿拉伯" 之名。许多数值计算的现代技术都起源于阿拉伯科学家的工作。"算法"(algorithm) 这个词, 就是以阿拉伯数学家花剌子米的一项工作来命名的。他最著名的一本书是关于求解线性方程组的论述, 书名的阿拉伯文是 *Al-jabr w'al muqâbala*[1], 直译为《还原与对消的科学》, 它的出版创立了一门新的学科——代数 (algebra)。通过写作一本书就建立了一门学科, 这是极为少见的一个例子。然而, 尽管他们具有创造的才能, 若是没有印度数字符号的帮助, 阿拉伯科学家的这些

---

[1] 由于当时的西欧学术界觉得这个全称太啰唆, 便把该书名 "简化" 为拉丁文 "aljebra", 英文译为 "algebra", 即 "代数", 该书因此被称为《代数学》。——编者注

发明是不可能问世的。

我们尤其应当向印度记数法中的一项独特创新献上敬意。这一创新是其他所有位值体系所没有的，这就是对 10 个随意的、其形状与它们所代表的数量并无关系的数字字符的选择。乍一看，人们可能会认为，使用随意的形状应该是一个缺点。画一列线条似乎可以更清楚地标记数字，而且更容易学习。这或许也是苏美尔、中国和玛雅科学家暗含的逻辑。然而，在前面的章节中我们已经看到，这是不正确的。人类的大脑数出 5 个物品所花的时间，比识别一个随意形状，然后把它与一个含义相关联所花的时间要长。我们的知觉器官配置独特，它可以快速提取随意形状的含义，我称其为"理解性反射"，它在印度－阿拉伯的位值记数法中得到了极好利用。这种包含了 10 个易辨识数字的记数工具，完全契合了人类的视觉和认知系统。

丰富多样的数字语言

如今，几乎所有国家的人们在书写数字时都采用同一惯例，使用基数为 10 的阿拉伯数字，只是数字的形状略有不同。一些中东国家，如伊朗，采用的是另一套被称为"印度数字"的数字形状，而不是阿拉伯数字。即使是这样，标准的阿拉伯数字仍然越来越被大家所接受。书面记数的进化之所以发生了汇聚，主要是因为位值编码是最好的可用记数法。它有许多值得称道的特点：结构紧凑，所需符号很少，简单易学，读写速度很快，计算方法简单。所有这些都是它被普遍采用的原因。事实上，很难再有什么新的发明可以改进它。

口头记数的进化中并没有出现这样的汇聚。虽然绝大多数人类语言的数字语法都是基于加和与乘积的结合，然而记数系统在细节上的多样性非常显著。首先是基数的多样性。澳大利亚昆士兰地区的一些原住民仍在使用基数2。数字 1 是 "ganar"，2 是 "burla"，3 是 "burla-ganar"，4 是 "burla-burla"。与此相反，在古苏美尔地区，基数 10、20 和 60 同时都在使用。因此数字 5 566 被表示为 "sàr（3 600）ges-u-es（60×10×3）ges-min（60×2）nismin（20×2）às（6）"，即 "3600+60×10×3+60×2+20×2+6=5566"。基数 20 曾在阿兹特克、玛雅和盖尔语中被熟练地使用，至今因纽特人和约鲁巴人仍然在使用它。法语中也有其身影，比如 80 是 "quatre-vingt"（4 个 20），另外在伊丽莎白时代的英语中，人们数数往往以 20（score）为单位。

尽管绝大多数语言都使用基数 10，但在不同的语言中，数字的语法结构仍然存在差异。简化程度方面应该嘉奖亚洲语言，如中文，其语法完美地反映了十进制的结构。在这些语言中，只有 9 个数字名：数字一到九（yī、èr、sān、sì、wǔ、liù、qī、bā 和 jiǔ），在此基础上还需要结合 4 个乘数十（shí）、百（bǎi）、千（qiān）、万（wàn）。所以，读出一个数字，只需要以 10 为基数读取各个组成部分。13 是 "shí sān"（十三），27 是 "èr shí qī"（二十七），92 547 是 "jiǔ wàn èr qiān wǔ bǎi sì shí qī"（九万二千五百四十七）。

这种优雅的形式化与英语或法语形成了鲜明的对比，同样是表示数字，英语和法语要用 29 个词。在英语或法语中，数字 11～19，以及整十数 20～90 是用几十个特殊的词语（eleven，twelve，twenty，thirty，等等）来表示的，其外观无法通过其他数字预测。更不用说法语中一些奇怪的特例，有些词令人难以理解，如 "soixante-dix"（60–10，即 70）和 "quatre-vingt-dix"（4–20–10，即 90）。在涉及数字 1 时，法语中还有令人困惑的省略和组合规则：我们说 "vingt-et-un"[①]（20 和 1），而不是 "vingt-un"，而 22 是

---

① et 在法语中意为 "和"。——译者注

"vingt-deux"，而不是 "vingt-et-deux"，81 则是 "quatre-vingt-un"，而不是 "quatre-vingt-et-un"。同样，100 是 "cent" 而不是 "un cent"。另一个怪异之处是，在日耳曼语系中十位数和个位数之间对调了位置，432 变成了 "vier hundert zwei und dreißig"（402 和 30）。

数字语言的多样性在现实中造成了什么影响？是某些数字符号可以更好地适应我们的大脑结构，还是所有语言中的数学符号对大脑来说都是一样的？是否有某些国家得益于他们的记数系统，在数学上一开始就占有优势？这一问题非同小可，因为在当前激烈的国际竞争形势下，计算能力是取得成功的关键因素。作为成年人，我们基本上感受不到我们所使用的记数系统的复杂性。多年的训练使我们已经习惯接受 "76" 要念成 "seventy-six"，而不是 "7 10 6" 或 "60-16"。因此，我们不能客观地比较我们的语言与其他人的语言。只有严格的心理学实验才能测量出各种记数系统的相对功效。出人意料的是，这些实验反复表明英语或法语劣于亚洲地区的语言。

讲英语的代价

大声读出下面这串数字：4、8、5、3、9、7、6。现在，闭上眼睛，花 20 秒的时间尽量记住这些数字，然后再把它们背出来。如果你的母语是英语，你有 50% 的概率会失败。如果你是中国人，几乎可以保证成功。事实上，中国人的数字记忆广度可以扩展到 9 个，而英国人平均只有 7 个[5]。为什么会有这种差异？大概是因为中文中的数词更短一些。当我们试图记忆一列数字时，我们一般会使用非文字记忆循环将其存储（这就是为什么我们很难记住发音相近的数字，如 "five" 和 "nine" 或者 "seven" 和 "eleven"）。这种记忆只能保持大约 2 秒，我们必须重复这些词以保持记忆。因此，我们的记忆容量取决于在不到 2 秒的时间内可以重复多少个数词。背得快的人记得更好。

中文的数词简洁明了，大多数可以在不到 1/4 秒的时间内读出来。例如，4 是 "sì"（四）、7 是 "qī"（七）。而对应的英语单词 "four" "seven" 读起来更耗时，大约需要 2/3 秒。显然，英国人和中国人之间的记忆差距是由这两种语言的长度不同造成的。在诸如威尔士语、阿拉伯语、汉语、英语和希伯来语这些差异很大的语言中，读出数字所需要的时间，与使用这种语言的人的数字广度之间存在着稳定的相关性。在记忆数字这件事上，最高效率奖应该颁给讲粤语的中国人，粤语的简洁性赋予香港居民有高达 10 位左右的数字记忆广度。

尽管 "神奇的数字 7" 通常被认为是人类记忆容量的一个固定参数，其实它并不是一个普适常数。它仅仅代表了智人中一个特殊群体的数字广度的标准值，这个群体就是美国大学生，90% 以上的心理学研究都是围绕他们展开的！数字广度是一个与文化和训练相关的量，并不能作为衡量记忆大小的一个固定指标。它在不同文化间的差异表明，亚洲的数字符号更紧凑，因而比西方的数字符号更容易记忆。

如果你不会说中文，还有其他办法。几个小窍门可以提升你的数字记忆能力。首先，永远用最短的句子记忆数字。对于一个长数字，如 83 412，逐个记忆每个阿拉伯数字往往效果最好，就像背诵电话号码一样。其次，尝试将数字划分成以 2 个或 3 个为一组的单元。如果将它们分成 4 组，每组 3 个，你的工作记忆容量会上升到约 12 个数字。美国电话号码采用了这种策略，它由 3 位数的区号，以及 3 个一组、2 个一组和 2 个一组的数字组成，如 "503 485 98 31"。相比之下，在法国，人们用双位数表示电话号码就不太明智。例如，人们将 85 98 31 读作 "八十五 九十八 三十一"，这可能是我们所能想到的最低效的记忆方法！

最后，请把数字带回熟悉的环境中，寻找递增或递减的数字序列、熟悉的日期、邮政编码或其他任何已知的信息。如果能用熟悉的东西对数字重新编码，你就能很容易地记住它们。在经过心理学家威廉·蔡斯（William Chase）和安德斯·埃里克森（Anders Ericsson）约 250 小时的指导训练之后，一名美国学生使用这种重新编码法将自己的记忆广度扩展到了 80 位数字[6]。这名学生是优秀的长跑运动员，拥有一个庞大的有关长跑纪录的心理数据库。他把要记住的 80 位数字分解成每 3 个或 4 个为一组，对应于永久记忆中的一系列长跑纪录进行记忆。

通过这样的指导，在记忆电话号码方面你应该不会有什么困难。但是，除非你是中国人，否则你还是免不了会遇到其他困难。数字名在计数和计算中也发挥了关键作用，这一次表现不佳的仍是数字名太长的语言。比如，计算"134+88"，威尔士小学生比英国小学生平均要多花 1.5 秒。鉴于年龄和教育程度相当，这种差异完全可以归因于读出题目及结果所耗费的时间不同。威尔士语中的数字名明显长于英语数字名。然而，英语也不是最佳语言。一些实验表明，日本儿童和中国儿童的计算速度远远超过同龄的美国儿童。

当然，在这类研究中，我们很难把语言和其他因素区分开，比如教育因素、在校时间、家长压力等。事实上，大量证据表明，在数学课的组织方面，日本学校在许多方面优于标准的美国学校。然而，我们可以通过研究学前儿童的语言习得过程来排除诸如此类的因素。所有儿童都面临着同样的挑战，即他们需要自己探索母语中的词汇和语法规律。仅仅通过接触"soixante-quinze"或"fünf und sießig"之类的短语，他们如何学会法语或德语的规则呢？一个法国儿童如何才能发现"cent deux"和"deux cent"的含义？即使儿童是天生的语言学家，就像诺姆·乔姆斯基和史蒂芬·平克

（Steven Pinker）[①]的假设：大脑装备有一个语言器官，使学习最深奥的语言规则也成为一种本能，对数字组成规则的归纳不可能瞬时完成，而且会因语言的不同表现出差别。

在中国，一旦你学会了 1 到 10 的数字，通过一个简单的规则，你就很容易掌握其他数字（11 等于十一，12 等于十二……20 等于二十，21 等于二十一，等等）。相反，美国儿童不仅需要死记硬背 1 到 10 和 11 到 19 的所有数字，以及 20 到 90 之间所有的整十数，他们还必须自己去发现数字语法的各种规则，例如，"twenty forty" 或 "thirty eleven" 是数词的无效组合。

凯文·米勒（Kevin Miller）和他的同事们进行过一项引人注目的实验，他们要求经过匹配的美国组和中国组儿童背数[7]。令人吃惊的是，语言差异导致美国儿童比同龄的中国儿童落后长达 1 年。4 岁时，中国儿童平均能数到 40。而在同样的年龄，美国儿童只能艰难地数到 15。他们需要花 1 年的时间才能赶上来并数到 40 或 50。美国儿童并不是始终落后于中国儿童，在数到 12 之前，这两组儿童水平相当。但是，当开始学习"13"和"14"这样的特殊数字时，美国儿童遇到了麻烦，而中国儿童受益于语言可靠的规律性，能够很容易地继续进步（见图 4–3）。

毫无疑问，米勒的实验表明：记数系统的费解难懂，对语言习得过程产生了重要的负面影响。另一个证据来自对数数错误的分析。大家都听到过美国儿童背诵 "twenty-eight, twenty-nine, twenty-ten, twenty-eleven" 吧？这当中的语法错误显露出对数字语法规则的错误归纳，而这类错误在亚洲地区的国家中十分罕见[8]。

---

① 世界公认的顶尖语言学家和认知心理学家史蒂芬·平克，在"语言与人性"四部曲之一《语言本能》一书中阐述了人类语言进化的奥秘。该书中文简体字版已由湛庐引进，浙江人民出版社 2015 年出版。——编者注

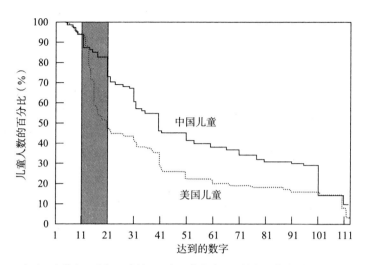

凯文·米勒和同事们要求美国和中国的儿童尽可能多地背诵数字。同样年龄的中国儿童比美国儿童背得更多。

图 4-3　中美两国儿童数字记忆广度的比较

资料来源：改编自 Miller et al., 1995，版权所有 ©1995 by Cambridge University Press，得到出版商的授权。

　　数字系统的影响一直延续到接下来的学生时代。中文口语中，数字的组织方式与书面阿拉伯数字的结构完全一致。因此，在学习以 10 为基数的位值符号原则时，中国儿童遇到的困难远小于美国同龄人[9]。在被要求用一些代表单位 1 的立方块和代表 10 的条形块组成数字 25 时，中国儿童轻而易举就选择了 2 个条形块和 5 个立方块，这表明他们理解基数 10。同样年龄的美国儿童则表现不同，他们中的大多数不能利用条形块所提供的捷径，而是费劲地数出 25 个立方块。更糟糕的是，如果还有一个代表 20 的条形块，比起两个代表 10 的条形块，他们通常会选择前一个。他们似乎仅注意到了"twenty-five"（25）的表面信息，而中国儿童已经掌握了更深层次的以 10 为基数的结构。基数 10 是亚洲地区的语言中一个非常明显的概念，却令西方儿童相当头痛。

这些实验结果给出一个强有力的结论：西方的数字系统在许多方面不如亚洲的。前者很难在短期记忆中留存，它们会延长计算用时，并使学习数数和掌握基数 10 变得更加困难。文化选择早就应该淘汰像法语"quatre-vingt-dix-sept"这样荒谬的结构了。然而，法国的学校和学院所进行的标准化工作为语言的自然进化画上了句号。如果儿童可以投票，他们很可能会支持数字符号的全面改革，支持采用中文的模式。历史上至少有一次成功的语言改革。20 世纪初，威尔士人心甘情愿地放弃了他们的旧记数系统，其复杂性超过了当今法语，他们选择了一个类似于中文的简单符号系统。但是，威尔士记数系统的改变又陷入另一个错误：新的威尔士数字单词，尽管其语法规律易于学习，但是记忆起来太长了！

学习标记数量

习得数字的词汇和语法并不代表一切。知道"two hundred and thirty"（230）是一个有效的英语短语而"two thirty and hundred"不是，这并没有什么特别的用处。最重要的是，儿童必须理解这些数字是什么意思。数字系统的力量源于它们可以建立起语言符号和相应数量之间的精确联系。儿童可能会很熟练地背诵到 100，然而，除非儿童明白这些数字所代表的数量，否则他们只是鹦鹉学舌。那么，儿童如何学习"/wʌn/""/sɪks/"或者"/eɪt/"的意义呢？[①]

儿童面临的第一个基本问题是，他们要明白这些词语代表的是数字，而不是颜色、大小、形状或环境的其他维度。试想一下，儿童头一次听到短语"3 只绵羊"（the three sheep）和"大绵羊"（the big sheep），并不知道"3"和"大"的意思，此时，他无法判断出"大"是指每只绵羊的身体大小，而"3"是指这组绵羊的数量。

---

① "/wʌn/""/sɪks/""/eɪt/"是英语单词"one""six""eight"的发音。——编者注

实验表明，到了两岁半，美国儿童已经能够区分数字与其他形容词[10]。实验者将一张有 1 只红色绵羊的图片和另一张有 3 只蓝色绵羊的图片呈现给儿童，在被告知"指出红色绵羊"时，儿童很容易就指向第一张图，而被告知"指出 3 只绵羊"时，儿童就指向第二张。在这个年龄，儿童已经知道"3"是指一些东西的集合而不是指单个东西。在同样的年龄，儿童能够正确排列数字和其他形容词。他们说"3 只小绵羊"，而不是"小的 3 只绵羊"。因此，儿童很早就已经知道数字与其他单词不同，属于一个特殊的类别。

儿童是如何发现这一点的？或许他们是通过摸索所有可能的线索，无论是语法还是语义。仅语法本身也许就能提供宝贵的帮助。假设一个母亲告诉她的孩子："你看，查理，3 只小狗狗（three little doggies）。"婴儿查理就可以推断，"3"是一种特殊的形容词，因为其他的形容词，如"可爱"，总是离不开冠词，如"the nice little doggies"（这些可爱的小狗狗），"3"不需要冠词这一事实可能意味着"3"用于形容整个小狗狗的集合，因此，它可能是一个数词，或是一个像"一些"或"许多"一样的量词。

当然，这样的推理对于理解"3"这个词代表的准确数量帮助并不大。事实上，在整整一年的时间里，儿童只知道"3"是一个数字，而并不知道它的精确数量。在听到"给我 3 个玩具"时，他们大都只会抓过来一堆玩具，而并不关心确切的数字是多少。如果让他们在 2 个玩具和 3 个玩具之间做选择，他们只能做出随机的选择——尽管他们从来没有选择过只有一个东西的卡片。他们知道如何背诵数字，而且觉察到这些数字与数量有关，却不知道它们的确切含义[11]。

为了应对这一阶段的问题，使儿童理解"3"所代表的精确数量，语义线索可能起了关键作用。幸运的话，婴儿查理会看到妈妈提到的 3 只小狗。他的知觉系统（我们在第 2 章中讨论过知觉系统的精密性）可能会分析这个场景，并且识别出一些动物的存在，它们很小、吵闹、会动，并且数量大约是 3 个。当然，我并不是说查理已经知道数字"3"对应的数量。我的意思是，查理内在的非言语累加器已经达到了代表 3 个物品集合的满格状态。

大体上来讲，接下来查理要做的，就是把这些前语言的表征与他所听到的词关联起来。经过数周或数月，他应该就会意识到"3"这个词并不总是随着小东西、动物、运动或是响声的出现而出现，当有 3 个物品出现时，他的心理累加器会达到一种特定状态，此时，这个词通常都会出现。可见，是数字和他自有的非语言数量表征之间的关联性帮助他确定"3"是指 3 个。

"对照原则"可以促进关联过程的建立。这一原则规定，发音不同的单词对应不同的含义。如果查理已经知道"狗"和"小"的意思，那么通过对照原则他就可以确定不认识的单词"3"不是指大小，也不是指动物的名字。通过缩小猜测范围，他会更快意识到这个数词对应的是数量 3。

约整数，精确数

在获得了数字的确切含义后，儿童还必须掌握一些使用语言的惯例。其一就是约整数和精确数之间的区别。我将通过一个笑话来引入这个区别：

> 在自然历史博物馆，游客问馆长："这只恐龙有多古老？"答案是"七千万零三十七年"。正当游客惊叹答案的精确性时，馆长解释说："你知道吗？我已经在这里工作了 37 年，而我刚来的时候答案是 7 000 万年！"

刘易斯·卡罗尔以其精妙的逻辑学和数学方面的文字游戏而著称，他经常用"数字无厘头"给他的故事增添趣味。下面是他鲜为人知的著作《西尔维和布鲁诺的结论》（*Sylvie and Bruno Concluded*）中的一个例子：

> "别打岔，"布鲁诺在我们进来时说，"我在数地里的猪！"
>
> "到底有多少？"我问。
>
> "大约一千零四。"布鲁诺说。
>
> "你的意思是'大约有一千'，"西尔维纠正他，"没有必要说'零四'，你没办法确定是四个！"
>
> "你又像以前一样错了！"布鲁诺得意地大声说，"只有这四个是我可以肯定的，因为它们就在这里，在窗下哼哼！而另外一千正是我不能肯定的！"

为什么这段对话听起来这么奇怪呢？因为它违反了使用数字时隐含的一个普遍原则。这个原则规定，某些数字可以用于代表一个大约的数量，即"约整数"，而其他所有的数量则必须要有一个极其精确的含义。当我们说恐龙生活的年代距今 7 000 万年时，这个值暗含了精确到千万年的意思。一个数字的精确度取决于从右往左数第一个非 0 的数字。如果我说，墨西哥城的人口是 39 000 000，我的意思是这个数字精确到了 100 万，而如果我给出一个 39 452 000 这样的人口数字，我暗含的意思是这个数值精确到了 1 000。

这个惯例有时会自相矛盾。如果一个精确的数量恰好是一个约整数，只说出数字是不够的。我们还必须用一个副词或专用语修饰它以强调其准确性。例如，"今天，墨西哥城的确切人口数为 3 900 万"。出于同样的原因，"19 大约是 20"这样的句子是可接受的，而"20 约等于 19"则不可以。"约等于 19"这一短语是个自相矛盾的说法，因为，如果想说一个估计值，干吗要用 19 这个精确数呢？

世界上所有语言似乎都选择使用约整数。为什么会这么普遍呢？也许是因为所有人都共享同样的心理器官，而且都遇到了概念化大数量的困难。数量越大，我们的心理表征就越不准确。语言如果想成为思想的忠实载体，就必须拥有能够表达这种逐渐增长的不确定性的装置。约整数就是这样一种装置。通常，它们表示近似的数量。不管是有 18 个还是 22 个学生，"房间里有 20 个学生"这句话都是对的，因为"20"可以表示数轴上一个扩展的区域。这也是为什么讲法语和讲德语的人常把"15 天"表达为"两个星期"，其实确切的数字应该是 14。

近似值在我们心目中是如此重要，以至于有许多其他语言机制都可以用来表示近似值。所有语言都拥有丰富的词汇来表达数值的不确定程度——大约（about）、左右（around）、差不多（circa）、大概（almost）、粗略的（roughly）、近似（approximately）、或多或少（more or less）、几乎（nearly）、少量地（barely），等等。大多数语言还采用了一个有趣的结构：把两个数字用"到"相连可以用来表达一个可信的区间：2 到 3 本书、5 到 10 个人、一个 12 到 15 岁的男孩、300 到 350 美元。这种结构使我们不仅能够传递一个近似的数量，而且表达了这个近似数量的准确度。因此，对于同样的近似数量，逐步增加的不确定性可以通过 10 到 11、10 到 12、10 到 15，或者 10 到 20 来表示。

泰斯·波尔曼（Thijs Pollmann）和卡雷尔·让森（Carel Jansen）所做的一项语言分析显示，这种两个数字相连的结构遵循某些隐含的规则[12]。并非所有的间隔都是合理的。比如，其中至少有一个数字必须是约整数。我们可以说"20 到 25 美元"，却不能说"21 到 26 美元"。另外，两个数字必须是同一数量级的。"10 到 1 000 美元"听起来会很奇怪。下面引用刘易斯·卡罗尔的另一个例子来说明这一点：

"你走了多远来的，亲爱的?"年轻女士问道。

西尔维看起来有点茫然。"1 到 2 公里，我想。"她不确定地说。

"1 到 3 公里。"布鲁诺说。

"你不应该说'1 到 3 公里'。"西尔维纠正他。

年轻女士赞许地点点头。"西尔维是对的。我们平常很少说'1 到 3 公里'。"

"只要我们经常说，它就会很平常。"布鲁诺说。

布鲁诺是错的。"1 到 3 公里"听起来永远都不会对，因为它违反了基本规则。只需要想一下我们试图表达的是什么，这些规则就可以理解了。我们要表达的是心理数轴上模糊不清的数字区间。当我们说"20 到 25 美元"时，实际上我们的意思是："我的心理累加器处于一种模糊状态，大约是 20，误差约 5。"从 21 到 26，从 10 到 1 000，从 1 到 3，都不是累加器的合理状态，因为前者太精确，而后面两个又太不精确了。

为什么有些数字出现得更频繁

你想不想来打个赌？随便打开一本书，注意你遇到的第一个数字。如果这个数字是 4、5、6、7、8 或 9，你赢 10 美元。如果是 1、2 或 3，我赢同样的钱。大多数人都很乐意打这个赌，因为他们认为自己赢的概率是 6:3。但是，此赌必输。不管你相信与否，数字 1、2 和 3 在印刷品中出现的次数大约是所有其他数字出现次数总和的两倍![13]

这个发现严重违反直觉，因为 9 个数字看起来似乎是等价而且可以互换的。但我们忘记了一点，印刷品中出现的数字并不是由一个随机数发生器生成的。每个数字都代表一个人试图把一些来自大脑的数量信息传递给另一个人。因此，在某种程度上，每个数字的使用频率，取决于我们的大脑对相应数量进行表征的难易程度。数字心理表征的精确度下降，影响的不只是我们的感知，同时还有数字的产出。

杰柯·梅勒和我系统地寻找了词频表中的数词[14]。这些表总结出某个单词（比如 five）在书面或口语中出现的频率。很多语言中都有词频表，从法语到日语、英语、荷兰语、加泰罗尼亚语、西班牙语，甚至一种在斯里兰卡和印度南部使用的德拉维语言——卡纳达语。尽管在文化、语言和地理上存在着巨大的差异，但在所有这些语言中，我们都观察到了同样的结果：数字出现的频率随着数字增大而稳定降低。

例如，在法语中，"un"（1）这个词约每 70 个词出现一次，"deux"（2）约每 600 个词出现一次，"trois"（3）约每 1 700 个词出现一次，等等。从 1 到 9，数词出现的频率递减，11 到 19，包括 10 到 90 的整十数也是如此。不仅是阿拉伯数字，甚至还包括从"第一"到"第九"的序数词，它们在书面文字或口语中均出现了类似的递减趋势。另外还有一些具有普适性的偏差："零"出现的频率非常低，到 10、12、15、20、50、100 时会出现峰值（见图 4-4）。值得注意的是，尽管不同语言中表达数字的发音方式差别很大，这种跨语言的规律仍然存在。如日语中没有整十数，荷兰语中十位和个位需要换位，法语数词 70、80 和 90 中隐含基数 20。

我认为，这些语言规律再次反映了我们的大脑进行数量表征的方式。然而，在得出结论之前，我们必须检验一下另外一些可能的解释。因为歧义也可能导致这种现象。在许多语言中，"一""一个"没有什么区别，这可能是法语中"un"的使用频率升高的原因。然而在英语中显然不是这样，英语中"one"只是一个数词。大于 2 的数字就不存在歧义这个问题，但在 2 之后数字的使用频率急剧下降。

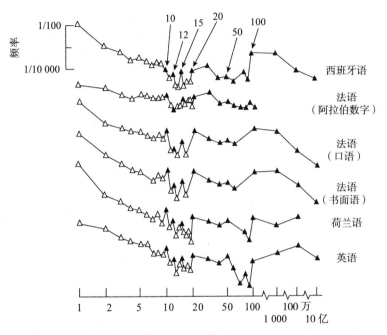

在所有语言中，数字在书面文字或口语中出现的频率随数字增大而降低，约整数 10、12、15、20、50、100 的出现频率局部增大。比如，我们看到或听到 2 的频率比听到 9 的频率高 10 倍左右。

图 4-4　数字的出现频率

资料来源：Dehaene & Mehler, 1992。

　　另一个可能的因素是我们对计数的喜好。在我们的环境中，许多对象都是从 1 开始编号的。在任何一个城市，编号为 1 的房屋要比编号为 100 的房屋多，因为所有的街道都有一个 1 号，但有些没有达到 100 号。这种效应肯定有助于提高小数字的出现频率，然而我们很快就可以算出来，这一效应无法解释为什么在 1 到 9 的区间内数字出现的频率会下降。

　　我们也应该考虑一下纯粹的数学解释。很少有人知道以下这条非常反直觉的数学定律：从任意本质上平滑分布的数字场中抽取若干随机数，数字第一位是 1 的频率远大于第一位是 9。这个奇异的现象被称为本福特定律[15]。美国物理学家弗兰克‧本福特（Frank Benford）观察到一个有趣的现象：在他所在大学的图书馆里，对数表头几页的磨损要比最后几页更严重。当然没有人会像读一本难看的小说那样，在中途停止读对数表。为什么他的同事们必须从对数表的开头查询而不是从最后呢？是不是因为小数字比大数字使用得更频繁呢？带着这样的困惑，本福特发现，所有来源的数字——美国湖泊的水平面、同事家的街道地址、整数的平方根，等等，数字第一位是 1 的概率约为第一位是 9 的 6 倍。大约 31% 的数字第一位是 1，19% 的数字第一位是 2，12% 的数字第一位是 3，接下来的数字出现在第一位的频率依次递减。一个数字第一位是 n 的概率可以非常准确地由公式 P(n)=$\log_{10}(n+1)$ – $\log_{10}(n)$ 预测。

关于这条规律的真实起源我们仍然知之甚少，但有一点是肯定的，这是一个纯粹的形式定律，完全由我们的数字符号的语法结构决定。它与心理学没有半点关系，一台计算机在随机打印阿拉伯数字甚至拼写数词时都会重复这一定律。唯一的约束似乎在于，从足够平滑的分布中抽取的数字跨越了多个数量级，例如，从 1 到 10 000。

本福特定律肯定有助于提高自然语言中小数字的使用频率。然而，它的解释力度是有限的。这一定律只适用于多位数中最左边一位数字的使用频率，对 1 至 9 之间数字的频率不会有任何影响。但是杰柯‧梅勒和我所做的测量相当直接地表明，人的大脑认为谈论数字 1 比谈论数字 9 更重要。不同于本福特定律，这一现象并没有影响到较大的多位数的产出。

如果不是数字符号的语法驱使我们更频繁地使用小数字，难道是大自然本身吗？在我们的环境中，小的集合难道不是出现得更频繁吗？仅举一个例子，如今，我们提到自己有几个孩子，通常只需要 4 以下的数字！然而，作为数字频率越来越低的一般性解释，这种说法是错误的。哲学家戈特洛布·弗雷格（Gottlob Frege）和奎因（Quine）早就证明，客观地讲，在我们的环境中，小数目出现的概率并不比大数目的大[16]。在任何情况下，事物的潜在无限性都可能被记数。为什么我们喜欢讲"一副"牌，而不是 54 张牌？世界主要是由小的数集组成的这种想法，是知觉和认知系统强加给我们的一种幻觉。不管我们的大脑怎么想，自然并不是这样组成的。

在不诉诸哲学论证的情况下，为证明这一点，我们先来考虑一下前缀为数字的单词的分布，如"bicycle"（自行车）或"triangle"（三角形）。正如"2"比"3"更频繁地出现，前缀是"bi"（或"di"或"duo"）的单词多于前缀是"tri"的单词。重要的是，即使环境因素对小数字的偏向很少或根本没有，这一规律仍然正确。如时域，我的英语字典中列出了 14 个前缀为"bi"或"di"的时间词，从"biannul"（一年 2 次）到"diestrual"（间情期）；5 个前缀为"tri"的单词，从"triennial"（3 年）到"triweekly"（每 3 周）；5 个带有表示 4 的前缀的单词；只有 2 个带有表示 5 的前缀的单词，它们是生僻字"quinquennial"（每 5 年）和"quinquennium"（5 年期）。可见，随着数字越来越大，相关的词就越来越少。很难看出这是由于环境的偏向造成的。在自然界中，以 2 个月为周期的事件并不特别常见。罪魁祸首是我们的大脑，当事件发生时，它更关注小数字或约整数。

如果词汇对小数的偏向能够在没有任何环境偏向的情况下出现，那么与之相反，在有些情况下，一些客观上存在的偏向未能被成功地纳入词汇中。4 个轮子的车远多于 2 个轮子的车，但后者有数量前缀（bicycle，自行车），而前者没有（quadricycle？四轮车？）。世界上存在的数字规则中，似乎只有那些数量足够小的才会被词汇化。例如，我们有前缀为数字的单词用来描述三叶植物（trifoliate 三叶的，trifolium 三叶草；法语中是 trèfle），但其他许多具有固定的大量叶片或花瓣数目的植物或花卉，用来描述它们的单词却没有类似的数字前缀。像"octopus"（章鱼、八爪鱼）这样明确代表一个精确大数字的词是非常罕见的。最后一个例子是蜈蚣，它是一种节肢动物，有 21 段体节和 42 只脚，通常在英语中被称为"centipede"（100 只脚），而在法语中被称为"mille-pattes"（1 000 条腿）! 很显然，只有在符合我们偏向于小数字和约整数的认知结构时，自然界中的数字规律才会受到关注。

人类语言深受这种与动物和婴儿共有的非言语数字表征的影响。我相信，仅凭这一点，就可以解释为什么词频普遍随数字增大而下降。我们之所以更频繁地表达小数字，是因为我们的心理数轴的表征精度在下降。数量越大，我们的心理表征越模糊，我们越觉得表达其精确数量的必要性很小。

约整数是个例外，因为它们可以表达数量大小的范围。这就是为什么数词"十""十二""十五""二十""五十"和"百"出现的频率要高于与它们邻近的数字。总而言之，数字出现频率的整体递减和局部峰值，都可以用内部数轴的标记来解释（见图 4–5）。在儿童习得语言的过程中，他们学会给每个数量范围命名。他们发现，"二"这个词适用于他们与生俱来的一种知觉；而"九"仅对应一个确切的但是很难精确表征的数量 9；人们经常用"十"来表示 5 到 15 之间的任意数量。因此，比起"九"，他们更频繁地说"二"和"十"，于是保持了数字频率的规律分布。

最后一个细节：我们的研究结果表明，在所有西方语言中，数字 13 出现的频率要低于 12 或 14。这似乎源于人们对"魔鬼的一打"（Devil's dozen）的迷信，它赋予 13 负面的意义，其流传之广使美国的许多摩天大楼没有 13 层。在印度没有这种迷信，数字 13 的使用频率没有出现显著的下降。数字的使用频率甚至在最微小的细节上都忠实地反映了它们在我们心目中的重要性。

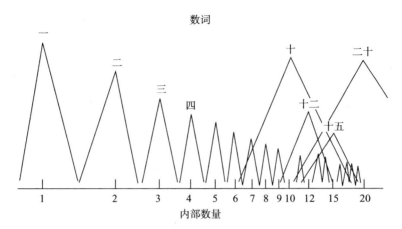

数量心理表征的组织形式引起数字出现频率的降低。数字越大，我们的心理表征越不准确；于是，我们越少使用相应的数词。至于像 10、12、15 或 20 这样的约整数，它们代表较大的数量范围，因而使用的频率高于其他数词。

图 4-5 对数量的心理表征

资料来源：Dehaene & Mehler, 1992。

记数系统的文化进化

对数字语言的分析揭示了数学和大脑之间的什么关系？它揭示了记数系统的演变源于大脑、利于大脑。源于大脑，是因为数字符号的历史显然受制于人脑的创造力和掌握记数新原则的能力。利于大脑，是因为只有符合人类的感知记忆的局限并因此提高了人类的计算潜力，数字发明才会被一代代传递。

数字的历史显然不仅仅由随机因素驱动。它展现出超越历史偶然性的清晰明了的规律性。跨越边界和海洋，无论男女、肤色、文化、宗教，人们不约而同地创造出了同一种记数法。在长达 3 000 多年的时光里，位值原则在中东、美洲大陆、中国和印度一再被重复发现。在所有语言中，数词的使用频率随数字增大而降低。同样在所有语言中，约整数与精确数并存。促使这些惊人的跨文化相似性产生的，并不是遥远的文明古国之间不可靠的交流。这些文明发现了相似的解决方案，是因为他们曾面临同样的问题，而且被赋予同样的大脑来解决问题。

让我来概括一下人类缓慢实现更高级的数字功能的过程。鉴于历史很少是线性的，而有些文化可能跳过了几个阶段，这个总结必然具有高度的概括性。

口头记数的演变

出发点：我们与动物共有的数量的心理表征。

问题：如何通过口语沟通这些数量？

解决方案：用数词"一""二"和"三"直接表示感数范围的数字 1、2 和 3。

问题：如何表示超过 3 的数？

解决方案：与身体部位建立一一对应的关系（12= 指向左胸）。

问题：手忙不开时，如何数数？

解决方案：用身体部位的名称来表示数字名（12="左胸"）。

问题：与无限的数字相比，身体部位有限。

解决方案：发明数量的语法（12="两只手加两个手指"）。

问题：如何表示近似的数量？

解决方法：选择一组"约整数"，并发明两数词结构（two-word construction）。例如，10 到 12 人（ten or twelve people）。

书面记数的演变

问题：如何永久地记录数量？

解决方案：一一对应。在骨头、木头等物品上刻下刻痕（7= ⅠⅠⅠⅠⅠⅠⅠ）。

问题：这些刻痕很难阅读。

解决方案：重新组合刻痕（7=卌 ‖）。用单个符号来替换一些组（7=Ⅶ）。

问题：大数字仍需要很多的符号（例如，37=XXXVⅡ）。

僵局1：添加更多的符号（例如，用 L 代替 XXXXX）。

僵局2：使用不同的符号来表示个位数、十位数和百位数（345=TME）。

解决方案：使用乘法和加法的组合来记数（345=3 个百，4 个十，和 1 个 5）。

问题：这种记数法仍然存在着重复词"百"和"十"。

解决方案：放弃这些词，得到现代的位值记数法的雏形（437=4 3 7）。

问题：某个位数上没有单位数时，这种记数法会含糊不清（407，表示为 4 7，很容易与 47 混淆）。

解决方案：创造一个占位符，符号零。

记数系统的文化进化见证了人类的创造力。几个世纪以来，人类不断地发明与改进巧妙的符号图案，以更好地适应人脑，并提高数字的可用性。数字符号的历史很难相容于柏拉图主义者对数字的理解：他们认为数字是一种超越人类的思想观念，它不依赖于人脑，使我们有机会去探索独立于人类思想的数学真理。与柏拉图派数学家阿兰·孔涅（Alain Connes）的论点相反[17]，数学客体并不是"对文化一尘不染"，至少对数字这个所有数学客体的核心来说，这是不正确的。驱动数字系统进化的因素，显然不是数字的"抽象概念"，也不是一个空灵的数学概念。如果真是这样的话，正如一代又一代数学家提到的，相比于好用但陈旧的基数 10，二进制记数法将是一个更为理性的选择。被选定为记数的基数的，至少应该是一个素数，如 7 或 11，或者是一个多约数的数字，如 12，但更为朴素的标准支配了我们祖先的选择。

基数 10 的优势在于我们碰巧有 10 个手指；我们感数的界限能够解释罗马数字的结构；短时记忆容量的局限性促使我们不断寻找更加紧凑的符号用来表示大数字。

最后，让我们用哲学家卡尔·波普尔（Karl Popper）的一句话结束本章的内容："自然数是人类的杰作，是人类语言和思想的产物。"

二加二等于四,四加四等于八,八加八等于十六,现在复述!老师说道。

——雅克·普雷韦尔,《练习课》(*Page D'écriture*)

05

小头脑做大计算

"野心""分心""丑化""嘲笑",这些是一位数学教授给四则运算起的恶作剧名字。这位数学家正是令人尊敬的查尔斯·路特威奇·道奇森(Charles Lutwidge Dodgson),我们熟知他的另一个名字——刘易斯·卡罗尔。可以看出,卡罗尔对他学生的计算能力没有抱太多幻想。也许他是对的。虽然儿童很容易就能习得数字语法,但是学会计算却是一个艰难的考验。儿童,甚至成年人,经常在最初级的计算中犯错。谁敢说自己从来没有在计算"7×9"或"8×7"时出过错?有多少人可以在不到2秒钟内心算出"113–37"或"100–24"?计算上的错误非常普遍,若是有人公开承认"我在数学方面没有一点希望",他并不会被贴上无知的标签,反而会引来同情。我们中的许多人多少都遇到过爱丽丝在漫游仙境的过程中试图计算时遇到的困境：

> "让我想想：4 乘以 5 是 12，4 乘以 6 是 13，4 乘以 7 是······哦，
> 天哪！以这样的速度我将永远不会得到 20！"

为什么心算这么难？在本章中，我们将研究人脑的计算法则。尽管我们对这个问题的认识还远远不够，但有一件事是肯定的：心算给我们的大脑带来了严峻的考验。人脑对记住几十个复杂的乘法口诀，或不出错地完成有 10 到 15 个步骤的两位数减法毫无准备。我们与生俱来的数量估计能力可能植根于基因中，但面对精确的符号计算时，我们缺乏专门的脑区资源。为了弥补这一缺失，我们的大脑不得不拼凑出替代的回路。这种拼凑让我们付出了沉重的代价：速度变慢，需要高度集中的注意力，错误频频。这些都反映出我们的脑在设法"纳入"算术时所建立的脑机制是不稳固的。

数数：计算的基础

在生命最初的六七年，大量的计算法则应运而生[1]。儿童重新发明了算术。他们会自发地，或通过模仿同龄人，想象出新的计算策略。他们还学会为每个问题选择最佳策略。他们的大部分策略都是基于数数（counting）的，无论是否使用语言或手指。在有人教他们学习计算之前，儿童仅靠自己就能发现这些策略。

这是否意味着数数是一种人脑与生俱来的能力？美国加州大学洛杉矶分校心理学系的罗切尔·戈尔曼和兰迪·加利斯特尔支持这个观点[2]。他们认为，儿童天生就被赋予了无须学习的数数法则。譬如，不需要教给他们每个对象都必须数一次且只能数一次、数字单词必须按固定的顺序背诵，或者最后一个数字代表整个集合的基数。戈尔曼和加利斯特尔认为，这种数数知识是天

生的，甚至先于并引导了数字词汇的习得。

很少有理论会像戈尔曼和加利斯特尔的理论这样引起激烈辩论。对于许多心理学家和教育学家来说，数数是一个模仿学习的典型例子。最初，它只是一个不涉及意义的死记硬背的行为。在卡伦·富森（Karen Fuson）看来，儿童最初把"12345……"（onetwothreefourfive……）当作一个没有间断的链条来背诵[3]。后来他们才能学会将这个序列分隔成单个数字，把它延续到更大的数字，并将其应用到具体情况中。通过观察其他人数数，他们逐步推断出数数是怎么回事。根据富森的说法，数数最初只是鹦鹉学舌。

经过多年的争论和无数次的实验，真相逐渐被揭示，数数这种能力似乎介于"纯粹先天"和"纯粹后天"两个极端之间。数数的某些方面是发育早期就掌握的能力，而其他方面则需要学习和模仿才能习得。

以卡伦·温的实验为例，我们可以发现令人惊异的早期数数能力[4]。两岁半的儿童可能很少有机会看到有人对声音或动作计数。然而，如果让他们观看《芝麻街》①录像带，并且数大鸟跳跃的次数，他们很容易就能完成任务。同样，他们可以数各式各样的声音，如喇叭声、铃铛响、泼溅声、磁带里计算机的哔哔声，甚至看不见源头的声音。可见，不需要明确教学，儿童似乎很早就理解数数是一个抽象的过程，适用于各种视觉和听觉对象。

下面是另一种早期能力：早在 3 岁半的时候，儿童就知道，背诵数字的顺序至关重要，而以哪种顺序指向对象无关紧要，只要每个对象数一次并且只数一次。在一系列具有创新性的实验中，戈尔曼和同事们向儿童呈

---

① 一档由美国公共广播协会制作播出的儿童教育电视节目，以"大鸟"等住在芝麻街上的玩偶小伙伴作为主角。——编者注

现了几种违反数数惯例的情境[5]。结果表明，3 岁半的儿童可以识别并纠正相当微小的数数错误。若有人背错了数字的顺序或漏数了一个对象，或者同一个对象数了两次，他们总是能注意到。最重要的是，他们能清楚地区分哪些是明显的错误，哪些是正确但不常见的数数方式。例如，他们发现，从一排对象的中间开始计数，或间隔地计数是完全可以接受的，只要最终所有物品都被数过一次且只数一次。更有趣的是，他们愿意从一排中任意一个对象开始数，他们甚至可以制定系统的策略，使某个预先指定的对象恰好排在第 3 位。

这些实验表明，在 4 岁之前，儿童已经掌握了数数的基本原则。然而他们并不满足于亦步亦趋地模仿别人，他们把数数推广到了新异的情境中。我们对这种早期能力的起源仍然知之甚少。儿童从哪里获得把数数的对象跟背诵的数词一一对应这个想法呢？跟戈尔曼和加利斯特尔一样，我相信这种才能属于人类的遗传禀赋。以一个固定的顺序背诵单词可能是人类语言能力自然而然的结果。至于一一对应原则，这在动物王国中实际上广泛存在。老鼠在迷宫中寻找食物的时候，会试图访问每个岔路一次且只一次，这是一种最大限度地减少搜索时间的理性行为。当我们在视野中寻找给定对象时，我们的注意力轮流转向每个对象。数数法则正处于人脑两种基本能力的交汇处——单词背诵和彻底搜索。这就是为什么我们的孩子很容易掌握它。

虽然儿童迅速掌握了如何数数，然而他们似乎一开始就不在乎为什么要去数[6]。作为成年人，我们知道数数用来干什么。对我们来说，数数是一个具有明确目的性的行为：列举一组物品。我们也知道，真正重要的是最后一个数字，它代表了整个集合的基数。儿童也懂这些吗？还是说他们只是把数数当成一种游戏，在这个游戏中每指向一个不同的物品就读一个有趣的单词？

卡伦·温认为，只有在快满 4 周岁时，儿童才可能领会数数的意义[7]。如果你让 3 岁的小女儿数她的玩具，然后问她："你有多少玩具？"她很可能会给出一个随机数，并不一定是她刚刚数出来的数字。和这个年龄段的所有儿童一样，她似乎并没有把"多少"这个问题与她先前的数数行为联系起来。她甚至可能把所有东西再数一次，好像数数行为本身就足以回答"多少"这个问题。同样，要求一个两岁半的小男孩给你 3 个玩具。他很可能会随机挑选几个，即使他已经可以数到 5 或者 10。在这个年纪，虽然数数的机制已经就绪，但儿童似乎并不明白数数到底有什么用途，当问题情境需要通过数数解决时，他们并不会想到数数。

到 4 岁左右，儿童才最终明白了数数的意义。但他们是如何明白的呢？数量的前语言表征能力可能在这一过程中起着至关重要的作用。儿童从出生开始，早在他们开始数数前，就已经拥有一个能够告诉他们周围事物大概数量的心理累加器。这个累加器有助于赋予数数意义。假设一个儿童在玩 2 个布娃娃，他的累加器会自动激活数量 2 的大脑表征。我们在前面的章节中描述过，他已经学会了数词 2 适用于这个数量，因此在不需要数数的情况下他也可以说"2 个娃娃"。现在假设，没有特别的原因，他决定和布娃娃"玩数数游戏"，在背诵单词"1、2"时他惊奇地发现，数数的最后一个数字 2 正是可以用于表示全体数量的那个词。经历过 10 次或 20 次这样的场合，他可能会很有把握地推断，数数时的最后一个数具有特殊的地位：它代表了一个与内在累加器提供的数量相匹配的数量。数数，原本只是一个有趣的文字游戏，现在突然有了一个特殊的意义：数数是回答"多少"这个问题最好的方法！

学前儿童：算法设计师

理解数数的用途，是突破各种数字发明的一个出发点。数数是算术的瑞士军刀，儿童会自发地把它用于各种用途。有了数数的帮助，不需要明确教学，大多数儿童都能够发现对数字进行加减的方法。

　　儿童自己能够弄明白的第一个计算方法是，通过把两组个体分别用手指数出来，来计算它们相加的结果。让一个儿童计算"2+4"，通常，他会先数到 2（第一个数字），同时伸出 2 根手指。然后，再数到 4（第二个数字），同时伸出另外 4 根手指。最后，他会将所有这些重新数一遍，然后得到总数 6。首先出现的这种"手指"算法在概念上很简单，但速度很慢。用这种方法完成计算有时情况会相当棘手：为计算"3+4"，我 4 岁的儿子伸出左手的 3 根手指和右手的 4 根手指，这时，他只能用他的鼻尖做点数的动作，从而继续完成数数！

　　在第一阶段，儿童发现不使用手指就难以计算。话一出口就会消失，但是手指可以一直在眼前，防止他们因为一时分心而数错。然而几个月后，儿童会发现一个比手指计数更有效的加法算法。当进行 2 与 4 相加的运算时，可以听到他们嘟囔"1、2……3……4……5……6"，他们首先数到第一个运算数 2，再往后数 4 个数。这是一个需要注意力的策略，因为它暗含着某种递推（recursion）过程，在第二阶段，你需要数出你数过的次数！儿童经常把这种过程表达得更明确："1、2……3 是 1……4 是 2……5 是 3……6 是 4……6。"他们极为缓慢的速度和高度集中的注意力可以反映出这一步骤的难度。

　　他们很快对此进行了精炼。大多数儿童意识到，他们不需要对这两个数字都重新数数，想要计算"2+4"，可以从 2 开始，只需要简单地数"2……3……4……5……6"。为了进一步缩短计算时间，他们学会从这两个数字中较大的那个开始。在被要求计算"2+4"时，他们自发地将这个问题转换成等价的"4+2"。其结果是，他们需要数的次数等于较小加数。这就是所谓的"最小值策略"（minimum strategy）。在接受正规教育之前，这是大部分儿童进行计算的标准算法。

儿童能自发地想到从两个加数中较大的那个开始数数，这是非常了不起的[8]。这表明，他们很早就能理解加法交换律（commutativity，即 $a+b$ 总是等于 $b+a$ 的规律）。实验表明，5 岁的儿童就已经了解了这一定律。众多教育工作者和理论家认为，除非儿童首先接受几年扎实的逻辑教育，否则根本不可能理解算术。然而事实恰恰相反：在儿童上学前，还在依靠手指数数的时候，他们就已经发展出了对交换律的直观认识，但只有到更晚期他们才有可能理解交换律的逻辑基础。

儿童在选择计算法则上具有非凡的天赋。他们很快就掌握了许多加法和减法的策略。然而，他们没有在众多的可能性中迷失，而是学会为每一个具体问题仔细选择最合适的策略。对于"4+2"，他们可能会决定从第一个加数开始数数。对于"2+4"，他们不会忘记交换两个加数。面对更困难的"8+4"，他们可能还记得"8+2=10"。如果他们把 4 分解为"2+2"，那么他们将能够轻松地数出"10、11、12"。

计算能力的发展过程并非一成不变。每个儿童就像一个厨师的学徒，随机地尝试配方，评估结果的质量，然后决定是否继续在这个方向上前进。儿童对算法的心理评估需要兼顾计算所花费的时间，以及得到正确结果的可能性。在儿童心理学家罗伯特·西格勒（Robert Siegler）看来，儿童详细地统计了每种算法的成功率[9]。渐渐地，他们获得了一个有关解决各种数学问题的最佳策略的精密数据库。毫无疑问，无论是向儿童灌输新的算法，还是向他们提供选择最好策略的明确规则，数学教育在这个过程中发挥着极其重要的作用。然而，这个伴随着选择的发明过程中最重要的部分，是在大多数儿童甚至尚未达到进入幼儿园的年龄时就建立起来的。

想听最后一个有关儿童在设计自己的计算法则方面所表现出的聪慧的例子吗？以减法为例，要求一个小男孩计算"8–2"，你可能会听到他喃喃自语："8……7 是 1……6 是 2……6。"他从大数字 8 开始倒数。现在让他计算"8–6"，他会倒数"8、7、6、5、4、3、2"吗？不。情况很可能会是这样，他会找到一个更便捷的解决方案："6……7 是 1……8 是 2……2！"他数出了从小数字到大数字需要的步数。通过巧妙地规划自己的行动过程，他显著地节省了计算步骤。计算"8–2"和"8–6"，他都用了相同数量的步骤：2 个。但他如何选择合适的策略呢？最佳选择取决于减数的大小。如果它大于被减数的一半，如"8–5""8–6"或"8–7"，第二种策略占优；否则，像"8–1""8–2""8–3"，倒数的速度更快。他不仅是个能够自发发现这条规则的相当聪明的数学家，而且还设法利用了自己天生的数量直觉。儿童是通过初步的快速猜测来决定精确计算策略的。4 到 7 岁的儿童本能地理解了计算意味着什么，以及如何选择最优的计算策略。

记忆登场

用秒表测一下一个 7 岁儿童对两个数字进行相加的时间。你会发现，计算所需时间与较小的加数成正比，这是儿童正在使用最小值算法的明确信号[10]。即使儿童没有流露出任何口头或手指数数的证据，反应时表明，他正在脑中背诵这些数字。在计算"5+1""5+2""5+3"或"5+4"时，每增加一个单位需要增加 4/10 秒：在该年龄，每一个计算步骤大约需要 400 毫秒。

对于年纪大点的被试会是什么情况呢？当美国卡内基梅隆大学的心理学家盖伊·格伦（Guy Groen）和他的学生约翰·帕克曼（John Parkman）在 1972 年第一次进行这项实验时，他们困惑地发现，即使是大学生，做加法需要的时间也能通过数值较小的加数来预测[11]。唯一的区别在于时间增量减小了——每单位间隔 20 毫秒。如何解释这一发现呢？当然，即便是天才学生也不能以 20 毫秒一个数字，或每秒 50 个数字这样令人难以置信的速度数数。于是格伦和帕克曼提出了一种混合模型。在 95% 的实验中，学生能够直接从记忆中提取结果。在剩下 5% 的实验中，他们的记忆会崩溃，他们不得不以每 400 毫秒一个数字的速度数出来。因此，平均而言，每个单位增加的额外时间只有 20 毫秒。

尽管这个建议别出心裁，但它很快就遇到了挑战。新的发现表明，学生的反应时并没有随加数的增大呈线性增加（见图 5–1）[12]。大数的加法，如"8+9"，花费了不成比例的较长时间。对两数字相加所需时间预测效果最好的，实际上是它们的乘积或它们加和的平方——这两个变量并不符合被试是在数数这一假设。对数数理论的最后一击是：两个数字相乘所用的时间与这两个数字相加基本上相同。事实上，加法和乘法所需时间可以由同样的变量来预测。如果被试是用数数的方法，即使只在 5% 的实验中这样做，乘法还是应该比加法慢得多。

想摆脱这个困境只有一个途径。1978 年，美国克利夫兰州立大学的马克·阿什克拉夫特（Mark Ashcraft）和同事们提出，年轻人在进行加法和乘法运算时不是通过数数[13]，而是从记忆中的乘法表或加法表中检索结果。但是，运算数越大，查询这个表所需要的时间就越长。检索"2+3"或"2×3"的结果需要不到 1 秒，但解决"8+7"或"8×7"需要约 1.3 秒。

数字大小影响记忆提取可能有多个原因。第一个因素，正如在前面章节中解释过的，我们的大脑对数字进行表征的准确性随着数字的增大而迅速下降。第二个因素，可能是学习的顺序，因为学习小数的简单运算往往早于学习大数的复杂运算。第三个因素是训练量。因为数字越大，出现的频率越低，对于数字较大的乘法问题，我们受到的训练较少。马克·阿什克拉夫特和他的同事们总结了儿童的教科书中每个加法或乘法问题出现的频率。结果令人感到不可思议，儿童更多地演练 2 或 3 的乘法，而不是 7、8 或 9 的乘法，尽管后者更难。

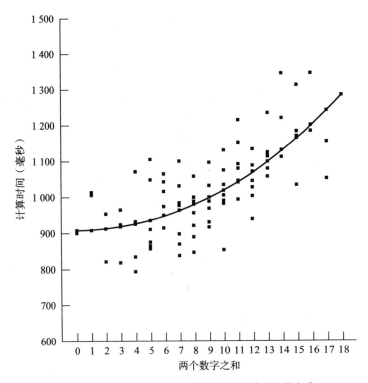

一个成年人解决加法问题的时间随运算数数值的增大而显著上升。

图5-1 成年人解决加法问题的反应时

资料来源：改绘自 Ashcraft, 1995，版权所有 ©1995 by Erlbaum (UK),
Taylor & Francis, Hove, UK，得到作者和出版商的授权。

记忆在成人心算中的核心作用现在已经成为人们普遍接受的假设。但这并不意味着成年人没有其他可用的计算策略。事实上，大多数成年人承认他们会使用别的方法，如计算"9×7"时采用"（10×7）–7"的方式，这个因素也导致求解大数的加法和乘法问题的速度变慢。然而，它意味着，在学龄前的几年，心算系统确实发生了重要的升华。儿童突然从简单计数策略所支持的对数量的直觉理解转变到机械算术。如果恰逢此时儿童在数学上第一次遇到严重的困难，也就不足为奇了。突然之间，数学上的进步意味着要在记忆中存储大量的数字知识。大多数儿童会竭尽全力渡过这一难关。然而，正如我们即将看到的，在这个过程中他们往往失去了对算术的直觉。

记住乘法口诀表为什么如此艰难

很少会有计算规则像加法表和乘法表那样得到大量训练。我们都曾花费了一部分童年时光来学习它们，作为成年人，我们也会不断去回想它们。任何一个学生每天都需要进行几十遍的基础计算。一生中，我们必须解决超过10万个乘法问题。然而，我们的算术记忆最多也只能算中等水平。解决像"3×7"这样的乘法问题，即便是受过良好训练的年轻人也要花费一些时间，往往超过1秒，平均错误率为10%～15%。对于较难的问题，如"8×7"或"7×9"，往往伴随着超过2秒的紧张思考，并且每4次尝试中至少发生一次错误。

为什么会这样？与0或1相乘显然不需要死记硬背。此外，一旦记住"6×9"或"3+5"，根据交换率，"9×6"和"5+3"就很容易回答。因此，我们只需记住45个加法口诀和36个乘法口诀。即便如此，为什么记住它们对我们来说仍然如此艰难？我们的记忆中挤满了其他几百个随机事实。朋友的名字、年龄、地址和生活中的许多事件占据了记忆的各个角落。就在儿童刚开始学习算术的时候，他们每天都会毫不费力地习得十几个新词。在成年之前，他们已经学会了至少2万个单词的发音、拼写和意义。是什么使乘法表即使经过多年的训练仍然如此难记？

答案在于加法表和乘法表的特殊结构。算术事实不是随意的，也不是相互孤立的。相反，它们紧密交织在一起，充满了虚假的规律性、容易让人误解的押韵和混乱的双关语[14]。如果你需要记住下面这些家庭地址，会出现什么情况呢？

- Charlie David 住在 George 大街。
- Charlie George 住在 Albert Zoe 大街。
- George Ernie 住在 Albert Bruno 大街。

还有这些工作地址：

- Charlie David 在 Albert Bruno 大街工作。
- Charlie George 在 Bruno Albert 大街工作。
- George Ernie 在 Charlie Ernie 大街工作。

记住这些繁杂句子的过程注定是一场噩梦。然而，它们只不过是变相的加法表和乘法表。让我们用数字来代替人名和地名中的每个词，Zoe=0，Albert=1，Bruno=2，Charlie=3，David=4，Ernie=5，George=7，表示家庭地址用加法，表示工作地址用乘法。如此一来，上述 6 个地址相当于加法"3+4=7""3+7=10"和"7+5=12"，以及乘法"3×4=12""3×7=21""7×5=35"。从这个不寻常的视角看，算术表在我们成人眼里也变得像儿童第一次见到它们时那样难了。毫无疑问，我们很难记住它们。但最令人惊奇的是，我们最终还是记住了其中的大部分内容！

问题还没有被解释清楚：为什么这种类型的列表如此难记？哪怕是内存容量小于千字节的电子存储器，也能轻松地把加法表和乘法表全部存储下来。事实上，用计算机来比，等于在回避问题。我们的大脑无法记住算法口诀，是因为人类记忆的组织不同于计算机，是联想记忆：它在不相干的数据之间建立了许多联系。这种联系能够在零散信息的基础上重建记忆。每当我们试图回想一个过去的事实时，我们都会自觉或不自觉地激活这个重建过程。普鲁斯特（Proust）的贝壳蛋糕的香味会一步一步地唤起一个包含丰富的声音、视觉、话语和过去的感情的记忆世界。①

联想记忆既是优点也是缺点。当我们从一个模糊的回忆开始，展开貌似已经丢失的完整记忆时，它是一种优点。迄今为止，没有任何计算机程序能以这种"内容搜索"的方式重现事物。它的优点还表现在它使我们可以利用类比，使我们能够把其他情况下学到的知识应用到一个新的环境。但是，在乘法表这样的领域里，需要不惜一切代价防止各种知识相互干扰，此时，联想记忆就成了一个缺点。在面对一只老虎时，我们会迅速激活与狮子有关的记忆。然而，在试图回忆"7×6"的结果时，激活"7+6"或"7×5"的知识却会给我们带来不小的麻烦。不过对于数学家来说，联想记忆的优势很大程度上抵销了它在算术领域中的缺点，我们人脑正是在这样的环境下进化了数百万年。现在我们必须学会适应这种不合时宜的算术联想，无论我们为了抑制它做出多少努力，都无法阻止这种自动的联想记忆。

有很多联想记忆干扰带来恶性后果的证据。世界各地的学生为计算过程的科学研究贡献了数以十万计的反应时数据和数以万计的错误数据。正是有了它们，我们现在才能确切地知道哪些计算错误是最常见的[15]。面对"7×8"，你的答案可能是 63、48 或 54，而不是 56。但没有人回答 55，虽然这个数字与正确答案只差 1。实际上，所有的错误都来自乘法表，通常与原始问题同行或同列。为什么呢？因为仅仅呈现"7×8"，就足以使我们记起与它紧密关联的近邻的"7×9"、"6×8"或"6×9"，而不仅仅是 56 这个正确结果。所有这些结果在试图进入语音产出过程时发生竞争。常常是我们试图回忆"7×8"的结果，而"6×8"的结果蹦了出来。

---

① 贝壳蛋糕（madeleines）是法国的一种家庭风味小点心。以发明它的一名女仆玛德琳（Madeleines）的名字命名。法国著名作家普鲁斯特在一个午后尝到一小块贝壳蛋糕之后，回忆如泉水般涌出，写出了长达 7 卷的《追忆似水年华》。——译者注

算术记忆的自动化从人们很小的时候就开始了。早在 7 岁时，每当我们看到两个数字时，我们的大脑会自动地想到它们的和。为了证明这一点，加拿大亚伯达大学的心理学家乔安尼·勒菲弗（Joanne Lefevre）和同事们策划了一个巧妙的实验[16]。实验者告诉被试说，他们将看到一对数字，如 2 和 4，记忆 2 秒后，他们将看到第三个数字，并判断其是否与前两个数字之一相同。实验结果显示出一个无意识的加法过程。当目标数字与这对数字的总和（6）相等时，虽然被试一般会反应正确，认为它与任何一个初始数字都不相等，但反应会明显减慢，而在 5 或 7 出现时，则看不到这种现象。帕特里克·勒迈尔（Patrick Lemaire）及其合作者在最近的研究中也证实了 7 岁时的这种现象[17]。显然，即便没有加号，仅仅是数字 2 和 4 的闪现，就足以使我们的记忆自动提取它们的和。结果由于这个相加后的数字在我们的记忆中被激活，我们会犹豫自己是否看到过它。

下面是算术记忆自动化的另一个强有力的证明，你自己可以试一下。以最快的速度回答以下问题：

2+2?

4+4?

8+8?

16+16?

现在，快！在 12 和 5 之间选择一个数字。选好了吗？

你挑的数字是 7，是不是？

我是怎么读取你的意识的？仅仅出现数字 12 和 5，似乎就足以引发一种无意识的减法"12–5=7"。这种效应可能被最初的加法训练强化了，12 和 5 的递减排序，以及"12 和 5 之间"（between 12 and 5）这个短语的模糊性，可能促使你去计算两个数字之间的距离。所有这些因素共同加强了"12-5"的自动激活水平，使之能够被意识到，而你却坚信在选择一个数字时行使了你的"自由意志"！

另外，我们的记忆很难把加法和乘法口诀完全隔离开来。我们经常会自动用相乘的结果来回答一个相加的问题"2+3=6"；相反的情况"3×3=6"却很少出现。而且，发现"2×3=5"这一错误比发现"2×3=7"这一错误需要更长的时间，因为前者的结果在加法运算下是正确的。

美国得克萨斯大学的凯文·米勒研究了在学习新的算术知识时，这种干扰的影响有多大[18]。大部分学生在三年级时已经记住了许多加法口诀。在他们开始学习乘法时，加法的计算时间会暂时变长，因为像"2+3=6"这种错误开始出现在记忆中。可见，多种算术法则在长时记忆中混合似乎是大多数儿童的一个主要障碍。

言语记忆的援助

既然在记忆中保存算术表如此困难，我们的大脑最终是如何记住它们的呢？记忆算术表的一个典型策略就是言语记忆。我们可以像记住"一闪一闪小星星"一样逐字记住"三七二十一"。该解决方案并非全无道理，因为言语记忆容量大而且能持久保存。的确，我们满脑子不都是多年前听到过的口号和歌曲吗？教育工作者很早就意识到言语记忆的巨大潜力。在许多国家，背诵仍然是算术教学的主要方法。我还清晰地记得小学时我和我的"小数学家"同学们齐声背诵乘法表时的场景，就像是一场恼人的"合唱"。

日本似乎更进一步改善了这种方法。他们的乘法表由"ku-ku"这样的小节组成，这个词的字面意思是"九九"，直接取自乘法表的最后一节

"9×9=81"。在日本的乘法表中，乘号和等号被省略，只留下两个运算数和结果。因此，"2×3=6" 被当作 "ni san na-roku" 来学习，字面上就是 "2 3 0 6"。一些惯例随着历史被发扬光大。在 "ku-ku" 表中，数字的发音对应于它们的汉语形式，且发音随上下文变化。例如，8 一般读作 "hachi"，但可简称为 "hap"，甚至是 "pa"，如 "hap-pa roku-ju shi""8×8=64"。这个乘法法则系统是复杂的，并有一定的随意性，但它的奇异性能够减轻记忆负担。

事实上，逐字学会算术表似乎会产生一个有趣的结果：计算与在学校学习它时使用的语言绑定在一起[19]。我的意大利同事，在美国居住 20 多年后，成了一个熟练的双语者。他用流利的英语交谈和写作，使用严格的语法和丰富的词汇。然而，当他进行心算时，仍会用意大利语咕哝数字。这是否意味着到一定年龄后，大脑失去了它学习算术的可塑性？这是有可能的，但真正的原因可能更微不足道。学习算术表太费劲儿了，对于双语者来说，与其用一门新的语言从头开始学习算术，还不如用他们的母语来计算更实际。

非双语者也可以体验到同样的现象。当我们必须执行复杂的计算时，我们发现很难避免把数字读出声来。如果要求一个人同时进行计算和背诵字母表这两件事，我们很容易发现在算术中言语代码至关重要。试试吧，你会发现真的很难，因为说话使心算所依赖的大脑语言产出系统饱和了。

乘法表逐字编码的更好证据来自对计算错误的研究。看到 "5×6"，我们往往会错误地反应为 "36"，甚至是 "56"，仿佛问题中的 5 和 6 破坏了我们的反应。我们的脑回路会自动把问题当作一个两位数读取："5×6" 不可抑制地激活 "56"。最奇怪的是，这种错误的读数偏差以一种复杂的方式与结果的合理性产生交互作用。我们从未观察到 "6×2=62" 或 "3×7=37" 这样显而易见的错误。大部分时候，只有当错误答案中的两位数属于乘法表的合理结果时（例如，"3×6=36" 或 "2×8=28"），我们才会误读运算数。这一现象表明，这种读数错误不是发生在乘法结果的读取之后，而是发生在这一过程中，因为此时读数偏差仍然可以影响到算术记忆的提取，但是并没有取而代之。可见，两位数的读取和算术记忆是使用了同样的言语数字编码的高度连通的过程。对于成人的大脑，乘法过程只是意味着将"3×6"以"18"读出。

尽管言语记忆很重要，但它并不是心算过程中所用知识的唯一来源。在面对记忆算术表这样艰巨的任务时，我们的大脑会利用一切可用技巧。记忆失败时，它会求助于其他策略，比如数数、系列相加，或在某一参考值的基础上做减法。例如，"8×9=8×10−8=72"。最重要的是，它从不错过任何走捷径的机会[20]。请检验下面的计算是否正确："5×3=15""6×5=25""7×9=20"。排除第三组乘法时需要计算吗？基于以下两个理由，或许不需要。首先，20这个结果的错误非常明显。实验结果表明，反应时随错误程度的增加而减少。与真实结果差距较大时，排除这一结果所需的时间少于真正运算这个算式的时间，这表明在计算精确结果的同时，我们的大脑也对其结果进行了粗略的估计。其次，"7×9=20"违反了奇偶原则。因为这两个运算数都是奇数，结果只能是奇数。反应时分析表明，我们的大脑会对加法和乘法中的奇偶规则进行内隐的检验，一旦发现冲突，就能够快速做出反应[21]。

心理漏洞

现在，让我们简单探讨一下多位数计算问题。假设你要计算"24+59"，电脑只需要不超过几微秒的时间，但你却需要 2 秒钟以上，电脑至少比你快10 万倍。这个问题将调动你所有的注意力（后面我们将看到，负责对非自动化加工进行控制的大脑前额叶在复杂的计算中高度活跃）。你必须认真完成一系列步骤：分离两个两位数右边的数字 4 和 9，将它们相加"4+9=13"，写下 3，将 1 进位（carry over），分离左边的数字 2 和 5，将它们相加

"2+5=7"，并与进位相加"7+1=8"，最终写下 8。每一个步骤都非常相似，以至于我可以根据数字的大小估算每个操作的持续时间，并以零点几秒的精确度预测你将在何时提笔[22]。

在整个计算过程中，我们似乎从来不会考虑每一步操作的意义。为什么把 1 进位到最左边的一列？现在，你能认识到这个 1 代表 10 个单位，因此它必须位于十位这列。然而，这个想法在计算中始终没有进入你的意识。为了保证计算速度，大脑被迫忽略它所执行的计算的意义。

另一个例子展现了计算及其意义在机制上的分离。对儿童来说，下面是很典型的加减难题：

54	54	612	317
−23	−28	−39	−81
31	34	627	376
（对）	（错）	（错）	（错）

你看到问题了吗？这名儿童并不是在随机反应。每一个答案都遵循严格的逻辑。从右到左，一个数接一个数，严格使用典型的减法算法。但是在相同的数位上，如果上面的数字小于下面的数字，儿童便走进了死胡同。这种情况需要借位，但是出于某种原因，儿童倾向于倒置运算：用下面的数字减去上面的数字。结果，差比被减数还大，这点也丝毫没有干扰到他。在他看来，计算是一种纯粹的符号操纵，是一个几乎没有任何意义的超现实主义的游戏。

美国卡内基梅隆大学的约翰·布朗（John Brown）、理查德·伯顿（Richard Burton）和库尔特·范·莱恩（Kurt Van Lehn）收集了 1 000 多名儿童对几十个问题的反应数据，深入地研究了减法的心算过程[23]。他们发现并分类了几十种前述例子中那样的系统性错误。有些儿童只对 0 感到困难，而另一些则只在涉及数字 1 时出错。一个经典的错误常出现在数字 0 需要向左借位时。计算"307–9"时，有些儿童正确计算了"17–9=8"，但随后未能从 0 中扣减 1。相反，他们直接从百位中借 1，错误地简化了任务，得出"307–9=208"。类似的错误经常发生，布朗和同事们借助计算科学术语来描述它：儿童的减法算法充满了"系统漏洞"（bugs）。

这些系统漏洞的起源是什么？奇怪的是，从来没有哪本教科书对正确的减法做过全面概述。若是一个计算机科学家试图在他家孩子的数学手册中找出一份精确介绍，用来编写一个广泛适用的减法流程，他可能会徒劳一场。所有学校手册的内容都在提供了基本的说明和丰富的例子之后就止步了。学生被认为应该自己研究这些例子，分析老师的行为，并得出自己的结论。所以，他们得出错误的结论也不足为奇。教科书上的例子并不能涵盖所有可能的减法。各种模棱两可的情况都可能出现。当儿童面临一个不得不即兴发挥的新情况时，他们对减法的不同理解就会表现出来。

看一下库尔特·范·莱恩研究的这个例子：一名儿童在面对同一数位上两个相减的数字相同的情况时，总会错误地从左侧一列借 1（如"54–4=40""428–26=302"），而做其他减法运算时都没问题。这名儿童能正确地认识到，一旦上面的数字小于底下的数字，必须借位。然而，他错误地把这一规则推广到两个数字相等的情况中。他的教科书中很可能从来没有出现过这种特殊情况。

另一个具有启发性的例子是：许多数学教科书仅解释了两位数字（如"17–8""54–6""64–38"）的减法过程。于是，学生们最初只学会了向十位借位，而它总是位于最左边的这一列。因此，在第一次面对三位数减法时，很多儿童错误地决定从最左边的一列借位，正如他们过去所做的一样（例如，"621–2=529"）。在没有进一步指导的情况下，他们怎么能猜到应该从左邻借位，而不是从最左边的一列？只有更精细地理解了算法的设计和用途，他们才能解决这个问题。然而，出现如此荒谬的错误恰好表明，儿童的大脑在记录和执行大多数计算算法时，从不关心它们的含义是什么。

数学学习中儿童应该使用计算器吗

从人类计算能力的全貌中能够得出一幅怎样的连贯图像呢？显然，人脑的行为不像我们目前所知的任何一台计算机。它并不是以形式计算为目的而进化的。这就是我们如实地习得和执行复杂的数学算法如此困难的原因。数数很简单，因为它利用了我们口头背诵和一一对应的基本生物技能。但背诵乘法表、执行减法运算和处理借位是纯粹的形式操作，与灵长类动物的生活没有任何对应之处。进化没有对其做好充分准备。智人的大脑之于形式计算，就像史前鸟类始祖鸟的翅膀之于飞翔——一个远未达到最佳功能的笨拙器官。为了顺应心算的要求，我们的大脑不得不拼凑起所有可能的回路，即使这意味着要记忆一系列我们并不理解的操作。

我们不能寄希望于改变大脑的结构，但我们或许可以改变教学方法使其适应生理限制。既然算术口诀和计算方法在某种程度上是违反天性的，我认为我们应该认真思考一下把它们灌输给儿童的必要性。幸运的是，我们现在有了一个替代品——电子计算器，它便宜、随处可见，而且不会出错。计算机正在广泛而深刻地改变着我们的世界，我们不能盲目地把自己局限于昔日的教育方式。我们必须面对这样一个问题：我们的学生还应该和他们的祖辈一样花费数百个小时背诵乘法口诀，就为了最终记住结果吗？让他们尽早接受电子计算器和计算机的训练，岂非更明智？

减少机械记忆的算术在教学中所占的比例可能会被认为是异端邪说。然而，目前正在进行的算术教育方式也并不高明。直到现在，在许多国家，算盘和手指数数仍是算术的专门工具。即使在今天，仍有很多亚洲人会用算盘。有些人专门练习"珠心算"（mental abacus）：通过在脑海中把算盘的步骤可视化，他们可以对两个数字进行心算，甚至比我们将数字输入到计算器所花费的时间更短[24]！这些例子表明，有其他方法可以替代死记硬背学习算术的方法。

也许有人会反对，认为电子计算器会使儿童的数学直觉萎缩。这个观点得到了法国著名数学家、菲尔兹奖得主勒内·索恩（René Thorn）的强烈支持：

> 在小学，我们学会了加法和乘法表，这是一件好事！我相信，如果让六七岁的儿童开始使用计算器，他们最终获得的有关数字的详细知识，将不如我们通过心算学习所获得的知识。

然而，对学生时期的索恩来说正确的东西，并不一定适用于今天的普通儿童。任何人都可以自己来判断学校讲授"详细数字知识"方面的能力。当一名学生眼都不眨地得出"317-81"等于 376 时，也许教育界确实存在一些过时的东西。

我相信，计算器可以把儿童从烦琐和机械化的计算中解放出来，帮助他们关注计算的意义。通过向他们提供数以千计的算术的例子，可以使他们天生的近似直觉变得更加敏锐。通过研究计算器生成的结果，儿童会发现，减法产生的结果总是小于起始数字，乘以一个三位数总是会使最初的数字增加两位或三位，等等，此类事实不计其数。仅仅观察计算器的行为就是一个发展数感的好方法。

计算器就像是数轴的路线图。给 5 岁的儿童一个计算器，他将学会如何与数字交朋友，而不是蔑视它们。有那么多迷人的算术规律有待发现。即使是最初级的规律，在儿童看来也像魔法般神奇。乘以 10，数字的右边就会增加一个零。乘以 11 会使数字重复（"2×11=22""3×11=33"等）。乘以 3，然后乘以 37，会使数字重复 3 次（"9×3×37=999"）。你知道为什么吗？这些幼稚的例子可能无法满足数学能力更高的读者，下面是一些更复杂的例子：

- 11×11=121；111×111=12321；1111×1111=1234321；等等。你知道为什么吗？

- 12345679×9=111111111。为什么？需要注意的是，这里面没有 8！

- 11−3×3=2；1111−33×33=22；111111−333×333=222；等等。证明它！

- 1+2=3；4+5+6=7+8；9+10+11+12=13+14+15，依此类推。你能找到一个简单的证明吗？

你会觉得这些算术游戏沉闷而单调吗？不要忘了，在六七岁之前，儿童还不会厌恶数学。一切看起来很神秘并能激发想象力的东西对他们而言就像是一个游戏。只要有人愿意向他们展示数学何等神奇，他们就有可能发展出对数字的激情。电子计算器，以及儿童用的数学软件，就有可能激发儿童理解数学的美妙之处；而那些忙于讲授机械计算的老师，往往做不到。

这是否意味着计算器可以而且应该成为机械心算的替代品呢？如果我假装有明确的答案，那是很愚蠢的。拿出袖珍计算器来计算"2×3"显然是荒谬的，但没有人会如此极端。然而，应该承认的是，今天绝大多数的成年人，都会借助电子设备来进行多位数的计算。不管我们喜欢与否，除法和减法算法正在从我们的日常生活中快速消失，濒临灭绝。只有在学校，我们仍然在忍受它们沉默的压迫。

最起码，应该解除在学校使用计算器的禁忌。数学课程不是一成不变的，当然也不完美。它们唯一的目标应该是提高儿童在算术中的熟练度，而不是维持惯例。计算器和计算机是教育工作者开始探索的少数几个很有前景的工具，或许西方国家应该谦虚地学习一下中国或日本的教学方法。美国密歇根大学的心理学家哈罗德·史蒂文森（Harold Stevenson）、加州大学洛杉矶分校的心理学家吉姆·施蒂格勒（Jim Stigler）进行的研究表明，中国或日本的教学方法在许多方面优于大多数西方国家现在所使用的方法[25]。试想一个简单的例子：在西方，人们一般逐行学习乘法口诀，以"乘2"开始，到"乘9"结束，一共要记住 72 条。在中国，教师明确地教导儿童按照较小数字在前的方式重排乘法表。这个基本技巧可以避免在学过"6×9"后重复学习"9×6"，几乎削减了近一半的学习量。这一方法对中国学生的计算速度和错误率产生了显著的影响。让我们擦亮眼睛，正视所有潜在的改进方法，无论它们源自计算机科学还是心理学的研究。

数学盲的产生有深层根源

在西方教育体系中，儿童花费大量时间学习机械算术。然而，我们越来越怀疑，许多人到了成年也没有真正理解什么情况下适宜运用这些知识。由于缺乏对算术原则的深刻理解，他们有可能成为只会计算不会思考的"小型计算机"。约翰·艾伦·保罗斯（John Allen Paulos）给这样的人起了一个名字——数学盲（innumeracy），即算术领域的文盲（illiteracy）[26]。数学盲认为数学仅仅是一种表象，这种推论非常容易得出十分离谱的结论。下面是几个例子：

- $\frac{1}{5} + \frac{2}{5} = \frac{3}{10}$，因为 1+2=3 和 5+5=10。

- 0.2+4=0.6，因为 4+2=6。

- 0.25 大于 0.5，因为 25 大于 5。

- 一盆 35℃的水，加上又一盆 35℃的水，是一缸很烫的 70℃的水（我 6 岁的儿子说的）。

- 今天的温度是 80 多华氏度，昨晚温度为 40 华氏度，今天比昨晚暖和两倍。

- 星期六有 50% 的可能会下雨，周日也有 50% 的概率下雨，所以有 100% 的把握这个周末会下雨（保罗斯在本地新闻里听到的）。

- 1 米等于 100 厘米。由于 1 的平方根是 1，而 100 的平方根是 10，难道不应该得出这样的结论：1 米等于 10 厘米？

- 令 X 太太感到震惊的是，她新做的癌症检测呈阳性。她的医生证明测试高度可靠，98% 的癌症患者读数结果是阳性的。因此，X 太太有 98% 的可能性会得癌症。对吗？（错。现有的所有信息都无法得出定论。假设，10 000 人中只有 1 人患有这种类型的癌症，并且测试的假阳性率为 5%。10 000 人参加测试，大概有 500 人的检测结果呈阳性，但其中只有一人真的患有癌症。在这种情况下，不论 X 太太的结果如何，仍然只有 1/500 的可能是癌症。）

在美国，数学盲已升级为全国关注的一件大事。有报告警示我们，早在学龄前，美国的儿童就远远落后于中国和日本的同龄人。罪魁祸首就是教育系统的平庸组织以及不理想的教师培训。在法国，大约每隔 1 年，就会有类似的争议通报儿童的数学成绩又下降了。

法国数学教育家斯特拉·巴鲁克（Stella Baruk）巧妙地分析了教育系统在儿童数学学习困难上所承担的责任[27]。她最喜欢的例子是下面这个颇富喜剧性的问题："船上有 12 只绵羊和 13 只山羊，船长几岁？"不管你相信与否，在一项官方调查中，把这个问题正式地呈现给法国一、二年级的学生，相当多的学生会认真地回答："25 岁，因为 12+13=25。"这个关于数学盲的例子令人吃惊！

尽管我们有严肃的理由关注广泛存在的数学能力缺失，但是我个人坚信：不应该只责怪教育体制。数学盲的产生有更深层次的根源：它根本上反映了人脑为存储算术知识所付出的努力。很显然，数学盲的情况各有不同，从认为温度可以相加的孩子，到不能计算条件概率的医学院学生。然而，所有这些错误共有的特点是："受害者"不考虑他们所执行的计算之间的关系，直接跳到结论。很不幸，这与心算的自动化相对应。我们对机械计算如此熟练，以至于算术运算有时会在我们的头脑里自动启动。通过以下几个问题，检查一下您的反射：

- 一个农民有 8 头奶牛，除了 5 头都死了。还有多少头奶牛？
- 朱迪有 5 个布娃娃，比凯茜的少 2 个。凯茜有多少布娃娃？

对这两个问题，你是否有回答"3"的冲动？仅仅"少"或"除了"这两个词的出现，就足以触发我们大脑中的自动减法流程。我们必须与这种自动化抗争。我们需要有意识地分析每个问题的含义，形成对具体情况的内在模型。只有这样，我们才能意识到，第一个问题的答案是 5，而在第二个问题中要把 5 和 2 相加。为了抑制减法的自动加工，大脑前部一个被称为前额叶的区域被激活，这个区域负责非常规策略的执行和控制。因为前额叶皮层成熟得很慢，至少要到青春期，甚至更晚，因此儿童和青少年容易受到计算冲动的影响。他们的前额叶区域尚未学会避免落入算术陷阱所需的精细控制策略。

因此，我的假设是，难以控制分布在多个脑区中的算术流程的激活，会导致数学盲的产生。正如我们将在第 7 章和第 8 章中看到的，数字知识不只位于大脑的一个特定区域，而是广泛分布在神经网络中，由每个网络独立执行各自简单、自动的计算。我们与生俱来的"累加器回路"赋予我们对数量的直觉。随着语言的习得，一些其他回路开始发挥作用，比如专门操作数字符号的回路，以及口头数数的回路。对于乘法表的学习，还关联了另外一种专门用于机械言语记忆的回路，还有非常多类似的回路。数学盲的产生，正是因为多重回路以一种不协调的方式自动反应。要正确判断这类数学题，需要前额叶皮层的指挥，这种能力往往很晚才会出现。儿童受制于自身反射性的反应。无论学习数数还是减法，他们只专注于计算套路，而没有与数感建立适当的联系。于是，数学盲便产生了。

对儿童有益的数感教学

如果我的假设是正确的，那么数学盲会在很长一段时间内伴随着我们，因为它反映了我们大脑的一个基本属性——模块化，即数学知识分布于多个自动化的回路中。为了精通数学，我们就必须超越这些分区的模块，并在它们之间建立起一系列灵活的联系。数学盲在计算时是反射性的、随意的，没有任何深入理解。相反，娴熟的计算专家，可以利用数字符号"变戏法"，熟练地在数字、单词和数量间转换，并深思熟虑地为手头上的问题选择最合适的算法。

从这个角度看，教育有着至关重要的作用，不单单因为它可以教会儿童新的算法技巧，更因为它可以帮助儿童建立计算机制及其意义之间的联系。一位好老师应该是一位工匠师，能够使完全模块化的人脑转变为相互联结的网络。不幸的是，我们的学校往往不能达到这一要求。很多时候，我们的教育系统没有缓解心算引起的困难，反而加重了这类困难。数学直觉的火苗只是微弱地存在于儿童的心智中，在它可以照亮所有算术活动之前，需要得到强化和维持。但是，我们的学校往往满足于向儿童灌输毫无意义的、机械的计算方法。

这种状况令人遗憾，因为大部分儿童在进入幼儿园时就已经能够理解近似的概念，而且会数数了。但是，在大多数数学课程中，非正式的"技能"被视为障碍而不是有利条件。用手指数数被认为是幼稚的行为，良好的教育应该迅速消除它。有多少儿童在用手指数数时试图将手藏起来，就是因为老师说"不可以"？然而，记数系统的历史反复证明，用手指数数是学习基数10的一个重要先导。同样，如果儿童不能从机械记忆中提取出"6+7=13"，则被认为是一个错误，即使这名儿童能以自己的方式重新获得这一结果，例如，他想起"6+6"是12，7是6加上一个单位1，这也无济于事。指责儿童依靠间接策略时，人们完全没有意识到成人在提取记忆失败时也会采用类似的策略。

轻视儿童在早期所拥有的能力可能会对他们接下来的数学观造成灾难性的影响。这种轻视促成了一种观点：数学是一个脱离直觉、被随意性控制的枯燥领域[28]。学生们觉得应该照老师那样做，不管自己是否理解其意义。随便举一个例子。发展心理学家杰弗里·比桑兹（Jeffrey Bisanz）让6岁和9岁的学生们计算"5+3−3"。[29] 6岁的儿童往往不用计算就回答5，他们能正确地注意到"+3"和"−3"相互抵消。然而，9岁的儿童，虽然他们经验更丰富，却固执地进行了完整的计算（"5+3=8"，然后"8−3=5"）。其中一名儿童解释说："走捷径是作弊。"

以牺牲意义为代价而坚持机械式计算，这让人想起了一场激烈的辩论，这一辩论将数学研究分裂成形式主义学派和直觉主义学派，形式主义学派最早由大卫·希尔伯特（David Hilbert）创立，后来的追随者是化名为布尔巴基（Bourbaki）的、一个由法国主要数学家组成的团队。这一学派的目标是把数学稳固地建立在坚实的公理基础上。他们的目的是把数学证明归纳为一种对抽象符号的纯形式化操作。从这个枯燥的视角衍生出了臭名昭著的"现代数学"改革，它摧毁了一代法国学生的数学直觉。根据这一时期的一个行动者的说法，法国学生接受的是"去除任何直觉支持的，以人为情境为基础进行呈现的，并具有高度选择性的极端正规的教育"。例如，改革者认为，在讲授我们所使用的以 10 为基数的系统之前，应该先让儿童熟悉记数的一般性理论原则。因此，不论你相信与否，一些数学课本开始的内容是以 5 为基数解释"3+4=12"！不会有什么方法比它更能迷惑儿童的思维了。

这种不鼓励直觉的有关脑与数学的错误观念，最终导致失败。美国密苏里－哥伦比亚大学的戴维·吉尔里（David Geary）和同事们所进行的研究表明：大约有 6% 的学生有"数学障碍"。我不相信真正的神经系统障碍能够影响如此多的学生[30]。如我们将在第 7 章中看到的，虽然脑损伤可以选择性地损害心算能力，但这种影响相对罕见。这些患有"数学障碍"的儿童似乎通常是能力正常的学生，他们只是在数学学习方面陷入了错误的开端。不幸的是，他们最初的经历使他们相信，数学是一个纯粹的学术事件，没有实际的目标，也没有明确的意义。他们迅速判断自己将永远无法理解数学。对于任何结构正常的大脑，数学学习本来已经造成相当大的困难，现在又混合了情感成分，即对数学学习不断增长的焦虑和恐惧。

如果我们把数学知识建立在具体情况而不是抽象概念的基础上，我们可以战胜这些困难。我们需要帮助儿童认识到，数学运算有一个直观的意义，这种意义可以用他们天生就具有的对数量的知觉来表达。简单地说，我们必须帮助他们建立起一个丰富的算术"心理模型"库。我们来看第一个例子，这是一个小学减法运算的例子，"9-3=6"。作为成年人，我们知道这个运算适用于许多具体情况：集合方案（一个篮子中有 9 个苹果，从中拿走 3 个苹果，现在只有 6 个），距离方案（任何棋盘游戏中，为了从格子 3 移动到格子 9，需要移动 6 步)，温度方案(如果现在是 9℃，温度下降 3℃，那么将只有 6℃)，其他的还有很多。在成人眼里，所有这些心理模型都是等价的，但在儿童看来并不是这样，他们需要发现减法操作适用于所有这些模型。老师在介绍负数时，要求学生计算"3–9"，一个只掌握了集合方案的儿童断定这种操作根本不可能：从 3 个苹果中拿走 9 个？这太荒唐了！另一个完全依赖于距离方案的儿童得出的结论是 3–9=6，因为从 3 到 9 的距离确实是 6。如果老师仅仅只是公布"3–9"等于"–6"，这两名儿童很有可能无法理解。但是，温度方案可以为他们提供负数的直观图像。就连一年级的学生也可以掌握 –6℃ 这个概念。

再看第二个例子：将两个分数 1/2 和 1/3 相加。一名儿童如果在心理上对分数有一个直观的图像，把分数当成一块馅饼，这个答案就是：先有 1/2 块馅饼，然后又有 1/3 块馅饼，他很容易就能得出总和略小于 1 的结论。这名儿童甚至可以理解，这几部分必须被切成更小的完全相同的块(例如，直到它们的分母相同)才可以重新组合，从而计算精确的总数"1/2+1/3=5/6"。与此相反，若是一名儿童对分数没有直观的理解，认为分数只是被水平横线分开的两个数字，他很可能陷入对分子和分母分别做加法的典型陷阱之中："1/2+1/3=(1+1)/(2+3)=2/5！"这个错误甚至可以用一个具体的模型来使之合理化。假设在上半场比赛中，迈克尔·乔丹 2 投 1 中，平均得分率为 1/2，在下半场比赛中，他 3 投 1 中，平均得分率为 1/3。因此在整场比赛中，他 5 投 2 中。在这种情境下，1/2+1/3=2/5！我们在讲授分数时，要给儿童"馅饼有几部分"的方案，而不是"平均得分率"的方案。大脑不会满足于抽象的符号：具体的直觉和心理模型在数学学习中发挥了至关重要的作用。这可能就是为什么算盘如此适用于亚洲儿童，它为他们提供了一个非常具体直观的数字表征。

尽管如此，我们仍要以乐观的态度来结束这一章。基于数学形式主义观点的"现代数学"热潮已经在许多国家失去势头。在美国，国家数学教师理事会不再强调对事实和程序的死记硬背，而是专注于对数字直觉的熟悉程度。在法国，这个最直接遭到"布尔巴基主义"（Bourbakism）打击的国家，许多教师不再等待心理学家的指示，而是重回具体数学方法的使用。学校慢慢地重拾具体的教育材料，如玛丽亚·蒙台梭利（Maria Montessori）的双色棒、塞金（Seguin）表格、单位立方体、单位十组成的条棒、百格图、骰子和棋盘游戏。经过多次改革，法国教育部已经放弃了把每位小学生培养成"符号运算机"的想法。数感，作为一种常识，又回归正途了。

在这个可喜的变化发生的同时，美国教育心理学家以实证研究的方式展示了在数学课程中建立具体、实用、直观的心理模型的优点。北美3位发展心理学家沙伦·格里芬（Sharon Griffin）、罗比·凯斯（Robbie Case）和罗伯特·西格勒，合力研究了不同教育策略对儿童算术理解的影响[31]。和我一样，他们的理论分析强调心理数轴上数量直觉表征的核心作用。在此基础上，格里芬和凯斯设计了"良好开端"（RightStart）项目，这是一项针对幼儿园儿童的算术课程，由结合了各种具体教学材料（温度计、棋盘游戏、数轴、一排排物品，等等）的有趣数字游戏组成。他们的目标是教会市中心低收入家庭儿童初步的算术知识，"该项目的核心目标是使儿童能够将数的世界与量的世界联系在一起，从而了解到数字具有含义，可用于预测、解释并理解现实世界"。

大多数儿童会自发地理解数和量之间的对应关系。然而，低收入家庭的儿童在进入幼儿园之前可能没有掌握这些对应关系。他们缺乏学习算术的先决概念，在数学课程中将会有遇到挫折的风险。"良好开端"项目希望通过简单的互动算术游戏把他们带回到正确的轨道上来。例如，在项目的一个环节中，邀请儿童去参加一个简单的棋盘游戏，这个游戏将教他们数移动的步数，用减法算出距离目标有多远，通过比较数字大小来找出谁最有可能赢得比赛。

结果非常明显。格里芬、凯斯和西格勒在加拿大和美国市中心的几所学校尝试了"良好开端"项目，大部分学生是来自低收入移民家庭的儿童。落后于同龄人的儿童参加了项目的40节课，每节课20分钟，到了第二个学期，这些儿童在各自的班级中就已经名列前茅了。他们甚至超越了最初算术掌握得更好，但是只接受过传统课程的同学。在接下来的学年中，他们的进步得到了巩固。这个非同寻常的成功故事，可以给那些觉得自己的学生或孩子排斥数学的教师和家长带来一些安慰。事实上，如果在学习抽象符号前先看到了数学好玩的一面，大多数儿童都会非常愿意学习数学。想要在数学方面超越其他人，对儿童来说，也许玩蛇梯棋就足够了。

专家就是停止了思考的人——他知道这一点！

——弗兰克·劳埃德·赖特（Frank Lloyd Wright）

06 天才和奇才

数学史上最传奇的一件事，发生在 1913 年 1 月的一个早上，哈代（Hardy）教授收到了一封来自印度的奇怪的信[1]。哈代在 36 岁时就成为著名的数学家，堪称英国最聪明的数学家。作为剑桥三一学院的教授，他当时刚被选为英国皇家学会会员。在英国皇家学会，哈代经常与像怀特海和罗素这样非凡的思想家进行平等的交流。因此，我们可以想象当他看到这封来自印度的信时有多生气。一个名为斯里尼瓦瑟·拉马努扬的陌生印度人，用语法拙劣的文句要求哈代对他的几个定理提出一些见解。

虽然哈代对业余数学家心存偏见，但随着他将越来越多的注意力投向拉马努扬笔下那些神秘的数学公式，并去破译它们时（见图 6-1），他很快就着了迷。这些定理中有些历史悠久，但拉马努扬究竟是如何做到像呈现自己的定理一样将它们呈现出来的呢？有一些定理是通过间接的途径从一些深奥的数学结果中推导而来的，哈代对这些数学结果非常熟悉，因为他个人对此做出过贡献。但是最后几个公式他并没有听说过，它们由一长串的平方根、指数函数以及连续分数组成，如同混合而成的独特的"鸡尾酒"，其来源却难以理解。

$$\frac{2}{\pi} = 1 - \left(\frac{1}{2}\right)^3 + 9\left(\frac{1}{2} \times \frac{3}{4}\right)^3 - 13\left(\frac{1}{2} \times \frac{3}{4} \times \frac{5}{6}\right)^3 + 17\left(\frac{1}{2} \times \frac{3}{4} \times \frac{5}{6} \times \frac{7}{8}\right)^3 \cdots$$

$$\cfrac{1}{1 + \cfrac{e^{-2\pi\sqrt{5}}}{1 + \cfrac{e^{-4\pi\sqrt{5}}}{1 + \cfrac{e^{-6\pi\sqrt{5}}}{1 + \cdots}}}} = \left(\frac{\sqrt{5}}{1 + \sqrt[5]{5^{3/4}\left(\frac{\sqrt{5}-1}{2}\right)^{5/2} - 1}} - \frac{\sqrt{5}+1}{2}\right) e^{2\pi\sqrt{5}}$$

$$\pi \cong \frac{-2}{\sqrt{210}} \log\left(\frac{(\sqrt{2}-1)^2(2-\sqrt{3})(\sqrt{7}-\sqrt{6})^2(8-3\sqrt{7})(\sqrt{10}-3)^2(\sqrt{15}-\sqrt{14})(4-\sqrt{15})^2(6-\sqrt{35})}{4}\right)$$

拉马努扬神秘公式的一小部分，对数字 π 的表达精确到了 20 位小数。

图 6-1　拉马努扬的神秘公式

哈代从来都没有遇到过这种情况。这不可能是一个恶作剧。他确信自己面对的是一个一流的天才。正如他后来在自传中阐述的那样："公式必定是真的，因为如果它们不是真的，没有人会有足够的想象力去创造它们。"[2] 在接到信的第二天，哈代决定帮助拉马努扬，让他来剑桥。以此为起点，两人的合作成果颇丰，几年后，拉马努扬被选入英国皇家学会，这标志着他们的合作进入巅峰期。1920 年 4 月 26 日，33 岁的拉马努扬不幸去世，一场伟大的合作就此结束。

我们完全可以带一点点讽刺意味地说：拉马努扬的天赋超过了牛顿，因为他看得比很多数学家都远，但是并没有"站在任何人的肩膀上"。拉马努扬出生在印度一个贫穷的婆罗门家庭，只在当地的学校读过 9 年书，从来没有获得过大学学位。然而早在童年时期，他的数学天赋就显现出来了。他完全依靠自己重现了把三角函数与指数函数相联系的欧拉公式，并且在 12 岁时就已经掌握了罗尼（Loney）的《平面三角学》（*Plane Trigonometry*）。

16 岁时，拉马努扬遇到了决定他数学爱好的第二本书，即卡尔（Carr）的《纯粹数学和应用数学基本结果概要》（*A Synopsis of Elementary Results in Pure and Applied Mathematics*）——这本汇编概略说明了 6 165 个定理。通过对这个简单册子的学习，以及独立地再现过去几百年间的数学发展，拉马努扬获得了一种"前无古人，后无来者"的非凡能力：对正确公式的神秘理解力以及对数值关系的精确直觉。他在设想新的算术关系方面具有无与伦比的能力，这是前人做梦都想不到的，而他仅在直觉的基础上就可以获得。令数学家们感到绝望的是，直到现在，他们还在竭力为拉马努扬笔记本上那几百个公式提供严格的证明或反驳证据。

拉马努扬声称，他发现的定理是由纳玛姬莉（Namagiri）女神[①]"在夜间写在他舌头上"的。起床后，他通常会疯狂地写下那些让同事迷惑不解的、意想不到的结果。我对拉马努扬的说法相当怀疑。这个问题应该交由神经心理学家来判断。心理学或神经学能否尝试着去解释，这个独特的大脑为什么具有如此非凡的创造力？

[①] 拉马努扬的家族女神。被视为印度教女神拉克希米（Lakshmi）的化身。——编者注

在拉马努扬去世大约 50 年后，英国见证了另一位天才的诞生，他的天赋在很多方面堪比拉马努扬，但其生长环境却与拉马努扬截然不同。迈克尔（Michael）是一个智力发育迟滞的孤独症患者，英国心理学家贝亚特·赫梅林（Beate Hermelin）和尼尔·奥康纳（Neil O' Connor）对他进行了多年研究[3]。作为一个孩子，他遭受着巨头症以及早期脑损伤导致的痉挛的折磨。他是一个不安且具有破坏性的孩子，他觉察不到危险，似乎生活在一个封闭的、以自我为中心的世界里。他从不以摆手示意再见，也不会用手指指向物品——通常幼儿会自发地学会这些手势。他对成人的陪伴也没有任何兴趣。

在迈克尔 20 岁时，他仍然不会说话。他从不学习手语，也没有证据显示他可以理解词语。任何需要用到词语的测试都无法测出他的言语智商。甚至在非言语的测试中，他的智商也只有 67。在所有有关物品的日常知识测试中，他基本上都失败了。

为什么要把这个存在严重障碍的孤独症患者与印度数学天才做比较呢？两人之间有令人意想不到的相似性：尽管迈克尔心理发育迟滞，但他也精通算术。6 岁左右，他学着抄写字母和 10 个阿拉伯数字。从那时起，加减乘除以及因数分解就成了他最喜欢的消遣。货币、钟表、日历、地图也都让他着迷。在用逻辑测试进行评估时，他的智商达到了 128，远高于常模平均数。尽管迈克尔不能命名一辆汽车或一只兔子，但他能快速地意识到 627 可以分解为 "3×11×19"！仅需 1 秒多的时间他就能确定一个三位数是素数（即这个数不能通过两个较小的数相乘得到）。一个拥有数学学位的心理学家在试图完成这个任务时，至少会花费 10 倍的时间。

一个不会说话、心理发育迟滞的人，为何同时也是一名速算者呢？一个成长在贫穷印度家庭的人，是如何在缺失大部分说明的两本书的帮助下，成为高水平数学家的呢？心理学家目前已经知道，世界上有数百个像迈克尔这样的"智障学者"。他们中的有些人能说出过去或将来任意一天是星期几，另一些人能快速心算出两个六位数的和，所用时间比我们在电话机上按出这些数字的时间还要短得多。然而，这些人往往缺乏人际智能，甚至可能缺乏语言能力。这些奇才的存在是否威胁到我在上一章中所提到的理论呢？他们是如何规避我们都会遇到的计算困难的？赋予他们良好数学直觉的"第六感"的本质是什么呢？我们是否应该认同他们有着特殊的大脑组织形式，拥有对算术的天赋呢？

数字"寓言集"

记忆对数学的作用很容易理解。我们每个人都无意识地储存了大量的数字。例如，1 492、800、911 或 2 000 等数字在唤醒记忆方面具有强大的力量。更大存储量的数字记忆无疑是计算天才的主要优势之一。他们对数字如此熟悉，以至于对于他们而言几乎没有数字是随机的。一串在我们看来很普通的数字，对他们来说却具有独特的含义。正如速算者比德（Bidder）所说[4]：

> 763 由"7–6–3"三个图形构成；但 763 对我来说仅仅是一个数量、一个数字、一个概念，就像"海马"这个词代表一种动物一样。

每位计算天才的心里都有一个"动物园"，充斥着各种由熟悉的数字组成的"寓言集"。熟悉数字、了解它们的内在，这些都是算术专家的特征。"数字对我来说如同朋友，"维姆·克莱因（Wim Klein）说，"对你来说并非如此吧。比如 3 844，在你看来只是一个 3、一个 8、一个 4 和又一个 4，但是我看到的却是 62 的平方！"

大量的传记轶事证实，伟大的数学家非常熟练地运用着他们的职业工具：数字或几何图形。下面是哈代和拉马努扬之间的对话，当时拉马努扬患上了严重的肺结核，居住在疗养院中[5]。"我来这里时乘坐的出租车上标有数字 1 729，"哈代说，"这似乎是一个相当无聊的数字。""哦，不，哈代，"拉马努扬反驳道，"这是一个有魅力的数字。它是能够以两种形式表示为两个数字的立方和的最小数字：$1729=1^3+12^3=10^3+9^3$！"

高斯是另一位优秀的数学家，也是一个计算奇才，他在很小的时候就表现出了数学天赋。他的老师让全班学生从 1 加到 100，也许是希望学生们能够安静半个小时，但小高斯很快就得出了计算结果。小高斯迅速觉察到问题中的对称性。他在心中对数轴进行折叠，将数字分组：100 和 1，99 和 2，98 和 3，以此类推。如此一来，原来的加法运算就成了将 50 组数字相加，每组数字的和都是 101，因此总和是 5 050。

法国数学家弗朗索瓦·勒利奥内（Francois Le Lionnais）强调"心算和计算的天赋……在某一特定的方面具有共同的敏感性，我称之为每个数字的特性"。1983 年，勒利奥内出版了《非凡数字》（*Remarkable Numbers*）。在这本书里，他列举了几百个具有特定数学属性的数字[6]。他在 5 岁的时候开始对数字着迷。在学习了印在笔记本后面的乘法表之后，他惊奇地发现 9 的倍数的最后一位数字是 9、8、7、6 等，如 9、18、27、36 等。你能说出这是为什么吗？作为一个男孩、一名学生，直至最后成为一名专业数学家，他用他的一生来寻找真正的"奇"数和其他深奥数学问题的答案。第二次世界大战期间，在被关进纳粹集中营的时候，他的资料丢失了，但他从头开始，根据记忆整理资料，年复一年，为这份资料增加了更多宝贵的知识。

勒利奥内的非凡数字列表，揭示了一个顶级数学家必须了解的算术中的大量知识。他的"寓言集"对普通人来说永远是隐晦的。例如，244 823 040

是少数几个他用 3 颗星标记的数字，他用标准的数学语言将其描述为："第 M_{24} 组的顺序，第九零星组，这是斯坦纳（Steiner）用指数（5、8、24）自同构的一个例子。"这个定义是我们中多数人完全无法理解的。下面是一些在福多尔（Fodor）数轴指南中最容易理解的例子：

- $$\varphi = 1.618033988\ldots = \frac{1+\sqrt{5}}{2} = \sqrt{1+\sqrt{1+\sqrt{1+\sqrt{1+}}}}\ldots = 1+\cfrac{1}{1+\cfrac{1}{1+\cfrac{1}{1+\ldots}}}$$

- 著名的"黄金分割"，据说是设计许多艺术作品的基础，如帕特农神庙。把它输入你的计算器里，然后按"1/x"或"x^2"键，结果会让你震惊。

- 4：为了使任何两个邻国的颜色均不相同，任何平面地图都需要的最少颜色数。与加里·卡斯帕罗夫（Garry Kasparov）在国际象棋中给了 IBM 的超级计算机"深蓝"一样，"四色定理"在数学界的名气在于它标志着人类推理的极限。在证明它的过程中，需要逐个检验的特例太多，因此只有计算机才能完成。

- 81：能够分解为 3 个数字的平方和的最小平方数（$9^2 = 1^2 + 4^2 + 8^2$）。

- $e^{\pi\sqrt{163}}$：一个非常接近整数的实数，它的前 12 位小数都是 9（拉马努扬的另一个贡献）。

- 由 317 个数字 1 组成的数字是一个质数。

- 1 234 567 891 也是一个质数。

- 甚至是 39，这样一个没有明显数学属性的最小整数，勒利奥内对它的评价看起来也是一种悖论：因为这一点本身不就使数字 39 非常特殊了吗？

数学家内心的数学景观

当我们浏览勒利奥内那超越现实的文献时，我们不由得会想到，肯定有些数学家对数轴比对自家的后院更加熟悉。的确，"全景数学"（panorama of mathematics）这个隐喻似乎完美地捕捉到了数学家们生动的内省。他们中的大多数人觉得数学客体有它自己的存在，像其他客体一样真实和有形。计算奇才费罗尔（Ferrol）说：

> 尤其当我一个人时，我经常感觉我生活在另一个世界里：数字思想自由驰骋。突然间，各种问题的答案出现在我的眼前。

在法国数学家阿兰·孔涅的著作中也发现了这种观念[7]：

> 在探索"数学地理"的过程中，数学家逐渐开始理解这个极为丰富的世界的轮廓和结构。他能够逐渐发展出对简洁性这一概念的敏感性，从而进入一个全新的、完全出乎预料的数学景观领域。

孔涅认为数学家生来就具有洞察力、鉴别力和一种特殊的直觉，就像音乐家的耳朵对音准体察入微，或者葡萄酒品酒师富有经验的口感一样。这种直觉可以使他们直接感知数学客体："数学实体知觉的进化使一种新的感觉得到发展，它使我们能够接触到一个完全不同的非视觉、非听觉的现实。"

在《错把妻子当帽子》（*The Man Who Mistook His Wife for a Hat*）一书中，奥利弗·萨克斯（Oliver Sacks）描述了一对患有孤独症的双胞胎。有一次，萨克斯发现那对双胞胎正在讨论非常大的质数。他将此解释为对数学世界的某种"敏感性"[8]：

他们不是计算器，他们的数量是"图像"（iconic）的。他们有对数字的奇特感觉，并生活在其中；他们自由徜徉在数字的壮丽景观之中。他们像编剧一样创造了一个由数字组成的世界。我相信，他们有最奇异的想象力，但他们只能想象数字。他们似乎不能像计算器一样"操作"非形象的数字，而是会直接看到它们，就像看到壮丽的自然风光。

对著名的数学突变理论创始人勒内·托姆（René Thom）来说，直观的数学空间知觉是如此重要，以至于任何一个达到了自己直觉极限的数学家都会感觉到一种说不出的焦虑：

> 我不喜欢无限维度的空间。我知道它们是良好的数学客体，其许多性质完全已知，但我不喜欢身处在一个具有无限维度的空间里。（是不是很烦人？）当然，它是一个空间，但是准确来说，它违背了直觉。[9]

正如另一位超常的数学奇才帕斯卡在他的《思想录》（*Pensées*）中所陈述的："这些无限空间中的永恒寂静使我害怕。"

数学能力和空间能力之间的紧密关系往往能被实证研究所证明。一个人的数学能力和他的空间知觉测试分数之间存在着很强的相关性，仿佛它们是一回事。贝亚特·赫梅林和尼尔·奥康纳[10]招募了一批 12 到 14 岁的儿童，他们被老师认定为在数学方面具有特别的天赋。实验者向儿童呈现了挑战他们空间关系知觉的问题。下面节选其中两个问题：

- 我们能在一个立方体的表面画出多少条对角线？

- 有一个表面绘有颜色、边长 9 厘米的木质立方体，把它切成边长为 3 厘米的立方体，只有两个面绘有颜色的立方体有多少？

有数学天赋的儿童在这个测验中表现突出，而班上其他数学成绩较差的同学在这个测验中普遍得分很低，尽管他们的总体智商相当——甚至包括在艺术上有明显天赋的学生。不过，对于空间能力与数学成绩之间的密切关系，我们也没必要太惊讶。从欧几里得和毕达哥拉斯时期开始，几何和算术就有着很紧密的联系。建立空间数字表征是人脑的基本运作方式。正如我们后面将会看到的，负责数感和空间表征的大脑皮层是相邻的。

许多数学天才声称他们对数学关系拥有直接的知觉。据他们说，在他们最具创造力的时刻，他们没有主动推理，没有使用语言思考，也没有进行长串的形式计算，有人形容这种时刻是受到了"启发"（illuminations）。有时甚至在睡觉的时候，数学真理就会降临到他们身上，就像前面所提到的拉马努扬的情况一样。亨利·庞加莱（Henri Poincaré）经常宣称他的直觉使他相信数学结果的真实性，尽管其后他还会花几个小时去证明它。爱因斯坦较明确地阐述了语言和直觉在数学中的作用。他在一封信中写道[11]："词汇和语言，不管是书面的还是口头的，似乎在我的思维过程中并没有发挥任何作用。作为我的思维基石的心理实体，通常是某些特定的，或清晰或模糊的符号或图像，我能随意复制和重组它们。"雅克·阿达马（Jacques Hadamard）将其收录在他的著作《数学领域中的发明心理学》（*Essay on the Psychology of Invention in the Mathematical Field*）中。

这个结论一定不会受到迈克尔的质疑，他是一个缺乏语言能力的患有孤独症的速算天才。伟大的数学家对于数字和其他数学客体的直觉，似乎并不十分依赖巧妙的符号操作，而是更依赖一种对重要关系的直接感知。在这方面，计算奇才和杰出数学家与普通人的区别，也许只在于不到 1 秒的时间内能够调动的全部数学事实有多少。在第 3 章中，我们看到人类都被赋予了一种对数量的直观表征，每当我们看到数字时它就会被自动激活，并且能不假思索地判断出 82 比 100 小。这种"数感"体现为一条从左到右的心理数轴，有 5%～10% 的人能有意识地知觉到它在空间中延伸时的不同颜色和扭曲形状。也许杰出的人类计算者在这个连续体上更进了一步。他们似乎也能把数字感知为在空间中延伸的域，但是分辨率要高得多，细节也更丰富。在计算奇才看来，每个数字能够激活的不仅是数轴上的一个点，而且是在各个方向上都存在联结的数学网络。面对 82 这个数字，拉马努扬的大脑立即就唤起"2×41""100–18""9^2+1^2"，以及各种各样其他的联结，就像他一眼能够看出"82 比 100 小"一样轻松。

但是，我们仍然需要解释，这种惊人的数字记忆直觉来自哪里。这是一种由特殊的皮层组织形式所赋予的、与生俱来的天赋，还是仅仅源于多年的算术训练？

探索天才的生物学基础

一直以来，科学家对计算奇才都很有兴趣。对他们的天赋进行解释的各种理论不断出现在大众媒体上，许多理论稀奇古怪。其中非常热门的说法有上帝馈赠、先天知识、传心术、轮回等。甚至发明了第一个智力测验的法国著名心理学家阿尔弗雷德·比内（Alfred Binet），也热衷于探求这一现象的合理答案。1894 年，在他的一本极具影响力，至今仍然被广泛引用的著作《优秀的计算者和国际象棋手的心理》(*The Psychology of Great Calculators and Chess Players*)中，他讨论了那个时代最著名的计算天才雅克·伊诺迪（Jacques Inaudi）的经历[12]。比内"以人们可以想象的最保守的态度"引用了下面这则轶事：

据称，伊诺迪的母亲在怀孕期间经历了心理上的困难时期。她目睹自己的丈夫挥霍家中微薄的财产，并眼看着剩下的钱即将不足以支付快要到期的账单。由于担心财产被查封，她在心里估算自己需要省下多少钱才能避免信誉受损。她变成了一个计算狂，把整日整日的时光都用在了数字上。

比内作为一个认真负责的科学家，尽职地问自己："这个报道是真的吗？如果是真的，母亲的心理状态真的影响了她的儿子吗？"比内如此严肃地提出这个问题，清楚地表明了法国生物学家拉马克（Lamarck）的获得性遗传理论[①]在 1894 年仍然十分活跃，尽管达尔文的《物种起源》在 1859 年就已经出版。

事实上，在 19 世纪早期，就已经出现了关于智力天赋的科学理论，该理论引发了持续的热议，它就是心理器官的颅相学[②]理论。早在 1825 年，法国解剖学家弗朗兹－约瑟夫·加尔（Franz-Joseph Gall）就发表了他的"器官学"（organology）理论，后来由约翰·卡斯帕·施普茨海姆（Johann Caspar Spurzheim）命名为"颅相学"。加尔的假设明确肯定了思维与大脑的唯物主义观点，尽管这一观点经常遭到其他学者的嘲笑，但这一假设对许多著名的神经生物学家却产生了深远的影响，其中就包括保罗·布罗卡（Paul Broca）和约翰·休林斯（John Hughlings）。加尔的器官学假设人类大脑可以划分为大量特化的区域，它们组成独立的、先天的"心理器官"。每个器官负责一种既定的心理能力，如繁殖本能、对后代的爱、对事物的记忆、语言本能、对人的记忆，等等。该理论总括阐述了 27 种能力，在后续的其他版本中，这 27

---

① 获得性遗传理论，由拉马克首次提出。它指生物在个体生活过程中，受外界环境条件的影响，产生带有适应意义和一定方向的性状变化，并能遗传给后代的现象。——编者注

② 颅相学：依据头盖骨的内部结构来推断心理功能和特性。由加尔和施普茨海姆共同创立。——编者注

种能力被扩展为 35 种，它们都被分配到特定的脑区，这一过程通常建立在纯粹的想象基础之上。在这一系列心理能力中，"数字关系感"处于前部脑区的众多心理器官之中（见图 6–2）。

鉴于心理能力是天生的，如何解释它们的个体差异呢？加尔假设脑器官的相对大小决定了每个人的心理倾向。他推论，在优秀数学家的大脑中，负责数字关系的心理器官的组织大小远高于平均值。然而，皮层无法直接被测量。于是加尔提出了一个简化的假设：颅骨在成长过程中由皮层直接作用而成形，凸起和凹陷直接反映其下心理器官的大小。因此，研究人员可以使用"颅骨测量法"（craniometry）测量童年期头骨的形状，并由此辨别数学天才。在当代法国，关于某人极具数学天赋的一种流行说法是，他有一个"数学凸起"。这一表达直接继承了颅相学的观点。

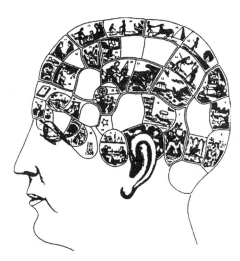

颅相学家所提出的各种心理器官的高度形象化图像。经常被称为"数学凸起"的"数字关系感"被放置在眼睛的后方。

图 6–2　各种心理器官的形象化图像

在加尔理论的影响下，19 世纪的学者花费相当大的精力对不同种族、职业和智力水平的人的头骨大小和形状做了比较。斯蒂芬·杰伊·古尔德（Stephen Jay Gould）在《对人的错误测量》（*The Mismeasurement of Man*）一书中对这段科学史有过生动的描述[13]。许多著名科学家陷于这种狂热中，并决定在去世后将他们的头颅捐献出去，以便进行科学研究。他们的大脑体积将会在一场可怕的尸检竞争中与他们的同事的，或者与普通人的做比较。法国巴黎人类学会在著名的动物学家和古生物学家乔治·居维叶（Georges Cuvier）身上花费了大量的时间。他的头骨，甚至他的帽子尺寸，都进一步激发了颅骨测量的狂热支持者布罗卡和反对者格拉蒂奥莱（Gratiolet）之间的激烈争论。高斯的大脑似乎支持了布罗卡的观点，它在重量上处于平均水平，却被认为比普通德国工人的大脑有更多的沟回（见图 6–3）。布罗卡也强调，比内曾经说过："年轻的伊诺迪的大脑体积庞大且无规则。"而沙尔科（Charcot）发现了伊诺迪的大脑"右额稍微突出，后部左侧顶叶突出"，以及有"由高起的右顶骨形成的一条细长纵嵴"。所谓黑人、女性和大猩猩的大脑体积较小的说法，被认为是脑的大小和智力紧密相关的另一种证明。所有这些分析都充满了明显的错误，古尔德及其他一些学者曾多次对此进行谴责。

一个半世纪以后，颅相学和颅骨测量还留下了什么？尽管来自各个政治层面的一些种族主义者不时地试图恢复它们，但脑的大小和智力之间具有直接联系的假设被一次又一次地驳倒了。加尔自己的脑重量只有 1 282 克，比居维叶的少了 520 克。然而加尔的器官学对后世的影响依然存在。事实上，脑区功能的专门化不再是一个有争议的假设。每平方毫米的皮层内包含着专门处理某种特定信息的神经元，这已是一个既定的事实。在之后的章节中我们将会看到，脑损伤研究以及目前正在使用的脑功能成像的新方法，使神经科学家得以描绘出与心算相关的大脑皮层网络的粗略图。

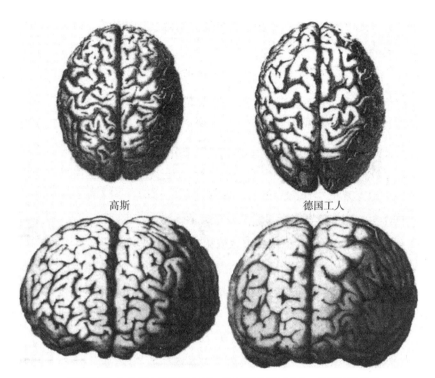

高斯   德国工人

一张来源于 19 世纪末的绘图显示，比起普通德国工人，数学家高斯的
大脑有更多的沟回。这种差异不大可能是真实的，很可能来自建模者的
想象和选择性的偏见，而非真正的大脑解剖结构。

图 6-3　高斯的大脑与普通人的大脑

这些研究成果无疑超越了加尔和施普茨海姆的异想天开，但它们的理论
定位并不是"心理能力"。与颅相学理论相反，现代脑成像从来没有把诸如
语言或计算等复杂的能力精确定位到单一的、具有唯一功能的脑区。在当代
的大脑地图中，只有非常基本的功能，包括面部细节的识别、颜色的恒常性
或者运动姿势控制才可以被分配到一个狭窄的脑区。像读一个词这种最简单
的心理行为，也需要分布在不同大脑区域的众多神经元之间的紧密协调与合
作。恕我直言，对于现在仍在执着追求负责意识或利他行为的脑区的研究者

来说，分离出语言区是不可能的。同样地，分离出控制抽象思维的专门区域
也是不可能的。

　　加尔还有另一个理论，尽管不是那么成熟，影响却更持久。这个理论假
设智力才能源于一种先天的馈赠，即天赋的生理倾向性。1894 年，比内认
为一种"先天的才能"解释了计算天才的成就。他确定地说："他们才能的
产生是一种自发生成的过程。"[14] 但是，随后对非常有才华但是发育迟滞的儿
童进行的研究改变了比内的想法。10 年之后，比内否认了智力先天论，特
殊教育作为一种补偿发育迟滞的手段得到了他的热心支持。然而，对于一些
科学家而言，"先天才能"的概念很难被抹杀。甚至在今天，研究"智障学者"
最著名的专家之一尼尔·奥康纳仍然延续了这个观点，他甚至声称"孤独症
奇才所表现出来的能力就像与生俱来被设置好的程序，它们不依赖于任何学
习而独立运行"。

　　智力能力由生物因素决定这一信念深深地扎根于西方思想中，尤其是美
国。举个例子，心理学家哈罗德·史蒂文森和吉姆·施蒂格勒做了一项研究：
美国和日本的父母如何评估后天努力和先天能力对儿童在学校取得的成绩所
造成的影响[15]。在日本，努力的程度和教学质量被认为是影响成绩最关键的
因素。然而在美国，大多数父母，甚至儿童自己，都认为在数学上的成功和
失败大体上归因于天赋和缺陷。甚至在西方的词汇中，先天论的偏见也很明
显。例如，我们把"才能"（talent）称为"天赋"（gift）（谁给的？）或"天性"
（disposition）（由谁建立的？）。事实上，"有才能的"（talented）这个词往往
被认为是与"努力工作的"（hardworking）相对的。

　　直到最近，即使是智力先天论的支持者，也在嘲笑加尔过于简单的假
设：才能的高低与特定大脑沟回的多少直接成正比。然而，在最近几年里，
器官学这一理念在神经科学的前沿研究中出现了东山再起的趋势。发表在权

威国际科学杂志中的两篇文章，报告了高水平的音乐能力与特定脑区的异常扩大之间的关联。相比那些不是天才的对照组，有绝对音高的音乐家，无论是否演奏乐器，在他们大脑的左半球听觉皮层中，被称为颞平面（planum temporale）的区域都明显较大[16]。而那些弦乐演奏者，负责左手手指触觉表征的感觉皮层区域表现出一种异常的扩大[17]。音乐才能已经能够被定位了吗？

实际上，这类数据未必能支持加尔的理论。大脑的可塑性研究已经揭示了经验能够在很大程度上改变脑区的内在组织形式。人的大脑结构发展持续到青春期之后，是一个渐成（epigenesis）过程，在这个过程中，皮层表征发生了模式化，对有机体有用的功能被选择性地保留下来。因此，自幼每天练习几个小时的小提琴，可能会实质性地改变一个年轻音乐家的神经元网络，以及它们的延伸情况，甚至宏观形态。该理论能较好地解释弦乐演奏者躯体感觉皮层的扩大，开始弹奏乐器时的年龄越小，感觉皮层受到的影响就越大。与此类似的大脑皮层结构的根本性改变，已经在猴子的感觉皮层中被多次观察到[18]。当代神经科学完全推翻了加尔的假设。颅相学家认为皮层表面对应特定的功能，作为一种先天参数，最终决定了我们的能力水平。而现在的神经科学家则认为，一个人在某一领域付出的时间和努力，决定了该领域表征在皮层中所占据的范围。

许多年前，研究人员对爱因斯坦的大脑所进行的研究引起了媒体的注意。科学家对这个保存在甲醛罐子里的神秘器官进行了多次解剖测量，但结果令人失望，这个极具灵感的现代物理学之父似乎只配备了一个很普通的大脑。例如，它的重量只有 1 200 克，甚至对于一个老人来说这也并不算大。然而，1985 年，在位于爱因斯坦大脑后部顶下小叶，被称为角回或布罗卡 39 区的区域内，两个研究者发现了高于平均密度的神经胶质细胞[19]。我们接下来将会看到，这个区域在数量的心理操作过程中起着重要作用。因此，通过它的细胞组织能够区分出爱因斯坦和普通人也不足为奇。那么，导致爱因斯坦卓越成就的生物因素已经被发现了吗？

事实上，正如对音乐家的大脑皮层结构所做的研究一样，这个研究也同样模棱两可。即使假定爱因斯坦的神经胶质细胞密度超过正常人，哪怕这一点还尚未被证实，我们如何才能分辨出哪个是原因，哪个是结果呢？爱因斯坦可能从出生就已经拥有了大量的顶下小叶细胞，这使其更易于学习数学。但是根据我们当前的研究，相反的情况也同样有道理：对这一脑区的频繁使用在很大程度上改变了大脑的神经组织。更具讽刺意味的是，相对论中的生物决定因素将永远迷失在"鸡和蛋"的谜题中。不是有人说过，世间万物都是相对的吗？

数学才能是一种生物天赋吗

人们在寻找数学才能的遗传基础时，通常会采用一种方法，即检验兄弟姐妹，尤其是同卵双生子在数学成绩上的相关性。同卵双生子拥有相同的基因型，经常在数学上表现出相似的水平。异卵双生子仅共享一半的基因，在数学成绩上存在较大的差异，有时一个数学很好，而另一个则水平一般。通过比较多对同卵双生子和异卵双生子，就可以测量出"遗传力"。根据 20 世纪 60 年代史蒂文·范登伯格（Steven Vandenberg）进行的研究，遗传对数学的影响占到 50%，表明约一半的数学成绩差异由个体间的遗传差异造成[20]。

然而，这个解释仍然存在很大争议。事实上，双生子研究方法受到了许多细节因素的影响。例如，研究表明，与异卵双生子相比，同卵双生子往往因在相同的教室，由相同的教师授课而得到完全相同的教育[21]。他们具有相似天赋的原因，可能是他们受到相同的教育而非他们拥有相同的基因。另一个潜在的影响是，在母亲的子宫内，将近 70% 的同卵双生子共用一个胎盘或同一套胚胎膜。显然，这种情况不会发生在异卵双生子中，因为他们来自独立的卵子。子宫环境中类似的生化成分使同卵双生子的大脑发育规律相同。即使数学才能的遗传性得到证明，双生子研究方法也无法明确这一研究过程究竟涉及了哪些基因。研究中涉及的基因很可能与数学不是直接相关的。举一个极端的例子，假设一个基因会影响身材，如果它的携带者经常打篮球而忽视数学教育，那这个基因可能对数学能力有负面的影响！

在探索数学才能的生物基础的过程中，另一个模糊但有趣的线索是对比男女之间的差异。高水平的数学几乎是仅属于男性的领域。在史蒂文·史密斯（Steven Smith）有关杰出心算者的书中，他描述了 41 个计算奇才，其中仅有 3 位是女性。在美国，卡米拉·本博（Camilla Benbow）和她的同事为 12 岁的青少年编制了一个测验——数学学习态度测验（SAT-M）[22]。平均分数在 500 点左右。500 点以上的男女生比例是 2:1；600 点以上，男女生比例达到 4:1；700 点以上，男女生比例为 13:1（见图 6-4）。随着学习数学的学生聪明程度逐渐增加，男性的比例大大增加。这种男性在数学方面的优势，在所有国家都存在，从中国到比利时。男性在数学上具有优势是一个世界性的现象。

但是，这一现象对于总人群的重要性是有限的，只有数学精英几乎全是由男性组成的。在整个人群中，男性在数学方面的优势较弱。在心理测验中，对性别影响的测量是通过统计每种性别中分数的离散程度来区分出男女的平均值差异。在青少年时期，这个值通常不超过一半，即男性和女性的分数在很大程度上是重叠的：1/3 的男性分数低于女性的平均分数，或者，相反的，1/3 的女性分数高于男性的平均分数。男性的优势也会因测验的内容不同有所变化。在解决数学问题方面，男性明显领先，但在心算方面，女性以微弱的优势领先。最后，男性和女性的差异出现在幼儿园开始时，在此之前没有检测到男性在数学方面有任何系统性的优势。尤其是在婴儿早期，男性的数学能力并不优于女性。

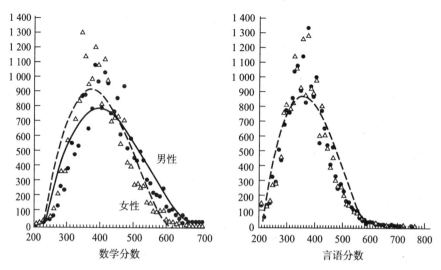

卡米拉·本博的取样来自有才能的七年级学生。标准能力测试结果显示
男性在数学上有稳定的微弱优势。而在言语分数上男性和女性的分布几
乎完全相同。

图6-4 针对青少年的数学学习态度测验

资料来源: 重印自 Benbow, 1988, 版权所有 ©1988 by Cambridge
University Press, 得到出版商的授权。

　　尽管有这些优势, 男性在高水平数学上的霸权仍然产生了重要的问题。
在我们的教育系统中, 数学在几个关键阶段起到了过滤器的作用, 每个阶段
男孩都比女孩更容易通过。最终, 我们社会中的女性很少有机会获得数学、
物理或工程方面的顶级培训。社会学家、生物学家和政治家都想知道, 教育
资源的分配是否公平地反映了每种性别的天赋, 或者是否仅仅为了保持男性
统治的社会中对男性的偏向。

　　毫无疑问, 心理学和社会学的许多因素使得女性在数学方面处于不利的
境地。调查显示, 平均来看, 女性比男性在数学课程中表现出更多的焦虑;
她们对自己的能力不自信; 她们认为数学是一种典型的男性活动, 而且很少

会在她们的职业生涯中用得到。另外，她们的父母，尤其是父亲，也会有同样的看法。显然，这些刻板印象逐渐形成了一种自我实现的预言。许多年轻的女性缺乏对数学的热情，她们坚信自己不会在这个领域有所建树，这使她们忽视数学课程，也因此导致她们在数学方面较低的能力水平。

类似的刻板印象导致了社会阶层中数学成就的差异。我坚信，对数学的社会偏见很大程度上影响了男性和女性、穷人和富人在数学分数上的差异，通过在政策和社会中改变人们对数学的态度可以弥补这一差异。例如，在中国，较优秀的女性青少年获得的数学分数不仅超过了美国女性青少年，而且还超过了美国男性青少年。这就证明，性别差异造成的影响小于教育策略的影响。一项对多种文献的元分析表明，美国男性和女性在数学分数上的平均差异在 30 年间减少了一半，这种进步伴随着同时期女性地位的提升。

那么，生物性别差异在其他的差距中还发挥着作用吗？尽管在神经生物学或遗传学上还没有发现有关男性数学优势的决定因素，但越来越多的线索促使人们开始怀疑，生物变量确实会影响数学才能，虽然这种影响是细微的。有人选择了一组有数学天赋的儿童，结果发现男孩和女孩的比例是13:1。与那组未被选中的儿童相比，这些有天赋的儿童有 2 倍的可能患过敏症，4 倍的可能是近视，以及 2 倍的可能是左利手。这些潜在数学家，其中50% 以上都是左利手或双利手，或者他们自己是右利手，但兄弟姐妹是左利手。最后，他们中 60% 是长子。显然，把学者的原型想象成一个左利手、多病，并且戴着眼镜的独生子也并非完全没有根据！

我们可以通过引入一个态度因素来消除近视和数学天才之间的联系，也许近视的儿童更愿意钻研数学是因为他们在棒球方面表现很差。对于出生顺序也有类似的解释，也许长子所接受的教育存在一种微妙的差别，这种教育以某种方式鼓励了数学思维。对于过敏和利手则不容易找出这种

"温和的"解释。此外，有一些极端但是确凿的个案，其中数学能力明显受到与性别相关的神经异常的影响。例如，"智障学者"中的大多数计算天才都患有孤独症，这种神经系统性疾病在男孩中的发病率是女孩的 4 倍。的确，孤独症与 X 染色体的变异是相关的，如脆性 X 综合征（fragile X syndrome）。相反，特纳氏综合征（Turner's syndrome）是一种只影响女性的遗传疾病，与 X 染色体的缺失相关。事实上，除了某些身体的畸形，患特纳氏综合征的女性在数学和空间心理表征方面也会表现出严重的特定认知障碍，尽管她们的智商可能处于正常水平[23]。一部分原因是卵巢萎缩引起性激素分泌异常。实际上，早期激素治疗能够改善她们在数学和空间方面的认知表现。

我们依然没有为性别、X 染色体、激素、利手、过敏、出生顺序和数学之间的这些神秘联系找到一个令人满意的解释。今天我们所能做的，就是把可能性最大的因果链以一种创作印象派画作的方式描述出来，一些科学家称之为"原来如此的故事"（just so stories）。神经心理学家诺曼·格施温德（Norman Geschwind）和他的同事认为[24]，妊娠期间睾酮水平升高，可能会同时影响免疫系统和大脑半球的分化。睾酮可能会导致大脑左半球发育变缓。由此推测，左利手出现的可能性会因此而增加，同时，依靠大脑右半球加工的空间心理表征的操作能力也会提高。这种精细的空间感会反过来使操纵数学概念变得更容易。因为睾酮是雄性激素，这种假定的级联效应（Cascade of effect）①对男性的影响可能会比对女性的更大。同时，不难理解它可能由 X 染色体的部分基因控制，这就解释了数学和空间倾向的遗传性。

围绕这个至今令人迷惑不解的现象有众多线索，其中有这样一条：雄性激素可以直接影响发育中的大脑的组织结构。在发育过程中，性激素处于异

① 级联效应是由一个动作影响系统而导致一系列意外事件发生的效应。——编者注

常水平的被试出现了空间和数学加工过程的改变，处在月经周期不同阶段的女性同样出现了这种改变；在老鼠中，接受激素治疗的雌性的空间能力超过了未接受治疗的雌性，并赶上了未接受治疗的雄性；在第一次怀孕期间，子宫中性激素的浓度较高（记住，大多数的数学天才都是长子）。在这种激素变化的影响下，男性大脑的组织形式可能略微不同于女性的。神经回路可能以一种目前为止仍然未知的方式发生了微妙的改变，这可以解释为什么男性在抽象数学空间中具有略微敏捷的能动性。

鉴于目前的知识水平，要超越理论的模糊性，找到一个对数学天赋的简单、确定性解释是不可能的，但如果期待基因与天才之间有直接联系那就太天真了。它们之间的距离如此之大，只有多种扭曲的因果链才可以填补其间的空隙。天才的出现是多种因素的影响相融合的结果，包括遗传、激素、家族因素以及教育。生物学因素和环境作用相互交织在一个牢不可破的因果链之中，通过生物学预测天才，或者让两个诺贝尔奖获得者结合而生出一个小爱因斯坦都是不可能的。

激情培育人才

从生物学角度解释才能存在很大的局限性，这在那些被蔑称为"智障学者"的儿童身上较为明显。看到他们，我们好像在一片无能的汪洋大海中看到一座天才的小岛。以 14 岁的男孩戴夫（Dave）为例，迈克尔·豪（Michael Howe）和朱莉娅·史密斯（Julia Smith）对他进行了研究[25]。戴夫能立即答出任一过去或未来的日期对应的是星期几，但他的智商还不到 50，他的阅读能力只有 6 岁儿童的水平，他几乎不会讲话。此外，和我在上一章中所描述的迈克尔不同，戴夫对数学可以说一无所知，他甚至完全不会乘法。什么样的生物参数能使戴夫具有"日历"的天赋，而厌恶阅读和计算呢？大脑如何被预设为能够习得从 1582 年才开始以现在的形式而存在的公历呢？戴夫的天赋如果确实存在的话，它一定依赖于一些通用的参数，如记忆或专注力。为了解释他这种能力的狭隘，人们显然只能将其归结于学习。无论是基因还是激素，都不可能预存关于日历的知识。

研究人员发现，戴夫每次都会花几个小时仔细查看厨房的日历，并将其储存于记忆中，他这样做可能是因为不具备与其他儿童玩耍的社会能力。戴夫患有严重的孤独症，像鲁滨孙一样迷失在情感沙漠里，他独处时唯一的同伴名叫星期五或一月。假设他一天花 3 个小时在日历上，实际可能会超过这个数，在 10 年的时间里，他的训练累积可达 1 万个小时，并且高度专注。如此长的持续时间，既可以解释他为什么对日历理解得如此深刻，也可以解释他在其他所有知识领域中存在的巨大反差。

从日历到心算，无论过去还是现在，所有的计算奇才共同的特征是强迫性地专注。为什么有些人会把他的所有精力倾注在如此狭窄的领域呢？我们把杰出的心算者分为三类：专业的、空闲的、有智力缺陷的。第一类是拥有完全心理能力的数学家，他们的职业要求他们深入了解算术。对他们而言，计算成了第二天性。按照高斯自己的说法，他经常发现自己在无意识的情况下数自己的步数。另一位杰出的数学家亚历山大·艾特肯（Alexander Aitken）声称在他的心中，计算是自动启动的[26]：“当我去散步时，如果一辆车牌号为‘731’的汽车经过我身边，我会立刻意识到它是‘17×43’。”像这样的案例并不稀奇，这些数学家在深入到更为抽象的数学领域时会失去部分计算能力。

我把因为职业过于枯燥而拿钻研计算作为一种娱乐的情况归入第二类，即空闲的。典型的例子是雅克·伊诺迪和亨利·蒙德克斯（Henry Mondeux）[27]。这两个牧羊人在人迹罕至的牧场中对算术进行了许多新的改造。他们两个从未停止过计数——不仅对他们的羊，还对石子、脚步以及在凳子上保持平衡需要花费的时间。

第三类是有智力缺陷的，包括心智障碍者，比如戴夫或迈克尔。他们生活在自闭的世界里，对数字或日历的热衷是病态的，产生这种病态的根源是他们对人际关系缺乏兴趣。18 世纪英国的计算奇才杰迪代亚·巴克斯顿（Jedediah Buxton）很可能是孤独症患者。比内描述了巴克斯顿第一次去剧院观看《理查三世》（*Richard III*）演出时的情景[28]：

> 后来，在被问到演出是否令他高兴时，据他说，他只看到了一种计算情境。演员在跳舞的时候，他把注意力集中在舞步的数量上，并数出他们的舞步数是 5 202；他还数出了演员们所说的单词的数量是 12 445……而所有这些最终都被证明是正确的。

无论动机是什么，这种年复一年对数字的关注是否足以解释非凡的计算才能呢？如果有足够的训练，是否任何人都可以变成一个计算奇才？还是说，计算奇才必须有特殊的生物"天赋"？为了区分先天因素和后天因素，一些研究人员试图通过高强度的训练把普通学生变成计算或记忆奇才。他们的训练结果证明：激情培育人才。例如，安德斯·埃里克森曾证明 100 小时的培训足以将一个人的数字广度扩大到至少 20 位，其中一个坚持不懈的被试，其数字广度达到 80 位[29]。另一位心理学家斯塔谢夫斯基（Staszewski）给一些学生传授了几个速算策略[30]。在两三年内经过了 300 个小时的训练后，这些学生的计算速度提高了 4 倍，他们只需 30 秒就能心算出"59451×86"的结果。

这些学习实验所做的，与优秀的计算者凭自身直觉所做的完全一致。那些优秀的计算者曾表明，必须每天练习计算，否则他们的能力就会下降。比内曾指出："在伊诺迪花了一个月的时间钻研书籍后，他发现自己正在失去心算能力。只有通过不间断的训练，他们才能保持心算能力的稳定性。"[31]

比内还报告了对雅克·伊诺迪和法国巴黎乐蓬马歇（Le Bon Marché）公司的专业收银员的计算速度的比较结果。在自动收银机出现之前，收银员是一个很受尊敬的职业。他们可谓名副其实的人类计算器，每天 8 到 10 小时，每周 6 天，他们把价格相加，把亚麻布的长度与每米的单价相乘。尽管大多数被雇用者年龄在 15 到 18 岁之间，没有特别的计算能力，但是他们很快就成为速算者。比内发现，他们的计算速度并不比伊诺迪慢。其中一个收银员只花了 4 秒就算出了 "638×823" 的结果，显然比伊诺迪所用的 6 秒还要快。但是，伊诺迪在记忆力方面的出色水平使他在更复杂的计算中胜出。

乐蓬马歇公司收银员的速算案例说明，依靠高强度训练获得才能的专家，和具有天赋的天才之间并不存在明显的分界线。的确，直到最近，日内瓦的核研究中心因为维姆·克莱因的算术能力雇用了他；而扎哈里亚斯·戴斯（Zacharias Dase）在 19 世纪为数学做出了巨大的贡献，他建立了一个从 1 到 1 005 000 的自然对数表，并分解了 7 到 8 000 000 之间所有数字的因子。

今天，我们的社会不再看重心算，很难再找到出色的表演性的商业计算者。正因如此，过去几个世纪里的专业计算者显得更加不可思议。如今，至少在西方，无论谁强迫儿童，让他们每天花几个小时练习计算都会面临被起诉的危险，但人们接受花同样的时间练习弹钢琴或下棋。东方社会与西方社会的价值标准不同。在日本，送儿童到夜校去学习"珠心算"是一种被广泛接受的做法。他们中最有计算激情的儿童，在 10 岁时就可以明显胜过西方的计算奇才。

非凡计算者的普通参数

可以说，计算方面的才能并不是来自先天的禀赋，而是更多来自早期的训练，它伴随着一种非凡甚至病态的能力，即专注于狭窄的数字领域。这一结论与过去几个世纪里最伟大的两个天才的观点类似：托马斯·爱迪生认为"天才是 1% 的灵感加 99% 的汗水"，法国的自然主义者布丰（Buffon）则认为"天才只不过是更有耐心罢了"。

心理测量学的研究还没有发现任何速算导致的大脑基本参数的改变，这个事实同样支持了前面的论点。除了他们的专长，这些天才的信息加工速度均处于平均水平，甚至更慢。比如沙昆塔拉·德维（Shakuntala Devi），她是一位以惊人的计算速度出名的印度女性计算者。《吉尼斯世界纪录大全》承认她具有 30 秒计算出两个 13 位数字乘积的能力，尽管这一结果可能被夸大了。心理测量学家阿瑟·詹森（Arthur Jensen）过去一直拥护智力的生物决定论。他邀请德维到他的实验室，以测试她在某些经典实验中的表现。詹森在文章中无法掩饰其内心的失望[32]：在检测一次闪光，或在 8 个运动中选择其中一个时，她所花费的时间与平均时间相比，并没有任何出色之处。德维在"智力"测试"瑞文渐进矩阵"（Raven's Progressive Matrices）中的成绩也处于平均水平。当她需要搜索一个视觉目标，或从记忆中搜寻一个数字时，她的反应都非常慢。借用计算机科学的隐喻，德维的计算特长显然不是因为她较快的整体内频，而只是由于她快如闪电的算术处理器。

在前一章，我们看到人们能够以较高的精确度预测正常被试做乘法所花费的时间。运算需要的元素越多、相关数字越大，计算就越慢。在这方面，计算天才跟一般人没有不同。一个世纪以前，比内测试了伊诺迪解决乘法问题所花费的时间[33]。下面是他的一些结果：

	计算时间（秒）	运算次数
3×7	0.6	1
63×58	2.0	4
638×823	6.4	9
7286×5397	21	16
58927×61408	40	25
729856×297143	240	36

最右边的一栏是传统乘法运算中需要的基本运算次数。这个数量很好地预测了伊诺迪的计算时间，除了最复杂的乘法问题，因为最复杂的问题需要较大的记忆载荷而导致不成比例的慢。如果伊诺迪完成两个三位数的乘法的时间和计算两个一位数相乘差不多，这将是非同寻常的。因为它表明伊诺迪使用的是完全不同的算法，它可能允许同时执行多个操作。但事实并非如此，其他我知道的数学天才也都做不到。杰出的计算者在进行计算时像我们这些人一样，付出了很多努力。

另一个特征可能代表着天生的才能：大多数速算者表现出的非凡记忆力。对于比内来说，这个问题完全不需要讨论：

依我看，记忆是计算天才的必备特征。他们因为记忆力而独特并无限地超越了其他人。

比内将计算天才分为两类：一类是视觉计算者，他们记忆书面数字和计算的心理图像；一类是听觉计算者，比如伊诺迪，比内称他们通过在头脑中重复背诵来记忆数字。也许我们应该增加第三类：触觉计算者。因为至少有一个盲人速算者——路易斯·弗勒里（Louis Fleury），他声称自己操作数字的方式就像他正在使用的盲人触摸数字符号。然而，不管计算天才采取哪种记忆方式，他们的记忆广度往往大得惊人。例如，伊诺迪能将听到的 36 个只重复了一次的随机数字完全正确地复述出来。在常规表演结束后，他还能完全正确地复述出整个表演过程中观众呈现给他的全部 300 多个数字。

毫无疑问，伊诺迪的记忆广度达到了惊人的程度，但这是否意味着他的这种能力是天生的？除了无数真实性经常受到质疑的轶事，我们对这些天才的童年知之甚少。然而，没有什么能证明他们在幼时就已经拥有惊人的记忆能力。在我看来，他们非凡的记忆很有可能是多年训练的结果，他们对数字非常熟悉也是优势。

史蒂文·史密斯仔细研究了很多计算天才的生活，得出了相同的结论[34]："心算者像其他普通人一样受到短时记忆的限制。不同之处在于，他们有能力在记忆中将一组数字当作单个项目进行处理。"

的确，记忆广度不是一个一成不变的生物参数，不像血型那样可以独立于所有的文化因素被测量。根据所储存项目的意义不同，记忆广度也会发生很大的变化。我可以轻松记住一句由 15 个法语单词组成的句子，因为法语是我的母语，它的意义有利于我记忆。但是，因为不理解汉语，记忆汉语时，我的记忆广度下降到大约 7 个音节。同样的道理，计算天才能够记忆大量数字，是因为数字几乎算是他们的母语，所有数字组合对他们来讲都有意义。在哈代的记忆中，出租车牌号"1792"可能被理解为 4 个独立的数字，因为它们看起来像是随机的。但是对于拉马努扬来说，"1792"是一个童年时的朋友，一个熟悉的特征，它只占用了他记忆中的一个细胞。我认为，计算天才对数字的熟悉度就足以解释他们为何拥有巨大的记忆广度，无须再考虑数字记忆是不是一种生物"天赋"。

速算的秘诀

为了彻底驳倒"天生计算者"的谬见，我必须对杰出的计算者所运用的算法进行解释。否则，"5498×912"的心算，或立即意识到"781=11×71"这种现象，将一直被笼罩在神秘的氛围之中。确实，大多数人完全不知道如何解决此类问题。但实际上，一些小手段就能彻底简化最难攻克的算术难题。

那么，一个人如何才能心算出两个多位数的运算结果呢？著名的"人类计算器"斯科特·弗兰斯伯格（Scott Flansburg）为我们揭晓了答案。他的成绩完全基于任何人都可以学习的简单秘诀，并被公布在他于 1993 年出版的畅销书里[35]。像其他计算者一样，他使用的计算法则与学校教的类似，但他对操作的顺序进行了优化。对于加法，他建议从左到右运算。对于乘法，他总是最先计算对结果来说最重要的位数。每个子过程的结果迅速累加，并不断更新，从而避免了对一连串长长的中间结果的记忆。这些策略都是为了一个目标——让记忆负荷最小化。他们之所以能成功地心算出复杂的计算问题，就是因为每一步都只需要记忆和改进一个临时的估算结果。

在个别情况下，一些计算者会记住两位数乘法表中所有，或一部分可能的配对。这样，他们就可以把每个两位数当成一组进行相乘。最终，所有的计算者都掌握了利用简单的数学技巧进行快捷计算的方法。举个例子，通过使用公式"$(n+1)(n-1)=n^2-1$"，我们很快就可以发现，"37×39"与"38^2-1"的结果相等。因为"$n^2=(n+2)(n-2)+2^2$"，"38^2"等于"36×40+4"，我们只需要从记忆中提取"36×4"的结果即可。任何一个有经验的计算者都可以判断出"36×4"的结果就是"$12^2=144$"，最后再把 3（4-1=3）放在数字末尾，就得出结论："37×39=1443"！只要稍加训练，在计算时使用这种方法就会像条件反射一样快。

总之，杰出的计算者显然不依赖任何"魔法般的"算术方法。像我们一样，他们在很大程度上依赖记忆中的乘法表，不同的是他们将乘法表不断扩大，或者是他们使用非言语的形式（因为像迈克尔这样的计算者几乎没有任何语言能力）。像我们一样，他们按照顺序进行计算，这也解释了比内的反应时测量结果。最后，像我们一样，在多种可用的策略中，他们快速地选出能在最短的时间内获得计算结果的最佳方法。就这点来说，只有他们掌握的策略，才能把他们与已经能够自发地将"8+5"简化为"（8+2）+3"的6岁儿童区分开来。

那么，更复杂的算术问题呢？对于沙昆塔拉·德维而言，他只要看一眼就能知道 170 859 375 的 7 次方根是 15（也就是说，这个数字是 15 的 7 次方，即"15×15×15×15×15×15×15"）。整数根的提取属于专业计算者的典型技能。天真的观众总会惊叹于他们自认为特别难的计算，尤其是对于幂次很大的根。然而，实际上，快捷的计算方法可以有效地减少计算步骤。例如，最右边的数字直接向我们提供了结果中最后一位数的信息。当一个数字以 5 结尾，它的根也是以 5 结尾。在 5 次方根的情况下，起始数字和它的根的最后一个数字通常相同。还有其他的例子，它们都有一个非常容易掌握的对应关系。一方面，把最后两位数放在一起考虑比只考虑最后一位数更易于计算。另一方面，计算结果的第一位数可以通过使用简单估算试误获得。例如，170 859 375 的 7 次方根只能是 15，因为下一个可能以 5 结尾的数字 25 的 7 次方明显是一个更大的数字。总之，尽管猛一看，提取整数的根像是非人类的能力，但是通过细心地观察，运用简单的计算秘诀就可以对其进行简便的计算。

对数字进行快速的因子分解以及识别质数的能力，是一种更加令人惊叹的技能。还记得孤独症患者迈克尔吗，他可以快速辨别 389 是质数，将 387 分解为"9×43"。与迈克尔相比，奥利弗·萨克斯所描述的双胞胎更加神奇。

据称，他们的娱乐是交替说出更大的质数，多达 6、8、10 位，甚至 20 位！

虽然这种能力似乎非常惊人，而且我们对它知之甚少，但是我们仍然能够对它做出几种尝试性的解释[36]。与大家普遍的认知相反，质数这一概念并不是数学抽象的巅峰。质数是非常具体的概念，表示一个对象的集合不能被等分为几个整数。12 不是质数，因为它可以被分为三组 4，或者两组 6。13 是一个质数，因为它不能被等分。质数广泛存在，以至于儿童在尝试用方块组成矩形的时候，无意间就在操作质数。他们很快就发现，用 12 块可以组成矩形，13 块则不行。无疑，像迈克尔这样，虽然心智发育迟缓，对算术却有着不可思议的激情的年轻人，自然也可以发现它们的一些属性。

弄清楚一个数字是不是质数仍然是一个数学难题。然而，记忆的作用不容忽视。1 000 以下有 168 个质数，10 万以下有 9 592 个质数。一旦记住，使用叫作埃拉托斯特尼筛法（sieve of Eratosthenes）的算法就能计算出 100 亿以内的质数。还有个所有学生都知道的简单算法，即弃九法（casting out the 9s）[①]，它有助于我们判断一个数字是否能被 2、3、4、5、6、8、9 或 11 整除。很显然，迈克尔在计算时仅使用了这些基本技能，因为他常常会把看起来很像质数的数误认为是质数，实际上那些数可以被分解出因子（如 "391=17×23"），只是超出了他的智力范围。那么那对双胞胎呢？可惜的是，我们无法获得他们所交替说出的精确数字或他们可能出现的错误细节。因此，我们永远不知道他们采用的方法是否比迈克尔的更精确。

一些研究者也曾宣称，某些计算天才能在一瞥之间迅速估计出物品的准确数量。例如，比内声称，如果人们在扎哈里亚斯·戴斯面前丢一把弹珠的

---

① 通过把一个数中的每一个数字相加，直到和是一个一位数（和是 9，要减去 9 得 0），这个一位数就是原始数字的弃 9 数，等式前后的弃 9 数相同，可用于检验加、减、乘法运算。——译者注

话，他能立即说出准确的数量。然而，我不知道任何关于这一现象的心理学研究。当时还没有对反应时的测量，反应时是唯一一种可以用来评估一个人是通过计数得到结果，还是真正能"瞬间"感知到结果的方法。直觉告诉我，杰出计算者的计数能力与我们的没有什么不同。在面对一堆弹珠时，他们的视觉系统跟我们的一样，能快速将其分成 1 个一组、2 个一组、3 个一组或 4 个一组。他们之所以能快速地得出计算结果，是因为他们拥有能够快速求出所有数字总和的能力，而我们充其量只能每两个一组进行计数。

一些天才拥有日历计算的特殊能力，这也能归因于简单策略的使用吗？的确有几个著名的算法可以帮助人们计算出过去或未来的某一天是星期几。较为简单的算法只要求做一些加法和除法，专业计算者无疑就是依赖这些简单的算法来计算的。但是，这样的解释不适用于成为日历计算天才的孤独症儿童。他们中的多数人从未使用过万年历。一个失明的男孩发展出了这种能力，尽管他从来没有使用过盲文日历。而且，一些天才，如戴夫，甚至不能完成最简单的计算。那么，他们的诀窍是什么呢？

通过记录几个患有孤独症的计算天才的反应时，贝亚特·赫梅林和尼尔·奥康纳发现，他们的反应时与当前的日期和所求日期之间的距离成正比[37]。这说明，多数"人类日历计算者"使用了非常简单的方法。从最近的日期开始，他们逐步推算到所求日期附近的星期、月或年。许多规律都能使这一推算过程更加容易：日历每 28 年重复一次；在每个常规年星期会移动 1 天，闰年 2 天；3 月和 11 月总是始于一个星期中的同一天，等等。大多数的"智障学者"运用这些规律直接从 1996 年 3 月跳到 1968 年 11 月。这样，他们就能立即从记忆中提取所需的月份，并得出相应的日期。

虽然这种算法很简单，但是它是如何被智商不到 50 的"智障学者"创造并完美执行的呢？一位名为丹尼斯·诺里斯（Dennis Norris）的剑桥研究者，开发了一个有关如何获取神经网络中日历知识的有趣的计算机模型[38]。他的模拟网络包括几个层次的神经元，用于相继接收 1950 年到 1999 年之间某些随机日期的日、月和年的输入编码。输出为一个星期 7 天的 7 个单位代码。最初，模拟网络不知道应该将给定的日期与一个星期中的哪一天相联系。随着它收到越来越多的例子——1996 年 4 月 22 日星期一，或 1969 年 2 月 3 日星期五，等等，它逐步调整模拟突触的权重，用于适应将日期与星期对应这样的困难任务。几千个实验之后，模拟网络不仅保留了这些例子，而且也能对从来没有学过的新日期做出反应，正确率超过 90%。最终，模拟网络在将日期和星期联系起来的数学函数方面展现出丰富的知识——这种知识完全是内在的，因为其突触完全忽视了任何减法和加法，甚至一年中的天数或闰年的存在。

根据诺里斯的观点，神经系统所配备的学习算法远远优于他的模型所使用的那些。因此，一个严重心智发展迟缓的孤独症儿童，在花了几年的时间研究日历之后，仅仅通过接触众多的例子就提取归纳出一种机械的、自动化的、无意识的知识，也是完全合乎情理的。

天才和数学发现

那么，数学天才到底来自哪里呢？纵观这一章，我们探索的每一个轨迹都把我们引向了一个合理的源头。基因也许发挥了作用，但是，它们本身并不能提供一个有关数学"凸点"的颅相学蓝图。在最好的情况下，基因连同其他一些包括性激素在内的生物因素，可能使脑组织产生一种微弱的偏向，这种偏向有助于数字和空间表征的习得。然而，与数字激情所推动的学习的作用相比较时，生物因素显得不那么重要。杰出的计算者对数学充满激情，与同伴的陪伴相比，他们中的许多人更喜欢与数字为伍。无论是谁在数字上花费如此多的时间，都会在增加数学记忆和发现有效的计算方法方面取得成功。

如果说要从对这些天才的分析中得出教训的话，那就是高级数据从根本上有悖于大众对数学的描述：一种枯燥的、受制于纯粹的推理能力的，与情绪没有任何关系的理性学科。恰恰相反，最强大的人类情感——爱、希望、疼痛或绝望，维持了这些数学家与他们的数字朋友之间的关系。只有热爱数学，数学才能才会随之出现。相反，如果一名儿童产生了数学焦虑，那么恐惧就会阻止他发展哪怕是最简单的数学概念。

我对数学天才所做的调查给予天才和"智障学者"同等的地位，如拉马努扬和迈克尔，高斯和戴夫。然而，一方是拓展数学前沿的巨头，一方是患有孤独症、心智发育迟缓的数学奇才，能够将他们进行对比吗？天才和奇才之间共有的许多特征可以证明我的观点：他们对数学的热情以及他们对数字景观的看法。在我看来，如果有人认为伊诺迪或蒙德克斯只是重新发现了有名的数学结果，并以此为借口否认他们的"天才"之名是很不公平的。一个牧羊人在从未接触过勾股定理的情况下，独自在他的牧场重新发现了它，那么他的天赋不亚于首先发现该定理的著名前辈。

在这一章里，我有意回避了数学创造力的心理学和神经生物学的先决条件。创造性思维转瞬即逝，难以进行科学研究，我们最多只能推测。就像让－皮埃尔·尚热和阿兰·孔涅一样，科学发现在某种程度上是旧观念之间的随机联系，这种新形成的组合经过了以和谐和正确为标准的选择。保罗·瓦莱里（Paul Valéry）说："发明需要两个人：一个人形成组合，另一个人选择和识别第一个人的成果所期望或关联的东西。"奥古斯丁也指出，"我思"（cogito）指"相互结合"，而"我知"（intelligo）指"从中选择"。

雅克·阿达马主要研究数学发现，他将数学发现的过程分为准备、酝酝酿、启发和证实等阶段[39]。酝酿期指无意识搜索实证片段或观点的原始结合。为了支持这个核心观点，阿达马引用亨利·庞加莱的话："最先出现的通常是突然间的灵光一现，它是先前长期无意识研究的明显迹象。在我看来，这种无意识研究对于数学发现的作用是无可争辩的。"

某天，我们也许会理解"认知无意识"（cognitive unconscious）的脑机制。在意识阈限下神经回路的自发激活，睡眠期间自发的运算机制的释放，这些肯定都有可以测量的生理轨迹，可以通过现代脑成像手段对其进行评估。但是，目前我们只能关注阿达马半个世纪前就已经提出的问题："数学家究竟有没有可能足够了解他的大脑的生理机制，神经生物学家有没有可能足够了解数学发现，使得两者之间实现有效的合作成为可能？"

的确，我们即将探讨大脑生理学——不是希望发现创造性的生物学基础，因为鉴于目前的知识，这将是一个乌托邦式的梦想；而是希望至少能试着解释，神经元、突触以及受体分子等基本结构，是如何将计算程序和数字的含义纳入大脑神经回路的。

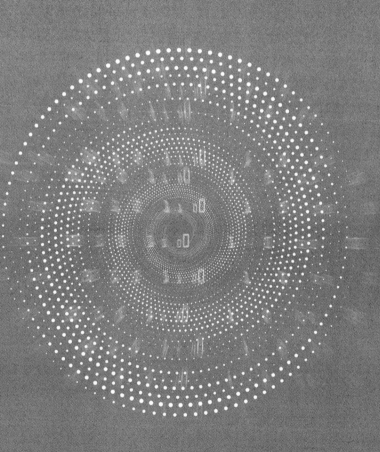

THE NUMBER SENSE
HOW THE MIND CREATES MATHEMATICS

—————— 第三部分　　　　大脑可塑：
　　　　　　　　　　　　　　神经元与数字

想要了解人类思维的真正意义，就必须将它看作是由不同感觉或不同存在组成的一个系统。这些感觉和存在通过因果关系联系在一起，并且相互生成、破坏、影响和改变……从这方面来看，把灵魂比作一个共和国或联邦最为恰当，其中的成员通过统治和服从的互惠关系联合在一起。

——大卫·休谟，《人性论》

07 失去数感会如何

人们是否有可能忘记了"3–1"的意思，但仍然能够阅读和书写四位数？你是否能够想象只对出现在你右侧的数字进行乘法运算，而不理会出现在你左侧的数字？是否有可能视力正常的人无法书面计算"2+2"这样简单的加法运算，然而如果有人大声念出这个题目，他们就可以轻而易举地给出答案？

这些现象看起来很奇怪，但在神经学研究中却经常能够遇到[1]。不同原因的大脑损伤对算术能力的影响极具破坏性，这种影响有时甚至非常具体。

我们都知道，大脑运动区的一个损伤可以引起身体某一侧的瘫痪。同样的机制下，如果脑损伤涉及语言或数字处理区域，则会在小范围内引起能力改变。这种损伤看起来对患者几乎没有影响，直到他们被要求去做减法运算或阅读一个不常见的词时，这种深层次的不易察觉的问题才会显露出来。

早在 1769 年，法国启蒙哲学家丹尼斯·狄德罗（Denis Diderot）就预见了神经损伤的特异性。在《达朗贝尔的梦》（*D'Alembert's Dream*）一书中，他做了这样的预言性陈述：

> 根据你的法则，在我看来只需要通过一系列的纯机械操作，我就可以将世界上最伟大的天才变成一团杂乱无章的肉体……这一操作包括对原本成束的线路进行破坏并把剩余的线路重新组合……例如，把两条听觉线路从牛顿身上取走，他会失去听觉；取走嗅觉的线路，他就会失去嗅觉；取走视觉线路，他对色彩就没有概念；取走味觉线路，他就不能辨别味道。如果我破坏或搅乱其他部分，则人类大脑、记忆、判断、需要、厌恶、激情、意志力、自我意识的组织也会受到相应的影响。

脑损伤确实是破坏性事件，它可以毁掉一个聪明的头脑。然而，对于神经系统科学家来说，这些"自然实验"也为正常人脑的运作提供了独特的一瞥。认知神经心理学是一门利用脑损伤患者的数据，获得与认知功能相关的神经网络知识的学科。神经心理学家的试金石是"分离"（dissociation），即脑损伤发生后，一种能力难以发挥作用，而另一种能力却基本保持完好。当两种能力得到分离后，我们就可以很有把握地推断它们涉及的神经网络有一部分是不同的。前一个能力退化的原因是它所依赖的脑区受损而不能工作，另一个能力保持完好是它所依赖的神经网络幸免于病变。当然，神经心理学家们必须注意到，对于这种分离还存在着其他一些可能的解释。例如，可能仅仅因为一种任务比另一种任务更简单，或者患者可能在损伤后重新学习了某一种能力而不是另一种能力。当我们审慎地采取措施排除了类似的其他可能的解释之后，认知神经心理学就能够提供有关神经组织结构的重要推论。

让我们来看一个具体的例子。迈克尔·麦克洛斯基（Michael McCloskey）、阿方索·卡拉马扎（Alfonso Caramazza）和同事曾经描述了两个患者，他们在阅读阿拉伯数字方面存在严重的障碍[2]。第一个患者 H.Y. 偶尔会将 1 误读为 2，或将 12 误读为 17。对他的这种行为的深入研究发现，H.Y. 常常用另一个数字来替换某个数字，但他在识别百位数、十位数和个位数时从未出错。例如他将 681 读为"六百五十一"，除了用 50 替代 80 以外，该字符串的结构是正确的。相反，第二个患者 J.E. 从未将 1 误读为 2，或将 12 误读为 17，但是他会将 7 900 误读为"七千九十"，或将 270 误读为"两万七十"。与 H.Y. 不同，J.E. 不会用另一个数字来替换某个数字，但他读出来的数字，其语法结构是错误的。他能够辨认单个的数字，但是在读多位数时，会从百位数游离到十位数或千位数。

患者 H.Y. 和 J.E. 两个人共同呈现了一种"双重分离"（double dissociation）的情况。大体看来，H.Y. 的数字语法结构完好，而 J.E. 的却被破坏了；J.E. 对单个单词的识别是完好的，而 H.Y. 的却被破坏了。这两个真实存在的患者的表现说明，大脑中负责出声读取阿拉伯数字的脑区有些负责数字的语法，而另外一些则主要负责单个数词的心理词汇的使用。如果病灶足够小，当然，这种情况非常罕见，病变的位置则可以有效提示这些脑区在大脑中精确的位置。

在解释这些现象时，我们必须谨防重新落入颅相学的窠臼。如果患者 J.E. 在数字语法方面出现错误，并不意味着他的病变破坏了"语法区域"。像"语法"这样广义的认知能力是复杂且综合的功能，它很可能需要遍布大脑的多个脑区的协调合作。J.E.的病变很可能影响了一个高度特化的基本神经突起，它对于数字单词的语法的产生是必需的，而对其组成词的选择并非必需。

人脑极端模块化是大脑病理学研究的主要内容。大脑皮层中每一个负责特定功能的小块区域都可以被看作脑的一个"模块"，专门用来处理某一独特来源的数据。大脑的损伤以及由其引起的奇特的分离模式，是我们了解这些模块组织的唯一信息来源。感谢许多像 H.Y. 和 J.E. 这样有障碍的患者积极地参与科学实验，使得我们对数字处理相关脑区的认识在 20 世纪 80 年代到 90 年代取得了巨大飞跃。可以肯定的是，我们现在依然没有发现用于复杂算术运算的确切通路，但是一个日益完善的数字信息神经通路图正在慢慢地形成。哪怕仅仅是我们目前已有的关于数字处理的神经学基本知识，对我们理解数学和大脑之间的关系也发挥了相当大的作用。

估算者 N 先生

1989 年 9 月的一个早晨，当 N 先生走进检查室的时候，他的脑部损伤的破坏性效应明显可见[3]。他的右臂吊着，残疾的右手表明他存在严重的运动障碍。N 先生讲话很慢，很吃力。他偶尔会为了在大脑中搜索一个很常见的词而变得恼怒不已。他无法读出单个词，不能理解稍微复杂的要求，如"把笔放在卡片上，然后把它放回原来的位置"。

N 先生曾经结过婚，有两个女儿。他在一个大公司做销售代表，毫无疑问，他精通算术。我们并不了解他的悲惨遭遇。从表面上看，或许由于突发性的脑溢血，他在家里重重地摔了一跤。当他到达医院后，被查出脑部有一个巨大的血肿，并进行了紧急手术。这些戏剧性的事件给他的大脑左半球后部留下了一个巨大的损伤。3 年后，他的语言障碍和运动控制障碍仍然非常严重，这导致他不能单独生活，只能和年迈的父母住在一起。

　　我的同事劳伦特·科恩先生邀请我去会见 N 先生，因为他患有非常严重的"失算症"（acalculia）——这是一个神经病学术语，指数字加工能力的损伤。我们让他计算"2+2"。经过几秒钟的思考后，他回答 3。他能够轻松地、机械地背诵数字串 1、2、3、4、5……和 2、4、6、8……但当我们让他数 9、8、7、6……或 1、3、5、7……时，他完全做不到。在他眼前快速呈现数字 5 时，他也无法读出。

　　鉴于这种令人沮丧的临床描述，我们很容易就可以做出这样的假设：N 先生基本上丧失了数学思维能力以及大部分的语言能力。但是一些观察结果推翻了这种假设。N 先生有种奇怪的阅读行为。当我让他长时间看数字 5 时，他能够告诉我这是个数字，不是个单词。然后他开始用手指数："1、2、3、4、5，它是 5！"很显然，既然他能够数出正确的数字，他必定仍然认识数字 5 的形状。但他为什么不能立即说出它呢？当我问他他的女儿多大时，他也做出了类似的行为。他不能够立即提取数字 7，而是默默地数到这个数字。他似乎从一开始就知道他想要表达什么数量，但背诵数字串似乎是他提取相应数词的唯一手段。

　　当 N 先生试图大声读单词时，我观察到了类似的现象。他经常四处搜索合适的含义，却找不到合适的词。虽然他不能读出书面词"火腿"，但他能够告诉我"它是某种肉"。他同样无法读出单词"烟"，但能唤起一种关于"生火，燃烧某些东西"的意识。他自信地把单词"学校"读为"教室"。那些使我们常人能够在看到数字 5 时就直接读出 5，或看到字母"h-a-m"就读出"火腿"的神经通路，似乎都从 N 先生那里消失了。尽管如此，在某种程度上，这些印刷字母的含义对他而言并没有完全丧失，他笨拙地试图通过迂回曲折的陈述来表达它们。

　　后来，我向 N 先生呈现一组数字 8 和 7，他需要花几秒钟通过数他的手指"读"出它们。然而，他能够在一瞬间就轻而易举地指出 8 是更大的数字。在他对两位数进行比较大小的实验中，也存在同样的情况，在对数字进行大于还是小于 55 的分类中，他没有任何困难。N 先生显然还记得每个阿拉伯数字所代表的数量。只有当数量很接近的时候，如 53 和 55，他才会出错。把一条 1 在底端、100 在顶端的垂直线，如同一个温度计般呈现给他时，他也能够把两位数放在大概的相应位置，但是他的反应远远不够精确。他把 10 放在了底端四分之一的地方，而 75 被放在靠近 100 的地方，就好像他只知道数字的近似数量，精细分类对他而言是不可能的。尤其是对于奇偶性的判断，远远超出了他的能力范围。

在一次次的实验之后，一个惊人的规律逐渐浮现：尽管 N 先生丧失了精确计算能力，但他仍然能够估算。那些只需要对数量有一个近似知觉的任务都不会对他造成困扰。一方面，他能很容易地判断出一个特定的数量是否大体适宜于一个具体的情况。例如，9 名儿童在一个学校里，这个数量是太少、刚好，还是太多？另一方面，他显然丧失了对数字的所有精确记忆。他认为一年"大约有 350 天"，一小时"大约为 50 分钟"。在他看来，一年有"5 个季节"，一刻钟是"10 分钟"，一个月有"15 或 20 天"，一打鸡蛋有"6 或 10 个"，这些认知明显是错的，但又离正确答案不远。甚至他的瞬时记忆也未能幸免。我在他面前闪烁数字 6、7 和 8，1 秒钟之后他不记得自己是否看到过 5 或 9。但是他非常确信在闪烁的数字中没有 3 或 1，因为他能快速地意识到这些数字代表的数量太小了。

精确和近似知识之间的差异在加法运算中最为明显。N 先生不知道如何对"2+2"进行相加。他会随机给出答案 3、4 或 5，这证明他患有严重的失算症，但他从来不会给出像 9 这样荒诞的结果。同样，在看到一个错误的加法时，如"5+7=11"，大多数时候他认为它是正确的，这证明他无法计算精确的结果。不过，他能迅速排除有明显错误的答案，而且十分肯定，如

"5+7=19"。他显然知道这个运算的近似结果，并能迅速觉察到 19 这个数量离正确答案太远。有趣的是，数量越大，N 先生对计算结果的认知越模糊。因此，他知道"4+5=3"是错的，却认为"14+15=23"是对的。然而，乘法问题似乎超出了他的估算能力范围，他以一种随机的模式给出答案，甚至接受"3×3=96"这样荒谬的答案。

简言之，N 先生遭受着一种特殊的折磨：他无法精确计算。他的算术生活被限制在一个奇怪而模糊的世界中，在那里，数字不能被赋予精确的数量，只能有近似的意义。他的遭遇驳斥了有关数学永恒的精密性的陈词滥调，这一陈腐的思想被法国作家司汤达优雅地表达出来："我曾经热爱并且依然热爱数学，因为它本身是一个不允许有虚伪，不允许含糊不清的领域，而这两样是我最厌恶的。"

我对司汤达毫无冒犯之意，但是模糊性是数学不可或缺的一部分。事实上，数学的模糊性是如此重要，一个人可以在丧失有关数字的所有精确知识的情况下，仍然保留着对数量的"纯直觉"。当维特根斯坦（Wittgenstein）有意地声称"2+2=5"是一个合理的错误时，他更接近真相。但如果一个人说"2+2=97"，这就不再仅仅是一个错误了。这个人的运算逻辑完全不同于我们。

在前面的章节中，我描述了两种数学技能之间的差异：我们与缺乏语言的生物如鼠、猿、婴儿共享的基本数量能力，以及依赖数字符号和努力学习而掌握的精确计算规则的高级算术能力。N 先生的案例表明，这两种能力所依赖的大脑系统存在部分的分离，当一种能力丧失时另一种能力可以不受影响。

将患者 N 先生与我在第 1 章所描述的天才黑猩猩舍巴相提并论，这一做法显然是荒谬的。尽管 N 先生有诸多计算障碍，但他仍然是一个不折不扣的智人，是脑损伤让他在算术方面的能力又回到了基础水平。像舍巴一样，N先生可以将数字符号与相应的数量对应，然而他所能识别的符号个数明显多于黑猩猩。和舍巴一样，他也能选择两个数量中较大的一个，可以计算近似的加法。这些操作对于一个大脑左半球受到严重损伤的失语症和失算症患者而言依然可以进行，这在一方面表明，数学能力独立于语言能力。在另一方面表明，精算要求人类物种特有的神经回路完整，而这些回路至少有一部分位于大脑左半球。这就是为什么大脑左半球大面积损伤的N先生既不能大声阅读数字、不能做乘法，也不能判断数字的奇偶性。

裂脑患者的缺陷

关于数量估算的大脑定位，N先生的案例并不能成为有力结论。鉴于他的损伤位置在大脑左半球，他残存的能力可能位于未受损伤的大脑右半球区域。然而也很有可能他的大脑左半球剩下的部分功能虽然不能精确计算，但仍然足以进行数量比较和近似计算。

其他种类的神经系统疾病更适合精确定位每个脑半球的算术能力。胼胝体是连接两个脑半球的大量神经纤维束，是两个脑半球之间信息传递的主要通路。这种连接有时会完全断开，有时会因为病灶性脑损伤而出现中断。较常见的情况是，在没有其他治疗手段的情况下，为了控制严重癫痫患者的病情，医生通过手术破坏胼胝体。无论是哪种情况，结果都是人的大脑皮层被分成两半，成为一位裂脑患者。两侧脑半球仍然会保持正常运转，只是它们几乎不能交换任何信息[4]。

在日常生活中，这些患者的身心似乎是健全的。他们的行为貌似完全正常。非常罕见的情况下，他们会用左手破坏右手所做的事情！然而，一项简单的神经病学检查足以确定胼胝体断开的事实。让患者闭上眼睛，我们把一个熟悉的物品放在他的左手中，尽管他能通过手势说明它的用途，却不能命名它。同样，如果在他的左视野内闪烁一张图片，他们发誓没有看到任何东西，但左手能在好多张图片中选出相应的图片。

这种奇怪的行为很容易得到解释。连接外部感觉器官和初级感觉皮层的主要神经元投射通路是交叉的，因此大脑右半球的感觉区域会对来自左侧的触觉或视觉刺激进行原始的加工。所以，当一个物品被放在左手中时，大脑右半球对刺激进行了充分的识别，并能够提取它的形状和功能。但是在胼胝体断开时，这种信息就不能被传递到大脑左半球。具体来讲，就是控制语言加工的大脑皮层（早在 20 世纪布罗卡的研究就已经把它定位在了大脑左半球）完全接收不到大脑右半球的感觉和视觉信息，大脑左半球语言网络因此否认看到了任何东西。如果非得给出一个答案的话，患者就会随机选择一种反应或依据先前的经验给出答案。在我开展的测试中就出现了这种情况，我们为患者蒙上眼睛，在她刚刚对放在右手上的一个木槌命名之后，把一个开瓶器放在她的左手上，她马上会说"另一个木槌"，但她的左手却一直在做拧开瓶子的动作。

胼胝体被切断的患者对神经心理学家来说就像一座金矿，因为他们能够对这些患者每个大脑半球的认知能力进行单独的系统评测。比如这样一个测试：让一位裂脑患者用 1 到 9 中的某个数乘 2，并在给定的几个数字中选出正确的结果。通过在患者右侧或左侧视野中呈现这个数，并保证在目光移动之前就迅速结束，我们可以确保输入的信息仍局限在单个半球。运用这种方法，就可以判断哪一侧大脑半球可以识别数字、将它与 2 相乘，或使患者能够选出正确的结果。

让我们从最简单的操作开始：识别数字。在屏幕上呈现两个闪烁的数字，要求裂脑患者判断它们是否相同。当一个数字呈现在右侧，另一个数字呈现在左侧时，患者根本无法完成这个简单的任务。他们会作出随机反应，有时判断 2 和 2 是不同的，有时判断 2 和 7 是相同的。由于连接两个大脑半球的胼胝体的断开，患者无法比较分别出现在左右两侧的数字的大小，即使每个半球都能独自识别数字。但是当两个数字呈现在同一侧视野内，不管左侧还是右侧，患者的回答几乎完全正确。

在测试过两个大脑半球在识别数字方面的情况之后，实验并未停止。裂脑患者也能识别数字所代表的特定数量。为了证明这个推测，我们可以把数字和点阵一起呈现给患者。当两者出现在患者的同一侧视野时，他们很容易就能判断出两者是否匹配。因此，我们可以认为每个大脑半球都知道 3 和"∴"代表的是一个相同的数量。

两个大脑半球也均能识别数字之间的顺序关系。不管数字呈现在右侧视野还是左侧视野，裂脑患者都能快速判断出该数字比参考数字小还是大，也能在两个数字中指出哪个更大或哪个更小。与大脑左半球相比，大脑右半球反应稍慢，并且给出的答案不太精确，但两者的差异很小。可见，每个大脑半球都拥有进行数量表征和比较的功能。

但在解决语言和心算问题时，两个大脑半球的相似性就会消失。大脑左半球在这些功能上具有无可争辩的优势。重复上述实验过程，结果显示，大脑右半球不能识别书面数字。大脑右半球视觉能力让我们可以识别简单的形状，如数字 6，但无法识别像"six"这样的单词。对于多数裂脑患者而言，大脑右半球也是无声的，他们不能出声表达大多数词语。因此，如果在电脑屏幕的左边闪现数字 6，多数裂脑患者的行为就像 N 先生一样，他们无法说出这是什么数字，但他们能用左手指出这个数字比 5 大。

一些特殊的患者设法克服了大脑右半球语言能力缺失的问题。例如，迈克尔·加扎尼加（Michael Gazzaniga）[①]和史蒂文·希利亚德（Steven Hillyard）研究了一名叫 L.B. 的患者，他可以在几秒钟之内命名呈现在他右脑的数字[5]。与正常人不同，他对数字的命名时间会随数字的增大而呈线性增长。他只用 2 秒钟就能命名数字 2，但却需要 5 秒钟才能命名数字 8。像 N 先生一样，L.B. 似乎在慢慢地默背数字序列，据他说，直到有个数字"凸显"出来，他才能出声读出来。没有人知道当他背诵到他所看到的那个数字时，大脑右半球究竟是发出怎样的信号让他说出数字的。那些信号可能是某种手指运动、面部痉挛或者是裂脑患者自己设计的其他一些暗示。总之，L.B. 需要通过数数才能命名呈现在左侧视野中的数字，这一现象表明，他的大脑右半球缺乏正常的语言能力。

大脑右半球也不能进行心算。当一个阿拉伯数字呈现在患者的右侧视野，他们使用大脑左半球对其进行加 4、减 2、乘 3 或除 2 的运算时，并不会感觉到明显的困难。但当数字呈现在左侧视野，由大脑右半球进行加工运算时，就算这些计算非常简单，患者也不可能完成。即使要求患者指出结果而不是说出结果，他们也无法完成任务。

既然大脑右半球对精确计算没有什么价值，那它对估算有价值吗？为了评估这种可能性，我和劳伦特·科恩以视觉方式呈现一组加法问题，让两个大脑半球胼胝体连接部分中断的患者判断它们是否正确[6]。即使是存在明显错误的运算，如"2+2=9"，当它被右脑加工时，被试也表现出随机的反应，在约一半的实验中将其判断为正确。令人意外的是，被试突然在一连 16 组的实验中做对了 15 组，这种事件随机产生的可能性小于 1/4 000。因此，我认为被试的大脑右半球能估算简单的加法，但他只是在这个由 16 组实验项

---

① 认知神经科学之父迈克尔·加扎尼加在其著作《双脑记》中揭秘了左右脑分工模式。该书中文简体版已由湛庐引进，北京联合出版公司 2016 年出版。

组成的组块中很好地表现出了这种能力。实际上，大脑右半球仅拥有一种特定的能力是不够的，它必须理解实验者给出的实验任务，并在大脑左半球接收到之前有机会做出反应。

乔丹·格拉夫曼（Jordan Grafman）和他的同事研究了另一位患者，更进一步支持了大脑右半球只是在非常简单的运算中起作用的假设[7]。J.S. 曾是一位年轻的美国军人，在 22 岁参加战争时失去了大部分左颅骨和其下的大脑皮层（见图 7–1）。令人不可思议的是，J.S. 在经历多次外科手术，遭受反复感染以及继发的严重癫痫之后，仍然幸免于难。他现在仅依靠大脑右半球过着半独立的生活（左半球只剩下枕叶）。可以预料，J.S. 的口头语言理解能力和输出能力严重受损。他既不能读，又不能写，也不能命名任何物品，这些缺陷与严重的胼胝体切断患者的大脑右半球表现出的局限性完全吻合。他在数字加工测试中的结果也与其他裂脑研究的结果一致。J.S. 能够辨别阿拉伯数字，知道如何比较它们，也能估计一组物品的数量，偶尔能够出声读出几个个位数以及某些两位数。分配给他的简单加法和减法任务，他只能解决大约一半。乘法、除法和多位数运算对他而言是不可逾越的挑战。

失去数感的 M 先生

之前对一些裂脑患者，包括对 J.S. 的研究共同表明，尽管只有大脑左半球能完成精确计算任务，但对数量进行表征是由大脑左右半球共同完成的。数量表征过程中所涉及的脑区能被定位吗？心理数轴是否与位于精确皮层位置的特定脑回路相关呢？如果脑损伤使我们失去数感的话，我们的精神生活会是什么样的？为了回答这些问题，我转而研究轻度脑损伤患者，这些损伤影响了更为具体的大脑回路。

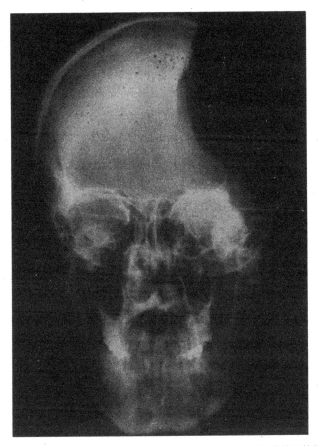

尽管患者 J.S. 在战争中失去了大脑左半球，他仍可以识别和比较阿拉伯数字，但是精确计算对他而言极为困难。

图 7-1 大脑左半球受损的患者

资料来源：转自 Grafman et al., 1989, 经出版商许可。

法国著名剧作家欧仁·尤内斯库（Eugène Ionesco）在撰写他的杰作《课堂》（*The Lesson*）时，除了对幽默和废话的热爱之外，可能并没有其他抱负。然而巧合的是，在这个剧本中，他对一个没有数量直觉的失算症患者进行了非常逼真的描绘：

教授：现在让我们来做会儿算术……1 加 1 是多少？

学生：1 加 1 等于 2。

教授（惊讶于学生的知识）：哦，非常好。在我看来你在学习方面很拿手。女士，你应该很容易就能读到博士……我们继续，2 加 1 等于几？

学生：3。

教授：3 加 1 呢？

学生：4。

教授：4 加 1 呢？

学生：5。

教授：棒，非常棒，非常巧妙！祝贺你，女士。没必要再继续了，在加法方面你是个高手。现在让我们试试减法。如果你不是特别累的话，请告诉我 4 减 3 是多少？

学生：4 减 3……4 减 3？

教授：是的。我的意思是说，从 4 中减去 3。

学生：等于……7？

教授：很抱歉我不得不反驳你。4 减 3 不是等于 7。你弄混了，4 加 3 等于 7，4 减 3 不等于 7……这不是加法，我们现在是在做减法。

学生（试着理解）：是的……是的。

教授：4 减 3 等于……多少？……多少？……

学生：4？

教授：不是，女士，不是 4。

学生：那么是 3。

教授：也不是，女士……请原谅，很抱歉……我应该说，不是 3……对不起。

学生：4 减 3……4 减 3……4 减 3？……是不是等于 10 啊？……

教授：如果可以的话，请你数一下。

学生：1……2，2 之后是 3……然后是 4……

教授：现在停下，女士。哪个数字更大？3 还是 4？

学生：嗯……3 或 4？哪个更大？3 还是 4 更大？哪种意义上的更大？

教授：一些数字较小，其他的较大。大数字比小数字多几个单位……

学生：抱歉打断一下，教授……较大的数字是什么意思？是指不像其他数字一样小的数字吗？

教授：没错，女士，很好。你已经很好地理解了我的意思。

学生：那么，是 4。

教授：4 怎么了？比 3 更大还是更小？

学生：更小……不，更大。

教授：正确。3 和 4 之间差几个单位？或者说 4 和 3 之间，你怎么看都行。

学生：4 和 3 之间没有差任何单位，教授，4 之后立即就是 3；3 和 4 之间没有任何东西！

教授：看这儿。有 3 根火柴，再加 1 根就变成了 4 根。现在仔细看，我们有 4 根火柴，我拿走 1 根，现在剩下的是几根？

学生：5。如果 3 加 1 等 4，4 加 1 等于 5。*[①]

难道尤内斯库曾参观过神经内科门诊？《课堂》中的学生不是一个虚构的人物，她与我在现实生活中见过的一个人类似。M 先生是一位 68 岁的后顶叶皮层损伤的失算症患者（见图 7–2），我曾花了几个小时向他讲授算术[8]。像尤内斯库笔下的学生一样，M 先生能解决简单的加法，但完全不能理解减法，并在判断两个数字中哪个较大时感到困难。尤内斯库笔下的对话听起来

---

① 资料来源请见本书"注释"。——编者注

如此真实，几乎是对我与M先生的超现实对话的逐字转录。在教授的言语中，
我仿佛看到自己笨拙地试图向M先生讲授初级算术：当他成功时我给出夸张
的鼓励，当他失败时我难掩气馁。在学生的言语中，我几乎能感受到M先
生以不懈的努力试图回答他已经无法理解的问题时的迷惑。甚至该剧的副标
题——滑稽剧，也暗合了M先生的不幸遭遇，一个数感缺失的真实案例。

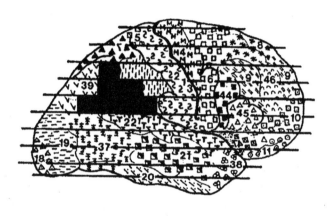

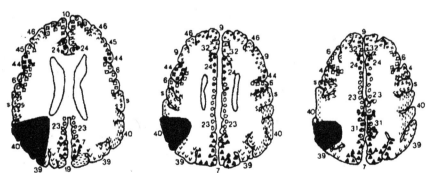

右侧后顶叶皮层的损伤导致 M 先生失去了数感（注意：按照神经学惯例，
大脑右半球的病变被标记在水平切面图的左侧）。

图 7-2 失去数感的 M 先生的脑图

资料来源：Dehaene & Cohen, 1997。

事实上，M 先生的障碍在一些患者中非常典型。在数量表征和在心理数轴上赋予阿拉伯数字和数词意义方面，他们有选择性缺失的问题。M 先生实质上已经失去了所有算术直觉。这就是为什么他不会计算"4-3"，甚至不能理解减法的意义。然而，由于他的大脑其他区域的皮层完好无损，因此在不理解意义的情况下，他仍然能完成程序化的符号计算。

让我们逐个讨论 M 先生的能力。M 先生讲话非常流利，能准确地读出词汇和数字。他起初在书写上有些困难，但这个问题已经消失很长时间了。他的词汇识别模块，不管是视觉的还是听觉的，口头的还是书面的，都一定是完好无损的，因为这些模块是连接上述能力的通道。顺便提一下，M 先生的案例清楚表明，人类大脑中存在将数字从一种符号转换成另一种符号的直接路径——这些神经网络可以在忽略符号意义的情况下将 2 转化成"二"。

的确，M 先生不能理解他读出的数字。在需要指出两个阿拉伯数字中哪个较大的任务中，每 6 次实验他会失败一次。尽管他的错误相对比较少，却显而易见。例如，他曾毫不犹豫地坚持认为 5 比 6 大。在近似数字的测试中，判断两个数字哪个更接近第三个数字，他也会在每 5 次实验中失败一次。

他的障碍在减法和数字等分测验中最为明显。数字等分测试是判断哪个数正好落在给定间隔的中间。在这一测试中，M 先生的反应简直是荒谬。在 3 和 5 之间，他放置了 3，然后是 2；在 10 和 20 之间，他放置了 30，然后又改为 25，并道歉说："我不能很好地想象数字。"

类似的混淆在减法中也频频出现。每 4 个问题中有 3 个他都不能正确地解答。实际上，他的错误与尤内斯库所描绘的学生存在着神奇的相似之处。

他坚信"2–1=2""9–8=7","因为有 1 个单位",他会说"3–1"的结果是 4,"不对,这里有 1 个单位,改变 1 个单位等于 3,对吗?"对于"6–3",他给出的答案是 9,但在极为罕见的清醒状态下,他会自我解释:"应该做减法的时候我却在做加法。减法意味着拿走,加法意味着加起来。"然而这不过是一个理论上的虚饰。M 先生对整数的结构,以及从一个数量移动到另一个数量需要进行什么操作完全没有概念。

在《课堂》里,不能从 4 中减去 3 的学生突然变成了一个计算奇才:

> 教授:例如,三十七亿五千五百九十九万八千二百五十一乘以五十一亿六千二百三十万三千五百零八等于多少?
>
> 学生(非常快地):等于一亿九千三百九十二万八千四百二十二亿一千九百一十六万四千五百零八……
>
> 教授(惊讶):如果你不知道运算法则,那么你是怎么得到这个结果的?
>
> 学生:很简单。不用依靠我的推理,我已经记住了所有可能的乘法结果。

总而言之,M 先生也表现出了相似的分离,尽管不太明显。坚信"3–2=2"的 M 先生记得乘法表的大部分内容。他的机械言语记忆是完整的,这使他能够在不明白自己说的是什么的情况下,像机器人一样不假思索地说出"3×9=27"。呈现给他的一位数加法问题中,有一半以上是他利用这种未损坏的记忆解决的。但是,每当加法运算的结果超过 10 时,他就会失败。多数成人会使用一种分解策略来解决这类问题,如把"8+5"分解为"(8+2)+3",这显然超出了 M 先生可以理解的范围。他的算术知识似乎缩小到了他的机械记忆的范围内。在记忆失败的情况下,后顶叶皮层的损伤使他无法求助于数感。

下顶叶皮层和数感

M 先生的损伤位置是下顶叶区域，这里仍然是人类大脑的一个未知区域。这个皮层区域，尤其是其后部被称为"角回"或"布罗德曼第 39 区"（Brodmann's area 39）的区域，在数量的心理表征中发挥着重要作用。它可能是本书中重点讲述的"数感"所存储的地方，数感是自人类出现时就开始存在的有关数量的直觉。在解剖学上，它位于神经科学家曾称为"高级多通道联合皮层"的区域。神经学家诺曼·格施温德将其称为"联合区域的联合区域"。它的神经连接将其置于视觉、听觉和触觉的深度加工数据流的集中处，这里是算术的一个理想位置，因为数字概念需要同时运用所有的感官通道。

德国神经学家格斯特曼（Gerstmann）首先描述了左侧下顶叶区域病变可能导致的四种障碍：失算症自不必说，另外还有书写、手指表征、区分左右方面的困难[9]。在 M 先生遭遇血管方面的问题后，他很快就表现出了所有这些缺陷。然而，还有一个情况让事情更加复杂：M 先生的损伤位于大脑右半球。我们由此认为，这个特殊的左利手患者属于少数的大脑组织结构与正常人呈镜像的人群，他们的大脑右半球而不是左半球参与语言加工。但数感的缺失也能在一些典型的患者中发现，他们的格斯特曼综合征（Gerstmann's syndrome）源于左侧下顶叶损伤。

数字、书写、手指以及空间之间的关系是什么呢？这也是一个有极大争议的问题。格斯特曼综合征的四种障碍可能并不意味着什么，它们可能只反映了多个独立的大脑模块偶然汇聚在邻近的皮层位置。的确，研究者已经观察了几十年，尽管构成综合征的这四种因素经常会同时出现，但也有分离的情况。少数患者仅表现出了失算，而在区分手指方面没有受到明显的影响，反之亦然。因此，下顶叶区域可能被进一步分为有关数字、书写、空间以及手指的高度特化的微区域。

然而，人们更倾向于寻找这种在同一脑区内聚组现象的更深层解释。毕竟如我们在前面章节中看到的那样，数字和空间之间有着无可争辩的紧密联系。在第 1 章中，我们看到数量可以从物品集的空间表征中被提取出来，并且这种表征只关注物品的存在，无关物品的大小和名称。在第 3 章中，从左到右的心理数轴上的整数心理表征，被证明在心理直觉中发挥着重要作用。最后，在第 6 章中，我们发现数学天赋和空间能力之间存在紧密联系。由此可见，如果我们发现了一个能同时破坏空间心理表征和数字心理表征的脑损伤，也就不足为奇了。

我认为下顶叶区域存在着专用于连续空间信息表征的神经回路，它碰巧完美适合于心理数轴的编码[10]。从解剖结构的角度来看，这个区域位于一系列顶枕脑区的顶端，这些脑区用于构建环境中客体空间布局越来越抽象的表征。自然而然地，数字作为空间中物品存在的最抽象表征出现了——事实上，物品的特性和轨迹发生变化的时候，数字是唯一恒定的参数。

数字和手指之间的联系也比较明显。所有文化中的所有儿童都学会了用手指数数。因此，在发展过程中，手指的皮层表征和数字的皮层表征区域相邻或者密切联系是非常合理的。此外，尽管数字和手指的皮层表征是分离的，但它们遵循非常相似的组织规则。当我要求 M 先生动一下中指时他会摇动食指，他的错误似乎再现了他在想象数轴上 2 和 3 的位置时表现出的无能为力。从这个角度推测，身体表征、空间表征以及数轴可能都源于下顶叶皮层连接中的同一个结构原则。

数学诱导癫痫发作

另一个令人费解的病理现象展现了下顶叶区域对于数学的特化程度。"癫痫算术"（Epilepsia arithmetices）是由神经学家英瓦尔（Ingvar）和尼曼

（Nyman）于1962年最早提出的一种综合征[11]。在一个女性癫痫患者的一次常规脑电检查中，他们发现每当患者解决算术问题时，哪怕题目非常简单，她的脑电波都会出现规律性放电。计算会引起癫痫发作，但其他的智力活动，如阅读，则不会对患者有任何影响。

斯里兰卡的内科医生尼马尔·森纳那亚克（Nimal Senanayake）对这种由"思维诱导的癫痫发作"做了非常生动的描述[12]：

> 一个16岁的女学生在去年多次体验到右臂突发性的痉挛，它伴随着学习过程中短暂的思维中断，尤其是在学习数学时。期末测试期间，做数学试卷30分钟后，她又发生了肌肉抽搐。笔从她的手里掉下来，并且她很难集中精力。她用1个小时很困难地完成了答卷，但在做第二份试卷期间这种肌肉抽搐更加严重，45分钟后癫痫大发作，并引起了惊厥，她随后失去了意识。在服下抗癫痫药物后，情况有所好转，但在数学课上她会继续出现间歇性的抽搐。在第一次癫痫大发作的9个月后，她不得不参加一次重要的考试。她再一次在做数学试卷15分钟后开始抽搐。她强迫自己继续做题，但在考试中途又一次因为癫痫大发作引起了惊厥。

在世界范围内，目前我们已知有十几个类似的"算术性癫痫"（arithmetic epilepsy）案例。患者的脑电图通常显示下顶叶区域存在异常。这个区域很有可能纳入了不正确的线路和容易超级兴奋的神经元网络，所以在解决算术问题时，这些网络会向大脑的其他区域传递无法控制的电流。这种癫痫只在解决算术问题的时候发作，这表明负责算术的脑区存在极度的特异化。

数字的多重含义

M 先生的案例也充分证明了下顶叶区域具有惊人的特异性[13]。尽管 M 先生的顶叶损伤破坏了他的数感，但他仍然保存了很好的非数字领域的知识。最引人注目的是，尽管他不能说出哪个数字落在 3 和 5 之间，但同样的等分任务被运用于其他领域时，他却没有任何困难。他非常清楚哪个字母落在 A 和 C 之间，哪天位于周二和周四之间，哪个月在六月和八月之间，哪个音符在 do 和 mi 之间。这些序列知识是十分完整的。似乎只有数字序列，唯一一个与数量相关的序列受到了影响。

M 先生并没有丢失他储存的有关数字的丰富的"百科知识"。这位现已退休的天才艺术家，对 1789 年或 1815 年发生的事，还能进行数小时的报告。他甚至用丰富的数字细节，向我讲述了我们对他进行测试的地点——萨彼里埃医院的历史。他很快就断定比 6 大的数字是 5，这激发了他对"伊斯兰教的五大支柱"的丰富回忆。他告诉我，在毕达哥拉斯学派看来，奇数是上帝唯一的宠儿。患者幽默地对我引用了法国幽默作家阿方斯·阿莱（Alphonse Allais）的一个怪诞的例子："数字 2 很享受自己的怪异——是奇数（odd）①。"因此，毫无疑问，M 先生渊博的知识，甚至与数字和数学有关的日期和历史知识都未因脑损伤而失去。

另一方面，M 先生的缺陷会根据他所要解决的问题的抽象性或具体性而变化。算术运算中的数字是高度抽象的概念。当解决"8+4"时，没有人会去考虑是 8 个苹果还是 8 名儿童。M 先生的障碍似乎仅限于理解作为抽象数量的数字。每当他能够依赖一个具体的参照或心理模型，而不需要处理抽象的数字时，他的关于数字的成绩会大大提高。例如，他仍然能够估计不熟悉但具体的数量，如哥伦布旅行到"新大陆"所用的时间，从马赛到巴黎

---

① odd 一词是怪异、奇数的意思，这里是双关。——译者注

的距离，或一场重要的足球比赛中观众的数量。在一次测试中，他不能解答 4 除以 2 等于多少，他机械地反应"4×3=12"。为了理解他的错误原因，我把 4 个弹珠放在他的手里，并让他分给 2 个孩子。他分别用两只手抓 2 个弹珠，将这些具体的物品平分给孩子，甚至没有丝毫的犹豫。

后来我询问了他的日常安排，发现他很明智地在使用时间表。M 先生能够轻松地跟我说，他在早上 5 点的时候起床，在吃早饭前工作 2 个小时，因为一般在 7 点钟的时候才有早餐，等等。与处理具体的数轴相比，在时间的心理数轴上移动对他而言是轻而易举的事情。让人非常惊讶的是，他能完成时间表的计算，但他完全不能完成抽象数字的计算。例如，他能告诉我上午 9 点到 11 点之间是几个小时，这等同于一种减法运算，但是他在抽象数字的减法运算方面非常困难。法国的时间系统有一点特殊的地方，我们同时使用 12 小时制和 24 小时制来表达时间。例如，我们说下午 8 点实际上是 20 点。M 先生可以在这两种计时方式间随意转换，没有任何困难，尽管这种转换在形式上等同于加减 12。但就像预期的一样，当我在数学测验中向他呈现一个抽象的算式，如"8+12"时，他就生出一种痛苦的挫败感。

这些对脑区的分离实验表明，为数字含义寻找脑区是多么无意义的事情。数字有多重含义，一些随机数字只涉及单一的概念，如 3 871，它们传达的是纯粹的数量信息。但是还有许多数字，尤其数值较小的数字，能够激活大量不同的信息：日期（1492）、时间（下午 9:45）、时间常数（365）、商业品牌（747）、邮政编码（90210，10025）、电话号码（911）、物理量（110/220）、数学常数（3.14……；2.718……）、游戏（21），甚至是关于饮酒的法律条例（又是 21）。下顶叶皮层似乎只编码数字的数量意义，M 先生正是在这方面有麻烦。对于其他方面的意义进行编码必然需要其他脑区的参与。

G 先生是另一位大脑左半球大面积损伤的患者,对于这些有关数字意义的并行神经通路的研究,他的贡献尤为明显[14]。G 先生表现出严重的阅读障碍。负责把书面的字母或数字转换为相应声音的直接阅读神经通路完全被破坏了,这使他不能阅读大多数的词或数字。然而,一些字符串仍然能唤起一些有意义的碎片:

- 1789:这让我想起了攻占巴士底监狱……但是?
- 番茄:红色的……人们在饭前吃……

有时这种语义的读取使他可以以一种非常间接的方式想起词汇的发音:

- 504(标致汽车著名的型号):属于汽车的数字……我的第一辆车……是以 P 开始的……Peugeot,雷诺……是标致……403(另一款标致车)……不,是 500……504!
- 蜡烛:我们可以通过点燃它来照亮屋子……蜡烛!

相反,在有些情况下,大脑提取出来的意义会让他误入歧途:

- 1918:第一次世界大战结束……1940。
- 长颈鹿:斑马。

尽管纯粹的数量信息与下顶叶区域之间的联系合情合理,但还没有人知道哪些皮层区域负责表征其他的非数量的数字意义。毫无疑问,在认知和神经科学领域未来 10 年或 20 年内必须解决的众多问题中,有一个非常关键:大脑根据什么规则来赋予语言符号以意义呢?

大脑中的数字信息高速公路

数字的含义并非唯一分布于多个脑区的知识。想一下所有你所知道的算术技能：用阿拉伯数字或数词来读写数字，理解它们和出声地说出它们；加、减、乘、除；等等。对大脑皮层损伤患者的研究表明，每种能力都依赖一张高度特化的神经网络，这些网络之间通过多重并行的神经通路进行交流。在人类大脑中，劳动分工并不是空谈。根据我们计划完成的任务，我们所操纵的数字进入不同的"大脑信息高速公路"。图 7-3 呈现了这些神经网络中的一小部分。

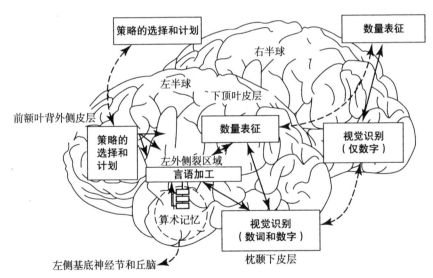

两个大脑半球都能操作阿拉伯数字和数量，但只有左半球能够获取数字的语言表征，以及算术口诀表的言语记忆。

图 7-3 参与数字加工的脑区的假想图表（部分）

资料来源：Dehaene & Cohen, 1995。

下面来讨论一下阅读。我们是否使用相同的神经回路来识别阿拉伯数字

5 和单词 five？很可能不是。视觉识别作为一个整体依赖两个大脑半球后部的脑区，这一区域被称为"枕颞下皮层"（inferior occipito-temporal cortex）。然而，该区域被划分成高度特化的子系统。对裂脑患者的研究表明，大脑左半球的视觉系统能够识别阿拉伯数字和数词，而右半球的视觉系统只识别简单的阿拉伯数字。另外，在大脑左半球后部，不同类别的视觉客体，如单词、阿拉伯数字，还有面孔和物品，似乎都由专门的神经通路负责。因此，左侧枕颞区域的某些病变只破坏了对词汇的视觉识别。这些患者表现出的症状是"纯失读"（pure alexia）或"不伴失写的失读"[15]（alexia without agraphia）。"纯失读"意味着他们不能读单词，但是他们完全能够理解口头语言，"不伴失写的失读"意味着他们仍然能写出单词和句子，但完全不能读出自己刚写的内容。下面是一位纯失读症患者试图读出单词"girl"时发生的典型对话：

> 患者：那是 on……那是"O，N"……"on"……对不对？这里有 3 个字母，像"E，B"……我不知道这是什么意思……我看不懂它……我要放弃了，我做不到。
>
> 测试者：试着一个字母一个字母地读。
>
> 患者：这些？它是……"B"……"N"……"I"……我不知道。

尽管完全不能识别单词，这些患者通常仍保留着很好的辨别人脸和物品的能力。可见，视觉识别并不会整体受损，只是专门用于识别字符串的特定子系统出现了问题。重点是，对阿拉伯数字的识别能力通常也会被保存下来。1892 年，法国神经学家朱尔·德热里纳（Jules Déjerine）报告了第一个被诊断为纯失读症的个案。该患者不能辨认单词，奇怪的是，他也不能辨认音符，但他仍能读阿拉伯数字和数字符号，甚至能进行长串的书面运算[16]。1973 年，美国神经学家塞缪尔·格林布拉特（Samuel Greenblatt）描述了一个案例，患者的情况与前述个案相似，除此之外，患者仍有完整的视野和颜色视觉[17]。

同样也有关于逆向分离的记录。英国国家神经病学和神经外科医院的莉萨·奇波洛蒂（Lisa Cipolotti）及其同事近期发现了一位患者，他在阅读阿拉伯数字时存在障碍，在阅读单词方面却完全没有困难[18]。这个案例表明，单词和数字识别依靠人类视觉系统中不同的神经回路。由于它们临近解剖区域，因此通常会同时受损。但是在某些罕见的案例中，我们可以证明它们实际上是有区别和可分离的。

在书写数字和大声说出数字之间也发现了相似的分离模式。我在本章开始的时候对患者 H.Y. 做了简单的描述，需要大声说出数词时他会混淆数字[19]。然而，书写阿拉伯数字时他却没有任何困难。因此，他可能会说"2乘以 5 是 13"，但他总会正确地写下"2×5=10"。显然他仍然保存着有关乘法表的记忆。只有在他试图提取结果的发音时才会出错。弗兰克·本森（Frank Benson）和玛莎·登克拉（Martha Denckla）也遇到过这样一位患者，当他解答"4+5"时，口头回答是 8，而写下的是 5，但是他能够在几个数字中正确地指出答案 9![20] 这位患者的有关数字的口头和书写产出神经回路都被破坏了，但视觉识别和计算并没有受到影响。

皮层损伤的高度选择性似乎总会让我们措手不及。帕特里克·韦斯蒂彻尔（Patrick Verstichel）、劳伦特·科恩和我研究了一位患者，每当他试图讲话时总是胡言乱语，让人难以理解（"I margled the tarboneek placidulagofalty stoch……"）[21]。通过对这一现象的认真分析，我们发现，语言产出的一个特定阶段受到了无法弥补的损害，这个阶段负责把音素组成单词的发音。然而，数词莫名其妙地逃脱了这种胡言乱语。当患者说数字 22 时，他绝对不会说出像"bendly daw"这样令人迷惑的话。但是 H.Y. 偶尔会使用一个数字代替另一个数字，例如将 22 说成 52（这种全词替换在除数字以外的其他单词中非常罕见）。可见，即便在负责言语产出的脑区的深处，也存在着专门负责装配数词的特异化神经回路。

在书写方面也有极为相似的分离。史蒂文·安德森（Steven Anderson）、安东尼奥·达马西奥（Antonio Damasio）和汉娜·达马西奥（Hannah Damasio）描述了一位患者，在一个很小的脑部病变破坏了该患者部分左侧前运动皮层（left premotor cortex）后，她突然变得不能读写[22]。在被要求写下自己的名字或英语单词"dog"时，她只能写出难以辨识的潦草字迹。但她读写阿拉伯数字的能力保存得很完整，患者仍然能用和她脑部病变前一样工整的笔迹解答复杂的数学问题（见图 7–4）。

通过这一系列类似的个案，我们得出了一个显而易见的结论，即几乎所有的加工，包括视觉识别、语言生成、书写，其处理数字的皮层脑区都部分地不同于处理其他词汇的脑区。这些区域中的多数没有在图 7–3 中呈现，原因很简单，我们还不知道它们在解剖结构上的位置。但是来自脑损伤的分离至少证明了它们确实存在。

现在我们讨论一下结论。我们已经详细描述了下顶叶皮层在数量加工，尤其是在减法运算中的重要性。但加法表和乘法表呢？我的同事劳伦特·科恩和我认为，它们可能涉及另一个神经回路，一个包含大脑左半球基底神经节（basal ganglia）的皮层–皮层下回路[23]。基底神经节是位于皮层下的多个神经元核团。它们从多个脑区收集信息，加工信息，并通过丘脑中的多重并行回路将信息传送回来。尽管我们对皮层–皮层下回路的确切功能仍知之甚少，但它们确实参与了自动动作序列的记忆和复制，包括言语序列。劳伦特·科恩和我认为，乘法会激活这些回路之一，例如，"十"作为词语序列"二乘以五"的补充脱口而出。更确切地说，负责编码句子"二乘以五"的分散神经元活动激活了位于基底神经节内神经回路中的神经元，这些神经元反过来激活了位于皮层言语区中负责编码"十"这个词的一系列神经元。其他的自发诵读现象，如谚语和诗歌等可能都是以类似的方式存储的。

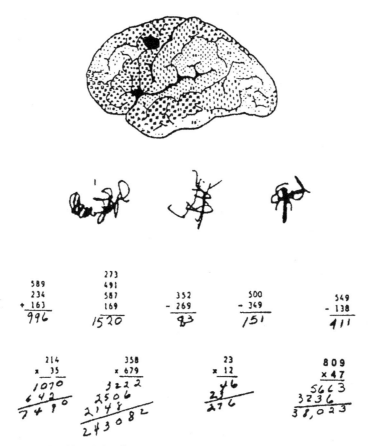

由于左侧前运动皮层的小面积损伤，该女性不能读写单词，但仍能读写阿拉伯数字。患者试图写下她的名字、字母A和B，以及单词"dog"时，留下了这些潦草的字迹。然而，下方运算的样例表明她书写阿拉伯数字完全没问题。

图 7-4　左侧前运动皮层受损的影响

资料来源：重印自 Anderson et al., 1990，版权所有 ©1990 by Oxford University Press。

　　我们的猜测得到了几个因左侧皮层下病变导致失算症的案例的支持。大脑左半球深层神经通路损伤而皮层未受损，这种情况偶尔会造成算术障碍。

我对患者 B 太太进行了一项测试，她的左侧基底神经节曾受到损伤[24]。尽管存在这样的损伤，她仍能读出数字，并能听写数字。她的识别和产出数字的回路完好无损。但皮层下病变戏剧性地影响了她的运算能力。B 太太对于数学乘法表的记忆很凌乱，以至于在计算像 "2×3" 或 "4×4" 这样简单的问题上，她都会出错。

与失去数感的 M 先生形成了鲜明的对比，B 太太仍表现出很好的对数量的理解（她的下顶叶皮层完全没有受损）。她可以比较两个数字的大小，可以找出哪个数字落在它们之间，甚至能通过在心里数由两个物品组成的三个集合计算 "2×3"。她在解决类似 "3−1" 或 "8−3" 这种简单减法问题时，也没有遇到任何困难。B 太太遭到损伤的狭小领域涉及从机械记忆中提取熟悉的词汇序列。她想不起那些曾经很熟悉的字符串，如 "三九二十七" 或 "二四六八十"。在测验记忆是否正常运作的环节，我要求 B 太太背诵乘法表、字母表、一些祈祷词、童谣，以及诗歌，我们发现对所有这些形式的机械言语知识的记忆都受到了损伤。当我要求 B 太太背诵一首像《小星星》一样著名的法国童谣时，她经历了极大的困难。她不能背诵字母表中除 ABCD 以外的其他字母。她也会混淆祈祷词。这些障碍真让人吃惊，因为 B 太太不仅是一位虔诚的信徒，而且也是一位最近刚退休的教师，她一生都在背诵这些句子。我们还不清楚乘法表、祈祷词、童谣是否都存储在相同的神经回路中，但至少它们使用的是并行的、很可能相邻的、位于基底神经节的神经网络，B 太太的皮层下病变致使它们同时受损。

迄今为止，本书只关注了基础算术。那么更高级的数学能力的情况如何呢，例如代数？我们是否应该假设它们涉及了其他神经网络？奥地利神经心理学家玛格丽特·希特梅尔－德莱泽尔（Margarete Hittmair-Delazer）的发现似乎消除了这个疑问[25]。她发现，失算症患者未必会丧失有关代数的知识。她的一个患者和 B 太太一样，由于左侧皮层下病变而失去了对加法表和乘法表的记忆。但他仍然能够使用复杂的数学公式解决算术问题，这表明他很好地掌握了算术概念。例如，他仍能把"7×8"当作"7×10–7×2"来解决。另一位患者获得过化学博士学位，其失算症的程度已经很严重，他不能完成"2×3""7–3""9÷3"或"5×4"这样简单的计算。然而，他依然能完成抽象的数学运算。通过聪明地使用数学运算的交换律、结合律和分配律，他可以把 $\frac{a \times b}{b \times a}$ 化简为 1，或者把 a×a×a 化简为 a^3，也能够判断出等式 $\frac{d}{c}+a=\frac{d+a}{c+a}$ 是错误的。虽然到目前为止，对这个现象的研究还非常少，但是这两个案例表明，与我们的直觉相反，负责代数知识的神经回路在很大程度上独立于心算所涉及的回路。

大脑中的计算是如何组织的

算术功能分散在多个大脑回路中，这一现象引发了一个神经科学的核心问题：如何组织这些分散的神经网络呢？分散的大脑回路怎么会知道它们都在以不同的方式编码相同的数字？是谁或者是什么来依据任务的要求，按照一种精确的顺序来激活这样和那样的回路？意识的统一，我们一步步执行计算时所体验到的那种感觉，是如何从多个并行的、各自持有一小部分算术知识的神经元群集的大量功能中产生的呢？

神经科学家们还没有得出一个明确的答案。但是，当前的理论认为，大脑提供了专门的神经回路用于协调自身的神经网络。这些神经回路很大程度上依赖大脑前部的区域，尤其是前额叶皮层和前扣带皮层[26]。它们负责监管新异的、非自动化的行为——计划、序列排序、决策以及错误修正。一种说法是，它们构建了一种"大脑中的大脑"，一个能自动调节和管理行为的"中央执行"系统。

这种说法非常含糊，几乎不属于科学语言。它让人联想到动画片中的"小人儿"，对于动画大师特克斯·埃弗里（Tex Avery）和华特·迪士尼（Walt Disney）来说，这个形象再熟悉不过。他舒服地坐在大脑司令部，指挥着身体的其他器官。但是谁来负责指挥他呢？另一个小人儿？对于大多数研究者而言，这些模型只是预见性的隐喻。随着大脑的额叶区域逐渐被划分为界限分明的脑区，每个脑区承担一个有限的、易管理的功能，这些模型注定会被全面修订。毫无疑问，大脑中并不存在一个专门的额叶系统。前额叶由多个特异性的神经网络组成，专门负责工作记忆、错误探测或设置一个行动的过程。它们的共同行为确保大脑在监督之下可以协调活动。

前额叶区域对包括算术在内的数学有至关重要的作用。一般而言，前额叶病变不会影响大部分的初级运算，但会对按照正确的顺序执行一系列计算操作的能力造成特定损害[27]。神经心理学家有时会遇到不会做乘法运算的额叶病变患者。这类患者在应该进行乘法运算的时候会进行加法运算，他们不能按照正确的顺序加工数字，在需要进位的时候会忘记进位，或者混淆中间结果。这些通常是运算顺序未被监督的症状。

前额叶皮层对于实时维持计算的中间结果非常重要。它发挥一种"工作记忆"的作用，在这个内部表征工作区，一次计算的输出信息变成另一次计算的输入信息。因此，针对额叶病变患者的一个极佳的测试，就是让患者从100开始连续减7。通常情况下，第一个减法结果是正确的，但在接下来的减法运算中，他们往往会搞乱顺序，或陷入一种重复的反应模式，如100、93、83、73、63……

世界各地的小学采用的数学应用题类型也揭示了前额叶区域的作用。额叶损伤者不能设计出合理的解决策略。而且，他们常常不由自主地急于解决最先出现在脑海中的问题。著名的苏联神经心理学家亚历山大·罗曼诺维奇·鲁利亚（Aleksandr Romanovitch Luria）描述了一个典型案例：

> 一位左侧额叶损伤的患者被要求解决这样一个问题："两个书架上共有18本书，一个书架上的书是另一个的两倍。每个书架上有多少本书？"在听完这个题目并完成复述之后，患者开始运算"$18÷2=9$"，这一步是对应问题中的"两个书架上共有18本书"。接下来的运算是"$18×2=36$"，这一步对应的是"一个书架上的书是另一个的两倍"。在实验者重复该问题并做了进一步的询问后，患者进行了如下的运算："$36×2=72$""$36+18=54$"，等等。非常典型的是，该患者相当满意他得出的结果。

蒂姆·沙利斯（Tim Shallice）和玛格丽特·埃文斯（Margaret Evans）认为，多数额叶损伤患者也有"认知估计"方面的困难[28]。他们经常为简单的数字问题提供荒谬的答案。一位患者声称伦敦最高的建筑高达18 000英尺[①]到20 000英尺。当他注意到这比他先前认为高度为17 000英尺的英国最高的山还高时，他只是将结果调整为15 000英尺！沙利斯认为，解答这种简单但不寻常的问题需要同时用到两个不同的策略：对数字的估计和对提取结果的可信度的评价。规划与验证这两个要素，均是"中央执行"的核心功能，主要由额叶区域负责。

我和我的美国同事安·施特赖斯古思（Ann Streissguth）和卡伦·科佩拉-弗赖伊（Karen Kopera-Frye）一起，评估了一些青少年对数字的估计情况，这些青少年的母亲均在怀孕期间大量饮酒[29]。怀孕期间饮酒有极大的可能存在致畸的作用，这一行为不仅会改变胎儿身体的发展（酗酒的母亲生出的孩子会有一种呈家族相似性的典型面部特征）；还会削弱皮层回路的发展，引发包括前额叶皮层在内的多个脑区的畸形和异常的神经元迁移模式。我们测

---

① 1英尺 =0.3048米。——编者注

试过的青少年，都能读写数字和解决简单的运算，但是在认知估计任务中，他们却会给出荒谬的答案。被问到菜刀的尺寸是多少时，他们中的一个人说是 6 英尺半。关于旧金山到纽约开车需要的时间，有人说是一个小时。奇怪的是，尽管他们的答案严重错误，但患者几乎都能选择恰当的度量单位。在被要求统计世界上最高的树的高度时，一个患者首先正确地答出是"红杉"，然后胸有成竹地说出高度是 23 英尺 2 英寸[①]！

前额叶皮层非常擅长执行功能，它是人类最独特的脑区之一。事实上，人类物种的出现伴随着额叶尺寸的大幅增加，这种扩展占据了我们大脑的1/3。它们的突触成熟得特别慢。有证据表明，前额叶的神经回路至少在青春期之前一直保持着很好的灵活性，这种灵活性也可能持续到青春期之后。前额叶皮层过长的成熟期可能解释了某些系统误差，尤其是在皮亚杰的测试中，一定年龄组的儿童会表现出"数量不守恒"的现象。为什么幼儿会冲动地根据一排物品的长度做出反应，甚至在他们有能力进行数字加工的时候还是会这样？出现这种过失的原因可能是他们的额叶皮层不成熟，这使他们在回答问题时无法抑制那种自发的但不正确的倾向。"中央执行"系统的不成熟还可以解释儿童在判断时出现的类包含错误：一束花由 8 朵玫瑰和 2 朵郁金香组成，因此玫瑰比花更多。出现这种"孩子气"的回答，很可能是由于前额叶皮层缺乏对行为的监督。另外，反过来，额叶区域是最早经受脑老化效应的脑区之一。我们能够识别出"正常"老化过程中额叶综合征的一些表现：在日常活动中注意力不集中、缺乏计划性、出现持续性的错误。

大脑特异化之起源

现在我来概述一下人类大脑是如何进行算术运算的。数字知识被嵌在一

---

① 1 英寸 =0.0254 米。——编者注

套专门的神经回路或"模块"中。它们中有的用于识别数字，有的将数字转化为内部数量。还有一些负责从记忆中提取算术事实，或为我们能大声说出运算结果做好准备。这些神经元网络的基本特征是模块化。它们在没有明确目标的情况下，在一个有限的领域内自动发挥作用。它们每个都只收到以特定形式输入的信息，并把它们转化成另一种形式。

人脑的计算能力主要在于，它能够在前额叶和前扣带回等执行脑区的支配下，把这些基本神经回路联合成有用的序列。在还有待发现的条件下，这些执行脑区负责以合适的顺序唤起基本神经回路，管理工作记忆过程中结果的流向，以及通过纠正潜在错误来控制计算结果。脑区的特异性使高效的分工成为可能。在前额叶的庇护下，它们的组织很灵活，这种灵活性在设计和执行新的数学策略时非常重要。

负责数字加工的脑区的极度特异化来自哪里呢？自古以来，对近似数量的表征就已经存在于动物和人脑中。因此可见，由位于下顶叶皮层的神经回路组成的"数量模块"是人类的一种遗传物。但是我们又该如何理解负责视觉辨别数字和字母的枕颞皮层，以及参与乘法的左侧基底神经节的特异化呢？人类具有阅读和计算能力只有几千年的历史，相对于通过进化使我们遗传到这些功能所用的时间，这段时间太短了。那么，这种认知能力一定是通过侵入原本用作其他用途的神经回路而产生的。它们的占领如此彻底，以至于它们看起来成了这些神经回路的新的特定功能。

大脑神经回路功能变化的基础是"神经元的可塑性"（neuronal plasticity），即无论是正常的发展和学习，还是脑损伤之后，神经元都有重新连接的能力。但是，神经元的可塑性不是无限的。说到底，成人脑区特异化的模式一定来源于先天遗传和后天环境影响的共同作用。在印刷字体占统治地位的视觉环境中成长起来的儿童，他们的大脑中原先用于物品或面孔识别的视觉皮层的一些区域，会逐渐变为专门用于阅读的区域。或许是基于学习的一般原则，负责对类似特征进行编码的神经元得以聚集在皮层的表面，逐步形成负责数字和字母加工的脑区。儿童在学习乘法口诀表的时候，这些神经回路就自然唤起，它们逐渐就成为专门处理计算的神经回路了。学习也许永远不能创造出全新的大脑回路，但它可以选择、提炼，并使原有的神经回路发生特异性变化，直到它们的意义和功能不同于大自然母亲最初分配给它们的那样。

发展性计算障碍（developmental dyscalculia）是一种在习得数学的过程中似乎不可逾越的障碍[30]。在有该障碍的儿童身上，大脑可塑性的局限非常明显。尽管这些儿童的智力正常，而且在学校多种学科上都取得了好成绩，但他们表现出一种极其狭隘的障碍，该障碍与脑损伤的成人表现出的神经心理缺陷非常相似，它很可能源于专门负责数字加工的脑区早期出现的神经组织紊乱。英国神经科学家克里斯蒂娜·坦普尔（Christine Temple）[31]和心理学家布赖恩·巴特沃思[32]提供了3个著名的例子：

> S.W. 和 H.M. 是在传统学校学习的智力正常的青少年。两个人讲话都很流利。H.M. 有阅读障碍，但她的阅读障碍没有影响到数字加工。和 S.W. 一样，她能出声读出阿拉伯数字，也能比较数字大小。然而，H.M. 和 S.W. 表现出了计算方面的双重分离。S.W. 几乎能够完整地背诵乘法口诀表，并能对任意两个数做加法、减法或者乘法的运算，但他在多位数计算中再三出错。他会在运算的顺序和性质方面出错，而且会若无其事地继续。很小的时候，他就饱受选择性计算程序缺陷之苦，甚至专门的康复治疗都无济于事。相反，H.M. 是一个多位数计算的能手，但她永远记不住乘法口诀表。19 岁的时候，她仍然需要 7 秒钟以上的时间才能对两个个位数进行相乘，且她得出的结果一半以上都是错误的。S.W. 和 H.M. 的高

度选择性缺陷，不可能是因为他们的懒惰或教育的缺陷，很可能源于神经方面的问题。很小的时候，S.W. 就患有结节性硬化症和癫痫。他的脑部 CT 扫描显示，在他的右侧额叶有异常的神经细胞团块，这种异常能很好地解释为何他无法执行序列运算。对于H.M. 来说，尽管她未患有任何已知的神经系统疾病，但是，使用现代脑成像工具来检查她的顶叶和皮层下神经回路的完好程度是非常有必要的。

保罗是一个智力正常的 11 岁男孩。他未患有任何已知的神经系统疾病，有正常的语言能力，能使用大量词汇。然而从很小的时候开始，保罗就存在十分严重的算术困难。乘法、减法和除法运算对他而言都是不可解答的难题。在最好的情况下，他偶尔能通过数手指成功地完成两位数的加法。他的这种缺陷甚至扩展到阅读和数字的书写。在进行数字听写时，如果听到 2，他会写下 3 或 8！他无法正确地出声读出阿拉伯数字，也无法正确地拼读数字单词，他会将 1 读作 "nine"，将 "four" 读作 "two"。他只在面对数字时会出现这种问题。保罗甚至能读最复杂最不规则的英文单词，如"colonel"。他甚至能够正确地读出假词，如 "fibe" 或 "intertergal"。但他为什么会把单词 "three" 读作 "eight" 呢？保罗的数感显然完全紊乱，其严重程度可以与 M 先生相比。这种缺陷出现的时间非常早，所以它阻碍了保罗为数词赋予意义。

C.W. 是一个 30 多岁的年轻人。他在学校期间的表现并不是非常出色，但是他的智力正常。他基本上可以读写三位数以下的数词，却不明白它们的数量含义。加减两个数字会花费他 3 秒多的时间，他做乘法时必须凭借重复的加法运算。只有当两个运算数都小于 5 的时候他才能做对，因为他在运算时可以使用手指。令人惊讶的是，在不数数的情况下，他无法判断两个数字哪个更大。因此他表现出与常人相反的距离效应：他在比较 5 和 6 时花的时间少于比较 5 和 9，因为数字距离越大，他数的时间越长。他甚至也无法判断非常小的数据。当 3 个点呈现在电脑屏幕上时，只有通过一个一个地数出来，他才能说出它们的数量。似乎从儿童期开始，C.W. 就缺乏快速直观地感知数量的能力。

这些著名的案例对发育中的大脑的可塑程度提出了疑问。尽管神经回路具有高度的可塑性，尤其是对儿童而言，但它们并不足以承担任何功能。一些主要由基因控制的神经回路，倾向于成为一小部分特定功能的神经基础，如对数量的评估或对机械背诵的乘法口诀的存储。即使是在非常年幼的时候，这些神经回路的损伤也会导致儿童选择性的缺陷，这种缺陷并不总是能够得到邻近脑区的代偿。

这些案例让我们再次回到本书反复出现的主题：我们对数学对象的心理操作在很大程度上受到大脑结构的限制。数字没有能力完全深入儿童大脑中可用的神经网络，只有某些特定的神经回路有能力参与运算。这可能是因为，那些特定的神经回路属于我们与生俱来的数感的一部分，比如，下顶叶皮层的一些区域；或者是因为它们虽然原本有其他功用，但是由于它们的神经组织具有足够的灵活性，并接近于所需要的数学功能，所以它们被"再利用"于数字加工。

在一张照片上，爱因斯坦躺在床上，他的头部密布着电线，这些电线用于在他"思考相对论"的同时把他的脑电波记录下来。

——罗兰·巴特（Roland Barthes），《神话修辞术》（*Mythologies*）

心算时大脑活动的真相

08

诺贝尔奖获得者理查德·费曼（Richard Feynman）曾这样比喻：通过分析粒子加速器中亚原子的碰撞来研究物理的物理学家，与通过撞碎两个手表之后调查其残骸来研究钟表构造的人并没有什么区别。这种半开玩笑的评价同样适用于神经心理学。神经心理学是一门间接的科学：通过研究脑回路在受损时如何运作来推断它们在正常情况下的组织形式。这种尴尬的研究方式无异于试图通过研究上百个支离破碎的动作，来推断钟表的内部工作原理。

尽管大多数脑科学家信任神经心理学的推断，但他们还是希望能够"打开黑箱"直接观察心算的神经回路。如果能够通过某种方法测量出对数字进行编码的细胞的激活模式，这在神经心理学上将是一个非同寻常的进步。让－皮埃尔·尚热对此表示强烈赞同[1]："这些'数学客体'以一种特定的方式对应于人脑的物理状态，从'原则上'来讲，理应能够通过各种脑成像方法从外部观察到这种对应方式。"

现在，神经心理学家的梦想正在成为现实[2]。在过去的20年里，PET、fMRI、脑电图（electroencephalography，EEG）和脑磁图（magnetoencephalography，MEG）等新的技术已经能够提供活体状态下、正在思考的人的大脑活动图像。借助现代脑成像工具，一个简短的实验就足以考察普通被试在阅读、计算或下棋时脑区的活动状态。这些现代脑成像技术能够以毫秒级的精确度记录脑部的电活动、磁活动，使我们能够看到脑回路的动态信息以及它们确切的激活时间。

运用新技术获得的脑活动图像，在许多方面对神经心理学已有的成果做了补充。长久以来，神经心理学家始终无法理解个别脑区的功能，一方面是因为它们很少受损，另一方面是因为它们一旦受损，则极具破坏力，严重的甚至可以致命。而如今，仅需要一个实验，人们就可以观察到整个人脑神经网络的活动状态。在过去，研究受损大脑的颞部脑回路也同样非常困难，因为受损大脑往往经历了深度的重组。而现代脑成像技术几乎能够实时地把正常人的脑神经激活和传播的过程展现给我们。

现在，我们所拥有的设备如此神奇，几乎能够与科幻作家艾萨克·阿西莫夫（Isaac Asimov）小说中的幻想相媲美。我们竟然能够看到人类思维产生的生理过程，这一事实怎能不引起人们的惊叹呢？新世界的大门已经对科学界敞开，迄今为止，已有众多实验对多种心理活动的脑基础进行了探索，如阅读、运动知觉、言语组织、动作学习、视觉表象甚至痛觉等心理功能。

本书不可能面面俱到地回顾这种方法论变革带来的所有发现，在本章中我只描述心算时人脑活动的相关研究。

心算是否增加大脑代谢

为了追溯脑成像技术的诞生，我们需要暂时把所有的现代技术抛至脑后，去追溯神经科学的久远历史。1931 年，哈佛大学精神病理系的威廉·伦诺克斯（William Lennox）发表了一份报告《大脑血液循环：脑力工作的影响》（*The cerebral circulation: the effect of mental work*），他首次大胆地探索了算术活动对脑功能的影响[3]。伦诺克斯在该报告中提出了一个关键性的问题：认知加工对于脑部能量平衡的影响。心算是否涉及可测量的能量消耗，当大脑所进行的计算在强度上增加时，它是否消耗了更多的氧气？

伦诺克斯设计的实验方法很创新，也很骇人。在实验过程中，实验者需要从被试的颈内静脉血管抽取血样，以测量血液中氧和二氧化碳的含量。该研究中的 24 名被试是在波士顿城市医院进行治疗的癫痫患者。文章并没有报告他们是否了解自己所面临的风险，以及该研究的非治疗性目的。在 20 世纪 30 年代，伦理标准还非常低。

伦诺克斯的实验设计得非常巧妙。他对第一组的 15 名被试每人各进行了 3 次血液采样。第一份血样是在被试合眼休息半小时后采集的。其后，被试拿到写满算术问题的试卷，5 分钟后，在被试努力解答问题时采集第二份血样。最后，在被试休息 10 到 15 分钟之后采集第三份血样。结果很明显：对 3 份血样中的氧含量进行检测后发现，心算时采集的血样氧含量显著增加（见图 8-1）。伦诺克斯没有报告对这一结果的统计检验，但是我个人对原始数据进行统计检验后发现，样本间的这一巨大差异，只有大约 2% 的可能性可以被归结为随机因素。

　　然而这个实验设计存在一个有待完善的缺陷。借用伦诺克斯自己的话说："当一个针头深深地扎进被试的脖子（原文如此）时，想要实现'大脑空白'或者'集中注意力于问题'这样的要求非常困难。每次抽血时被试恐惧和不安的程度可能并不完全相同。"

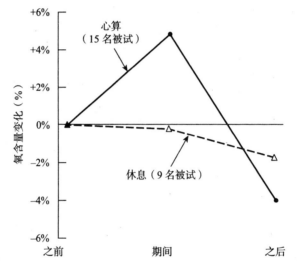

早在 1931 年，伦诺克斯就指出大强度的心算能够引起颈内静脉血管血样的氧含量变化。

图 8-1　心算引发血氧含量变化

资料来源：改编自 Lennox 的研究，1931。

　　为了解决这一质疑，具有先见之明的伦诺克斯采取了预防措施：对另一组在整个测验过程中一直在休息的9个被试同样进行3次血样的抽取和测量，这些被试血样中的氧含量几乎保持稳定。因此在实验组中所观察到的血液氧含量的增加，一定是进行心算时需要花费巨大的努力而造成。这一发现打开了一个通往新世界的窗口，历史上第一次，人类客观地测量了智力活动所引起的能量消耗。

然而，从细节上看，该研究的结果存在明显的矛盾之处，伦诺克斯也注意到了这一点。由于血样来自颈内静脉血管，因此这些血液中的氧气已经经过大脑消耗。如果像预期的那样，心理活动增加了氧气的消耗，那么在脑部血流量不变的情况下，大脑进行智力活动时，静脉血液中的氧含量理应降低而非增加。为了解决这一矛盾，伦诺克斯展现了非凡的预见力，他早在1931 年就提出了至今仍然有效的原则："脑血管扩张引起的脑部血流速度的增加可以解释本研究的结果，这一因素带来的影响超过了耗氧量的增加。"

最近，有关功能性脑成像的研究证实了这个假设，它是现代功能性磁共振成像技术的核心。这个调节系统通过增加脑血流量来应对局部神经活动的增强，这确实能够提供给人脑更多可供消耗的氧。然而，人们对这种奇妙现象产生的原因仍然一知半解。伦诺克斯对这一现象的成功预见，向人们展现了一个研究者对自己工作的极度自信，尽管当时的研究是基于原始的、侵入性的技术。

接下来，我们以一项值得关注的后续研究来结束有关脑成像历史方面的讨论。1955 年，美国宾夕法尼亚大学的路易斯·索科洛夫（Louis Sokoloff）及其同事展开的实验，没有能够再次得到伦诺克斯的结果（尽管他们所采用的方法只有非常细微的不同）[4]。对该研究的回顾让我想起了另外一些对于伦诺克斯研究的批评：伦诺克斯观察到的氧含量的增加可能与心算没有任何关系，这一结果可以被单纯地归结于认真审读试卷上的数学符号时所需的强烈认知活动，以及写下结果时所必需的运动。换句话说，伦诺克斯无法证明他真正地测量出了与视觉和肌肉活动截然不同的纯心理活动的生理基础。

然而对现代读者而言，这一研究最明显的缺陷在于，它完全忽略了脑定位这一问题。在计算过程中，脑部血流增加的情况是遍布全脑，还是只局限于一些特定的脑区？如果是后者，那么对脑部血流量的测量，是否能够成为一种把不同心理过程定位于皮层表面不同区域的工具？伦诺克斯甚至没有说明血样抽自左侧颈内静脉血管还是右侧颈内静脉血管，而这一信息对于心算过程的大脑半球定位具有重要价值。直到 20 世纪七八十年代，随着可靠的功能性脑成像技术的最终出现，空间定位才终于得到改善，人类大脑活动的真实情形也得以展现。

革命性的脑成像技术

紧随伦诺克斯的开拓性研究，许多研究证实，人脑在能量需求方面达到了令人惊讶甚至可谓贪婪的程度。事实上，在整个身体所消耗的能量中，有近 1/4 的能量提供给了脑部。然而，它的局部能量消耗却非常不稳定。当一个脑区投入使用时，它的能量消耗在几秒钟内会突然增加。索科洛夫首次证明了脑部血流量、局部新陈代谢以及脑区活动水平之间的直接联系[5]。比如当我决定动一下右手食指时，左侧运动皮层中一个极小区域内的神经元开始放电，它们的作用是向负责控制食指运动的肌肉发出指令。几秒钟之后，这一区域的脑组织对葡萄糖的消耗增加。同时，为这一区域提供能量的脑部血管和毛细血管中的血流量增加，循环血液体积的增加能够满足甚至超出局部氧消耗量的增加。

在过去 20 年中，人们运用这些调节机制来判断在进行各种心理活动时，哪些脑区处于激活状态。这些革命性的脑成像技术的核心思想极其简单：如果我们可以测量特定脑区的局部葡萄糖代谢或血流量水平，我们就能获得该脑区近期神经活动的状况。但是，想要把这一思想付诸实施，难度非常大。怎样才能评定人脑中每一部分的血流量和葡萄糖代谢水平呢？

索科洛夫从对动物的研究中找到了解决方法。他采用现在被视为经典的放射自显影技术：首先，给动物注射含有放射性示踪物标记的分子，例如氟代脱氧葡萄糖；然后，让动物完成所需任务，例如挪动右爪。依附于葡萄糖分子的放射性氟原子，优先堆积在能量消耗最多的脑区。接下来，动物的脑部被切成薄片。在暗室里，每一片切片被放置在感光底片前面，底片上只有与放射性物质沉积区域相对应的部分才会被曝光。一系列的切片叠加在一起，可以重新建构出注射氟代脱氧葡萄糖时脑区活动范围的三维图像。

放射自显影的空间分辨率很高，但它不适用于人类研究：被试不可能同意进行脑切片或被注射高剂量的放射性物质。然而，从物理学和计算机科学中发展而来的三维重构成像技术可以回避这些难题。在针对人类被试的实验中，实验者所使用的放射性示踪物半衰期很短，在几分钟到几小时之间。实验一旦结束，所有放射性物质会很快消失。给被试注射的放射性药剂的剂量对身体无害，除非频繁地重复使用该放射性药剂。因此，实验可能给被试带来的危害和一次标准的 X 光扫描差不多，也不会比普通的静脉注射疼。在被试自愿参与实验之前，实验者会明白地告知他们这类研究的目的与方法，以使实验符合医学伦理标准。

现在还剩下一个问题：颅骨内部的组织无法直接进行观测，那么，怎样才能探测到放射性物质的浓度？ PET 技术提供了一种高科技的解决方案。该技术的核子物理原理如下：给被试注射能够放射出正电子的示踪物，比如用一种不稳定的氧 15（$H_2^{15}O$）原子来取代水分子中的普通氧原子。经过几秒钟到几分钟的延时之后，这种原子会放射出正电子，一种标记为 e^+ 的反物质粒子，其属性与大家所熟知的电子 e^- 完全相反。这就使被试的头部，实际上包括整个身体，变成了反物质发生器。正如你所预料的，这种情况不会持续很久。正电子很快与距离仅有几毫米之远的、普通物质中大量存在的电子发生碰撞，两者通过同时放射出两个偏振方向相反的高能伽马射线来彼此湮灭，这两个射线从头皮中逃逸出来，而没有与周围原子产生任何交互作用。

PET 扫描的奥秘在于对被试大脑放射出的光子进行探测。为此，数以百计与光电倍增管耦合的晶体排列成一个环形，围绕着被试的头部，它们能够探测出任何可能的衰变。在较古老的单光子发射计算机断层扫描中，人们仅关注由氙（^{133}Xe）之类的放射源释放出的单个伽马射线。而 PET 旨在寻找同步出现的两个伽马射线。在直径上对置的探测器半同步地探测到两个光子时，基本可以肯定一个正电子发生了衰变。探测器的分布模式，同时结合对两个探测器间极短的滞后现象（"飞行时间"）的分析，就能够确定这种衰变发生的三维空间位置。正如其词源所表达的含义，断层扫描能够绘制出某个脑组织功能柱中放射性物质分布情况的"分层图像"。放射性物质的量能够很好地反映局部脑血流量的多少，而局部脑血流量本身是该区域内神经平均活动状况的良好指标。

在实际使用中，一个典型的 PET 实验按如下程序进行：被试躺在断层扫描仪中，按要求执行任务，如移动食指、对数字进行相乘等。同时，使用粒子回旋加速器制作出少量的放射性示踪物。示踪物在制作出来之后，必须立即给被试注射，否则它的放射性水平会很快下降，导致在试验中无法被探测。被试在注射了放射性示踪物之后，继续进行一两分钟的心理活动。在此期间，断层扫描仪重构出放射性物质在被试脑部的空间分布情况。然后被试休息 10 到 15 分钟，直到放射性水平降至不可探测的状态。这一过程可以对同一被试重复多至 12 次，每次注射所接受的任务指导语可以有所不同。

我们能否定位数学思维

尽管第一张脑部活动的图像可以追溯到 20 世纪 70 年代，但是直到 1985 年，人们才开始对正在计算的脑进行探究。瑞典研究者罗兰（Roland）和弗里贝里（Friberg）在这一年发表的研究结果填补了伦诺克斯的研究遗留下的许多空白[6]。他们论文的第一句话表明了该研究的框架：

> 这些实验的目的是证明纯粹的心理活动——思维能够增加脑部
> 血流量，不同类型的思维活动引起不同皮层区域的局部血流量增
> 加。我们认为，思维的最佳定义为："由清醒状态下的被试所完成
> 的、对内部信息进行操作的脑运作活动。"

为了突出"思维过程"，罗兰和弗里贝里精心控制了被试所进行的任务。其中与我们讨论的内容最为相关的任务是，要求被试对一个数字重复减3（"50–3=47""47–3=44"，以此类推），计算过程中被试不能发出声音。过一段时间后，实验者打断被试，要求他们报告当前计算出的数字。在整个测验过程中，心理操作以一种纯粹的内部形式进行，不涉及任何可检测到的感觉或肌肉活动。

除了心算任务，另外还有两项任务用于考察空间想象，即在头脑中想象离开家之后交替进行右转和左转时将会走过的路线，以及言语灵活性，即默背一个以不常见的方式排序的词表。将被试执行测试任务时获得的脑部血流量结果与被试处于休息状态、头脑中没有想什么特别的事情时获得的脑部血流量结果进行比较，可以判断出被试在进行每一项任务时处于活动状态的脑区。罗兰和弗里贝里采用了在现在看来已经过时的成像技术，即向被试颈动脉注射放射性氙，然后对单个光子进行探测。这种方法无法达到 PET 扫描的精度，仅能够观测到靠近皮层表面区域的局部血流量的增加。

所有 11 名被试心算时的大脑活动均主要集中于两个脑区：前额叶的大片区域和角回附近的下顶叶区域（见图 8–2）。两者在大脑两个半球均出现激活，左半球的激活略强于右半球。

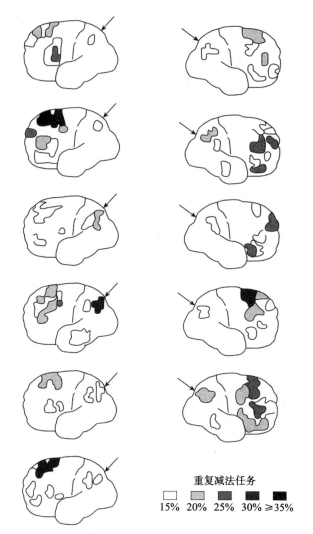

重复减法任务

15%　20%　25%　30%　≥35%

1985 年，罗兰和弗里贝里发表了第一张心算时的脑部活动图像。当时他们采用的方法只能一次观测一个大脑半球。每张图代表一个志愿者的数据。与休息状态相比，重复减法任务中，双侧下顶叶皮层（箭头所指位置）和前额叶皮层多个区域均被激活。

图 8-2　心算时的脑部活动图像

资料来源：改编自 Roland & Friberg, 1985 的数据，版权所有 ©1985 by American Physiological Society。

这个早期的实验在解剖学上的精确度还远远不够。然而，在 1994 年，当美国国家卫生研究院的工作人员乔丹·格拉夫曼、德尼·勒比昂（Denis Le Bihan），以及他们的同事使用更为精确的 fMRI 技术，得到了与这一早期的实验一致的结果时[7]，这个结论的可信度大大提高。格拉夫曼等的实验同样发现，被试在进行重复减法任务时，双侧前额叶和下顶叶皮层均被激活，其中大脑左半球激活的面积大于右半球。我曾作为被试参与了在奥赛（巴黎附近）进行的一个非常类似的预实验。图 8–3 展示了我在进行重复减法任务时的脑部切片图，双侧顶叶及前额叶激活均清晰可见。

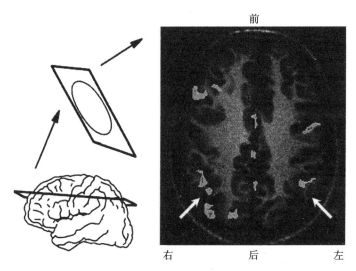

图为重复罗兰和弗里贝里的实验时作者脑部的切片图像。通过高场（3T）fMRI 技术，作者在做减法时脑区的活动增强被记录成像，叠加到传统的磁共振解剖结构成像上之后，就可以看到下顶叶皮层（白色箭头）和前额叶皮层的激活。

图 8–3 作者做减法时，活动增强的脑区切片图

资料来源：Dehaene, Le Bihan, & van de Moortele, 1996，未发表的数据。

在罗兰和弗里贝里的实验中，执行其他任务的测试结果表明，顶叶和前额叶的激活分别对应任务的不同方面。前额叶的激活不仅出现在心算减法任务中，而且出现在所有与心理操作有关的任务中。罗兰和弗里贝里认为，它在"组织思维"的过程中担任了通用角色。与此相反，下顶叶区域的激活似乎仅限于心算，在空间想象和言语灵活性任务中均没有发现这个区域的激活。这两个研究者认为，下顶叶区域是专属于数学思维的脑区，特别是从记忆中提取减法运算的结果。

罗兰和弗里贝里的实验，在促使科学界关注功能成像的价值方面起到了关键作用。3年后，迈克尔·波斯纳（Michael Posner）、史蒂文·彼得森（Steve Petersen）、彼德·福克斯（Peter Fox）和马库斯·拉希莱（Marcus Raichle）发表的研究结果表明，语言加工过程中，任务的不同方面所激活的脑区不同[8]。该瑞典小组的实验确实证明了功能成像的新技术能够分离在进行不同的认知任务时人脑激活的差异。然而，我们应该怎样理解研究者们有关"思维"的一般结论？我们是否能够真正在人脑中定位出一个负责"数学思维"的脑区呢？

我个人对罗兰和弗里贝里提出的功能定位将信将疑。这种认为"思维"是"科学研究的有效对象，能够被定位到大脑中的一个小的脑区"的观点，唤起了原本已经被放到博物馆中的一个过时学科的伺机回归：加尔和施普茨海姆的颅相学，即假定大脑由形形色色的器官组成，它们分别负责一个非常复杂的功能，例如"对后代的爱"。颅相学已经被摒弃了一个多世纪。当然，指责脑成像领域的先驱罗兰和他的同事试图复兴颅相学是非常不公平的。然而，不难发现，最近许多脑成像实验都采取了一种"神经颅相学"的模式，它们唯一的目的似乎只是对脑区进行标记。PET被许多研究小组隐讳地当作一种简单的、能够直接揭示负责某种特定功能（例如数学、"思维"甚至意识等）的脑区的成像工具。这种方法假定每个脑区与认知能力之间有清晰的、唯一的联系：计算能力位于下顶叶区域，思维的组织由额叶皮层负责，等等。

然而我们完全有理由相信，大脑并不是以这种方式运行的。哪怕看起来非常简单的功能，也需要很多脑区的协同作用，它们默默无闻地为认知活动提供了生理基础。在被试读词、仔细思考它们的含义、想象一个场景或进行计算时，十几个甚至更多的脑区得到了激活，每一个区域负责一个基本的操作。例如，识别印刷字母，处理它们的发音，或判断一个词的语法范畴。仅靠一个孤立的神经元，或者一个皮层功能柱，甚至一个脑区，都无法单独进行"思考"。只有当遍布整个皮层和皮层下网络的数以百万计的神经元之间相互协作时，人脑才能够实现它令人惊叹的运算能力。那种认为"思维的组织"这样的一般心理过程仅涉及一个单独脑区的观点，现在已经过时了。

那么，我们应该如何对罗兰和弗里贝里的实验结果进行重新解释呢？正如我们在第 7 章中所看到的，格斯特曼综合征患者的下顶叶区域受损，这种损伤导致 M 先生失去数感。由于所受的损伤很严重，他甚至无法计算出 "3−1" 的结果，并且认为 7 位于 2 和 4 之间。由此可见，这一区域可能负责比较单一的加工：把数字符号转化为量的信息以及表征数字的相对大小。它在算术加工中并不担任通用角色，因为这个区域的损伤并没有影响简单算术事实 "2+2=4"、代数规则 "$(a+b)^2=a^2+2ab+b^2$"，以及数字在其他百科领域所表达知识（1492= 哥伦布发现新大陆的时间）的机械提取。它仅参与对数字的量进行表征的过程，以及确定它们在心理数轴上的位置。普通被试进行重复的减法任务时这一区域的激活，也很好地证明了它在数量加工中的关键作用。

至于瑞典研究小组报告的前额叶的广泛激活，可能包含了很多脑区，它们各自具有不同的功能：对连续运算的顺序进行排序、对它们的执行进行控制，校正错误，抑制言语反应，还有最重要的工作记忆。在前额叶皮层的背外侧区域或是"46区",神经元负责在没有任何外部输入的情况下,对过去或预期的事件进行即时的保持(比如我们预演拨打某个电话号码)。许多实验支持了这一结论,其中以乔基姆·富斯特(Joachim Fuster)和帕特里夏·戈尔德曼 – 拉基克(Patricia Goldman-Rakic)的实验最为出色。该实验发现,当猴子将信息持续数秒保持在记忆中时,前额叶皮层的神经元会持续保持放电状态[9]。罗兰和弗里贝里的3种任务均在很大程度上依赖于这种形式的工作记忆。例如在重复的减法任务中,被试必须随时记住自己计算出的数字,然后随着每一次的减法运算持续更新。这种必需的记忆负荷也许能够解释为什么前额叶回路参与了该任务。

人脑进行乘法运算和数字比较时

罗兰和弗里贝里的实验仅考察了一个复杂的算术任务,目的是确定与算术有关的脑区,这只能算是第一步。神经心理分离技术使我们能够预期更加精细的脑区划分。由于算术运算不同,得到激活的皮层网络理应存在很大的差别。在20世纪90年代早期,我和我的同事率先对这一假设进行了检验,我们考察了大脑在数字比较和乘法运算时激活模式的变化[10]。

这项实验是在奥赛一家装备有先进的脑部新陈代谢测量设备的医疗研究中心进行的。8名医学院的学生志愿参与了实验。他们在早上到达医院采集脑部的高分辨率磁共振解剖结构图像。下午晚些时候,通过PET技术,我们采集了他们在加工数字时处于激活状态的脑区的细节图像。使用该技术获取数字加工时的脑区活动图像,在研究史上尚属首次。

还记得N先生吗?一个不能进行乘法运算,但是可以说出两个数字中哪个数量比较大的患者。我们研究的目的是,考察负责乘法运算的皮层回路与负责数字比较的皮层回路在脑区分布上是否存在不同,就像我们根据N先生的实验结果所假设的那样。我们向被试呈现一些成对的数字，被试对它们进行大小比较或者进行乘法心算。在这两种情况下，运算的结果（不管是其中较大的数字还是它们的乘积）都必须以不出声的方式给出，嘴唇不能出现明显的动作。我们将进行这两个任务时的脑血流量与被试处于休息状态时扫描的结果进行了对比。

正如我们所预期的，与休息状态相比，一些脑区在进行乘法运算和大小比较时有同样程度的激活。这些脑区很可能负责两种任务共有的一些过程，例如提取视觉信息（枕叶皮层）、保持目光固定以及言语产出的内部模拟（运动辅助区和中央前皮层）。

对数量加工至关重要的下顶叶皮层也得到了激活。奇怪的是，在进行乘法运算时，这一区域在大脑两个半球的激活都非常强烈，而在进行数字比较时，激活程度很小，几乎无法探测到。我们的预期与此完全相反：比较任务要求对数量进行加工，而简单的乘法运算只需要言语记忆的参与。我们所使用的乘法问题并不全是简单的，也包含一些像"8×9"或者是"7×6"这样的问题，被试对它们会犹豫甚至可能完全回答不出来。鉴于这种情况，被试在算术事实方面的言语记忆不再可靠，我们推测他们被迫求助于后备策略：更大程度地依赖下顶叶皮层来提供可能的答案。与此相反，我们使用的数字比较任务可能过于简单，因为数字的范围仅仅从1到9，"找出较大的数字"这种任务要求可能太过简单，以至于无法引起下顶叶较大程度地激活。也可能我们留给被试做反应的时间太长，这种情况可能导致脑部的激活被弱化到了无法被探测到的程度。无论如何，从结果来看，下顶叶皮层的激活程度与被试所进行数字任务的难度成正比。

然而，当我们对乘法运算和数字比较任务中的脑区激活情况进行比较时，最有趣的结果出现了。颞叶、前额叶、顶叶的一些区域在大脑两个半球表现出了明显的不对称。在进行乘法运算时，大脑左半球的皮层激活程度较强，而在数字比较任务中，皮层的激活平均分布在两个半球，甚至转移到了右半球（见图 8-4）。这个发现印证了数学领域的一个观点：乘法运算部分依赖位于大脑左半球的语言能力，而数字比较并非如此。与乘法运算相反，数字比较不需要死记硬背。幼儿或者是动物，不需要接受明确教学，就能够自然地形成数量大小的心理表征。因此，大脑不需要把数字转化为语言的形式再进行比较。功能性脑成像也证明了数量大小的比较是一个非语言的过程，它对大脑左右半球的依赖程度相当，并不是更多地依赖于左半球。大脑两个半球都可以对数字进行识别，把它们转化为量的心理表征后再进行比较。

一个被称为左侧豆状核的皮层下核，在乘法计算时也比在数字比较时显示出更强的激活。我们从第 7 章中得知，这一区域的损伤会对乘法计算结果和其他言语自动化加工的记忆造成损害。还记得之前介绍过的，忘记了"三九二十七"与字母表的 B 太太吗？她的脑损伤正是在这个区域。豆状核属于基底神经节，通常认为这一结构负责动作的程序化加工。功能脑成像研究表明，它们同样负责更加精细复杂的认知过程。乘法口诀表在人脑中的存储形式可能是自动化的词序列，因此对它们的回忆是机械化的过程。我们在学校里反复背诵乘法口诀表，它的所有内容都深深地印进了我们的大脑中。这就解释了为什么即使是最熟练的双语者，也选择使用他们学习算术时的语言来进行计算。

乘法和数字比较过程涉及多个脑区，这再次表明算术不是一种仅涉及一个计算中心的颅相学所谓的"能力"，它的每一步操作都需要广泛的皮层网络的参与。与计算机不同，大脑没有一个专门针对算术操作的处理器。为了便于理解，我们可以把它们看成一群各司其职、分工多元化的默默无闻的执行者，单独的某一个只能够完成非常有限的工作，但是作为一个团队，它们能够通过分别负责工作的不同方面，来处理无法单独完成的问题。哪怕是两个数字相乘这样简单的操作，也需要分散于各个脑区的数以百万计的神经元之间的协同。

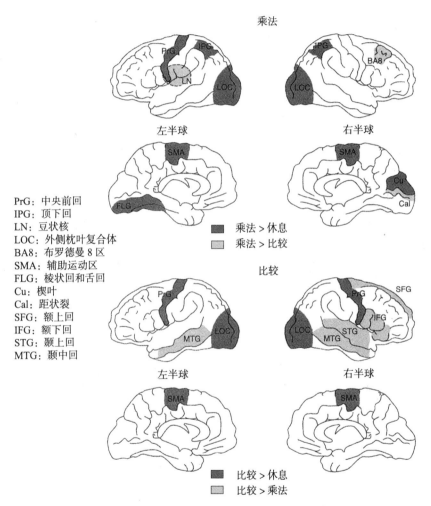

乘法

左半球　　　　　　　　　右半球

PrG：中央前回
IPG：顶下回
LN：豆状核
LOC：外侧枕叶复合体
BA8：布罗德曼8区
SMA：辅助运动区
FLG：梭状回和舌回
Cu：楔叶
Cal：距状裂
SFG：额上回
IFG：额下回
STG：颞上回
MTG：颞中回

■ 乘法 > 休息
▨ 乘法 > 比较

比较

左半球　　　　　　　　　右半球

■ 比较 > 休息
▨ 比较 > 乘法

PET 揭示了被试在闭眼休息的状态下，在对两个数字进行乘法运算时，以及在对这两个数字进行大小比较时，脑血流量发生变化的广泛皮层网络。

图 8-4　乘法运算及数字比较任务中脑血流量的变化

资料来源：改编自 Dehaene et al., 1996。

PET 技术的局限

PET 是一个奇妙的工具，但它也有一些局限。为了检验有关数字信息的皮层和皮层下加工过程的假设，我们希望能够观察到计算过程中人脑激活的时间进程。如果可能的话，我们希望能够每 1/100 秒就获得一张新的脑部活动图像，这样就能够追踪神经激活从后视觉区到达语言区、控制记忆的回路、运动区等的传播过程。尽管 PET 是一种能够在人脑解剖结构上确定活动脑区的出色工具，但这种高质量的空间分辨率是通过牺牲时间分辨率来实现的。每一个图像都描述了一段时间内（至少 40 秒）的平均血流量。因此，PET 几乎完全无法记录人脑活动在时间维度上的变化。

造成这一局限的原因主要有两个。首先，用于探测正电子衰变的光电倍增管必须探测到一定数量的活动，才能够以激活状态显示在图像上。然而每秒钟衰变的数量与被试所注射的放射性物质的剂量成正比，但是，由于伦理方面的原因，给予被试的剂量不能超过规定的标准。其次，就算是每次测量之间持续的时间可以缩短，时间精确度仍然从根本上受制于神经活动变化引起脑血流量变化的延时。每当一个特定区域的神经元开始放电，几秒之后血流量才开始增加。哪怕是可以在几分之一秒的时间内形成脑血流量图像的 fMRI 技术，也同样面临脑血流量反应延时的困境。

简言之，PET 技术局限性的关键是，人脑可以在不到一秒的时间内完成探测、计算、反射和反应，然而以脑血流量为指标的功能成像技术，把这一复杂的顺序性活动压缩成了一张静态的图像。这种做法无异于用几秒钟的曝光时间来拍摄赛马冲过终点的场景。这种模糊的图片也许能够展示出哪些马成功地冲过了终点，但是却遗失了它们到达的顺序。我们现在需要的，是能够对脑部活动拍摄一系列的快照，然后以慢动作重新播放这一过程的技术。

记录脑电信号

在现有的技术中，仅有脑电图和脑磁图有可能满足时间分辨率精确度的挑战。两者均利用了人脑像发电机一样运作这个事实。快速回顾一下神经元之间怎样进行信息传递，有助于我们更好地理解大脑工作的原理。任何神经系统，不管是属于人类还是水蛭，主要由大量的纤维束组成。每一个神经元都有一个轴突——一条长纤维，通过被称为"动作电位"的去极化电波来进行信息传递；还有一个分枝状的树突，负责接收来自其他神经元的信号。当动作电位到达一个突触（一个神经元的轴突末梢与另一个神经元的树突相联系的区域）时，轴突末梢会释放出神经递质，作用于一些嵌在树突细胞膜之中的被称为"受体"的特化分子。这一过程导致受体的形状发生改变，它们变成一种"开放"的结构，在细胞膜上形成了一个允许离子进入细胞内部的通道。神经冲动就是按照这种方式，一步步跨过细胞膜这个障碍，从一个神经元传递到另一个神经元的。

在离子携带着电荷穿过细胞膜进入到树突时，产生了一个非常小的电流，因此每一个独立的神经元都像一个发电机。实际上，电鳐这类生物的放电器官也不过是一个巨大的突触而已，无数类似的神经化学单元在这里组合成一个强大的"电池"。从电鳐的放电器官到人类的神经系统，突触的分子机制非常相似，受体的分子结构也几乎完全相同。得益于我们能够集中大量的电鳐，以获取足够数量的受体分子，用以研究受体的分子结构特征，分子神经生物学家的研究因此取得了非常大的进步。

重新回到对人脑的讨论中来，通过这种方式，每一个活动的脑区产生一个具有不同波形的电磁波，通过容积导电一路传递至头皮。50多年前，汉斯·贝格尔（Hans Berger）最先把这一知识应用到实践中。通过把电极连接在一些志愿者的头皮上，他成功记录了脑电信号（史上第一个脑电图）。这种通过几百万个突触同步活动所产生的信号非常弱，只有几百万分之一伏特。同样它也极度杂乱无章，振幅看起来非常随机。然而，当我们把记录的结果与一个外部的事件，例如视觉呈现一个数字同步时，再把多次呈现过程中的脑电记录进行平均之后，就能够从混乱中得出一个有规律的且包含了丰富时间进程信息的脑电活动模式，我们称其为"事件相关电位"。神经元活动的电信号几乎能够同步地到达头皮表面，因此我们可以在头皮部位以毫秒级的精确度实时地记录神经元活动的信息。使用这种技术我们可以获得脑部活动在时间上连续的记录，它们可以真实地反映不同脑区激活的顺序。

现代技术能够通过多达 64 个、128 个甚至 256 个头皮电极记录事件相关电位。不同电极记录到的波形有所不同，这种在空间分布上的差别能够为脑区活动的位置提供非常有价值的线索。然而从某个角度来讲，这项技术仍存在不足之处。脑电记录在解剖结构上的精确度很低，从根本上来讲，电极所处地理位置的模糊性使它们不能够被直接归属于一个可辨识的解剖结构。在较理想的情况下，通过比较可靠的推论，我们可以重新建构整个皮层区域活动的近似状态。类似的困难同样影响着另一个略为精确，但是更为昂贵的技术——脑磁图，这种技术记录的是脑活动时产生的磁场，而不是电位。然而，这两种方法对于判断心算过程中不同脑区发挥作用的确切时间，均起到了无可替代的作用。

数轴的时间进程

我们当中随便一个人都可以在 4/10 秒的时间内判断一个特定的数字是大于还是小于 5，但是这时长对应于一整套加工过程的总时程，从对目标数字进行视觉识别到动作反应。这个过程是否能够被分解为一些较小的步骤？最终我们发现，脑电图是一种较理想的工具，它能以毫秒级的精确度测量大脑在判断出 4 小于 5 时所用的时间。

　　下面是我最近做的一个实验。我会在计算机屏幕上快速地呈现阿拉伯数字或数词[11]，要求参与实验的志愿者在数字小于 5 时按一个指定的键，在数字大于 5 时按另一个指定的按键。在此过程中，覆盖整个头皮的 64 导电极被用来记录事件相关电位，有专门的软件对多种实验条件下头皮表面电位的发展变化进行逐帧的重构（见图 8–5）。

　　重构的时间进程开始于数字呈现在被试眼前的那一瞬间。在最初几十毫秒，电位几乎始终保持为 0。在大约 100 毫秒的时候，一个被称为 P1 的正电位出现在头皮的后部，它反映了位于枕叶的视觉区域的激活。这个阶段仅涉及低水平的视觉加工，被试还没有知觉到阿拉伯数字和数词之间的区别。然而在 100 到 150 毫秒之间，两种任务突然开始出现分离："four" 这样的数词产生了一个几乎完全单侧集中于大脑左半球的负电位，而 "4" 这样的阿拉伯数字产生了双侧的电位。正如我们从裂脑患者的案例中推论出的结果：阿拉伯数字的视觉识别需要两个大脑半球的同时参与，而识别数词仅需要左半球参与。

　　数词和阿拉伯数字在头皮后部左侧引发的事件相关电位，看起来几乎完全相同。然而更精确的记录显示，数词和阿拉伯数字在大脑左半球引发的电位可能来自相邻而并非相同的脑区。对于一些癫痫病患者，为了避免颅骨引起的电信号的变形，神经外科医生会将一套电极直接插入皮层表面，以提高脑电信号的空间定位精确度。耶鲁大学的特鲁特·阿利森（Truett Allison）、格里高利·麦卡锡（Gregory McCarthy）及同事把这种技术运用于精确地记录腹侧枕颞区域对不同范畴的视觉刺激（如单词、数字、物品的图片和面孔的图片）的反应[12]。他们的实验结果证明，对不同范畴的视觉刺激进行加工的脑机制具有极度特异性的特征。在某些情况下，一个电极仅在对单词进行加工时探测到电信号，一个与其相隔 1 毫米远的电极只对阿拉伯数字有反应（见图 8–6），另一个仅对面孔有反应。这些在不到 200 毫秒的时间内出现的高度特异性的反应表明：按照能够引发激活的刺激类型进行分类，各个类别的视觉检测器分散地位于视皮层底部表面。

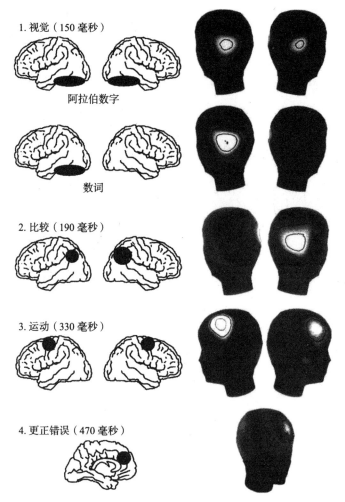

1. 视觉（150 毫秒）

阿拉伯数字

数词

2. 比较（190 毫秒）

3. 运动（330 毫秒）

4. 更正错误（470 毫秒）

记录皮层活动所引起的头皮电压的微小变化（脑电图），能够重构出数字比较时皮层激活的时间顺序。在这个实验中，志愿者通过使用左手或右手尽可能快地按键来回答他们看到的数字是大于 5 还是小于 5。我们已经能够确定 4 个加工阶段：1. 对靶刺激（阿拉伯数字和数词）的视觉识别；2. 对相应数量的表征以及和记忆中的参照标准进行比较；3. 手动反应的编程和执行；4. 对偶尔出现的错误进行更正。

图 8-5　比较数字大小时皮层激活的时间顺序

资料来源：改编自 Dehaene, 1996。

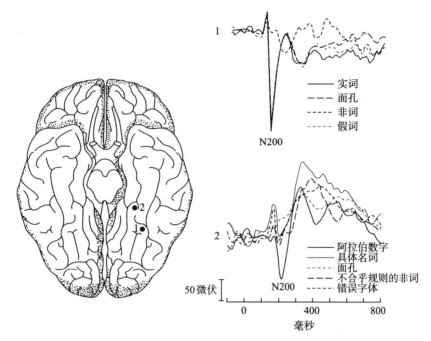

颅内电极揭示，腹侧颞枕区域在对不同范畴的刺激进行视觉识别时表现出良好的特异性。位置 1 的皮层 282 对字母串（无论它是不是一个有意义的单词）有反应，而对面孔没有反应。相邻的位置 2 的电极只有在阿拉伯数字出现的时候才产生电位，而不对面孔或是字母串产生反应。

图 8-6　不同范畴的视觉刺激引发不同的位置被激活

资料来源：Allison et al., 1994，版权所有 ©1994 by Oxford University Press。

就这样，在 150 毫秒的时候，特化的视觉区中的一部分神经元识别出了数字符号的形状，然而这时大脑并没有理解它们的意义。大约到了 190 毫秒时，出现了第一个数量编码的迹象：分布在前额叶皮层的电极突然表现出了距离效应。那些距离 5 比较近，因此也较难进行比较的数字，引发了比远离 5 的数字更大的振幅。这种效应在大脑左右两个半球均有发现，但是右半球表现更明显。因此，只需要 190 毫秒，位于大脑两个半球下顶叶区域的 "数感网络"已经得到了激活。细节分析表明，阿拉伯数字和数词的电位距离效应表现出了相似的脑区激活模式。这一结果证实了下顶叶区域与数字所呈现的形式无关，只涉及它们抽象量的大小。

随着时间的发展，接下来到达了对运动反应进行编码的阶段。位于前运动和运动脑区的电极所记录到的电压在大脑两个半球上表现出非常明显的差别。当被试准备用右手做出反应时，位于左半球的电极会出现一个负电位；与此相反，当被试准备用左手做出反应时，头皮的右侧出现负电位（要牢记左侧运动皮层控制身体右侧的动作，反之亦然）。这种单侧的准备状态电位最早出现于屏幕上呈现数字之后的250毫秒时，在330毫秒的时候达到顶峰。截至这个时候，对数字进行比较的加工过程已经完成，因为大脑已经得到了"大还是小"的答案。基于上述过程，通过视觉识别数字的形状并获取它的数量大小信息需要 1/4 到 1/3 秒的时间。

平均而言，被试的反应发生在 400 毫秒左右，在肌肉收缩和实际执行所选反应的延时之后。我们继续分析了这个时间点之后的过程。实际上，在运动反应之后，会发生一个非常有趣的电位事件。要知道哪怕在数字比较这样初级的任务中，我们也偶尔会犯错误。大多数错误是由于对反应有错误预期，它们很快会被察觉并被更正。事件相关电位揭示了这种更正产生的源头[13]。在错误产生之后极短的时间内，位于头的前部的电极突然迸发出一个强度非常大的负电位信号，正确的反应之后没有这样的信号。因此，人脑的这个活动肯定反映了对错误的察觉和试图更正。它出现的位置表明该信号可能来源于前扣带回皮层内部，这个脑区负责对动作的注意控制和抑制不必要的动作。这种反应出现得非常迅速，几乎是在按了错误按键之后 70 毫秒内，因此不可能是来自感觉器官的反馈。另外，我的实验也没有提供按键反应正确与否的反馈。每当被试察觉到他们正在进行的行为与他们意图做出的反应不相符时，前扣带回会得到内源性的激活。

我再次强调一下刚刚描述过的所有加工过程——数字识别、数量信息的获取、比较大小、选定反应、动作的执行，以及对潜在错误的探测，它们均发生在半秒之内。信息以惊人的速度在脑区之间进行传递。迄今为止，也只有脑电图和脑磁图能够实现对这种变化进行尽可能实时的追踪。

不同的单词激活不同的脑区

我们可以通过另一个例子来想象一下，人脑对数字信息进行加工的速度有多快。看一下这两个词，EIGHTEEN（18）和 EINSTEIN（爱因斯坦）。只需要不到 1 秒的时间，我们就足以意识到第一个词是一个数字，而第二个词是一个著名物理学家的名字。同样，我们也可以非常轻松地判断 EXECUTE（执行）是个动词、ELEPHANT（大象）是种动物、EKLPSGQI 是一串没有意义的字母。究竟是哪个脑区负责对这些看起来随意，却有着非常丰富意义的单词进行分类呢？我们是否能够通过记录事件相关电位，来揭示负责单词意义表征的脑区呢？在仅需读"eighteen"这个词而不要求进行任何计算的情况下，下顶叶皮层是否得到了激活？

通过遍布头皮的电极记录到的电位变化，可以发现参与实验的志愿者集中注意力对单词进行语义分类时脑区激活的顺序[14]。最初，印刷体字母串 EIGHTEEN、EINSTEIN 和 EKLPSGQI 在大脑左半球视觉脑区的激活不存在区别。然而，在大约 1/4 秒之后，后视觉区就已经能够分辨真实的单词和不符合英语组词规则的字母串。稍晚，大约在单词呈现在屏幕上 300 毫秒之后，属于不同范畴的单词所引起的脑电成分开始出现区别。另外，像"eighteen"这样的数词仍然能够引起左侧和右侧下顶叶区域的电位变化。大脑似乎必须根据它们在数轴上的位置来重建数量表征，只有这样，才能判断它们到底是不是一个数量。

与此相反，其他范畴的单词激活的脑区有很大不同。动词、动物、名人都能够引起左侧颞叶区域的强烈激活，长久以来这一区域一直被认为在对词的意义进行表征时起关键作用。但是，不同范畴之间存在一些细微的差别。其中最明显的是名人的名字：无论是 EINSTEIN（爱因斯坦）、CLINTON（克林顿）或者是 BACH（巴赫），它们是唯一能够引起颞下区域激活的刺激，这一区域在其他实验中被确定为负责识别熟悉面孔的脑区。最近的一些实验也均有此发现。很多不同范畴的词——动物、工具、动词、颜色词、身体的部位、数字，等等，均被证明依赖不同位置的、遍布整个大脑皮层的脑区。对于任何一种范畴的单词，在判断它所属的范畴时，大脑似乎都会以自上而下的方式激活保存这些词的非言语信息的脑区。

对人脑的科学探索方才起步

尽管脑电图已为现有研究做出了许多重要贡献，但它仍然是一种间接的、不够精确的手段，必须等到成千上万的神经元细胞同步激活之后，才能够从头皮上检测出它们的电信号。神经科学家一直梦想能有一种技术，使他们能够考察人脑中单个神经元激活的时间模式，就像常规的动物实验一样。从某种程度上来讲，这种技术已经实现了。在个别情况下，实验者会把电极直接植入人类大脑皮层，但是这项技术极具侵害性，只允许在非常特殊的情况下使用。例如，对于一些患有顽固性癫痫的患者，必须使用神经外科手术来移除引起癫痫发作的异常脑组织，植入颅内电极仍然是最有效的确定这些脑组织具体位置的方式。具有多个电位记录点的细针被深深地插入患者的大脑皮层及皮层下的神经核。这些电极通常会保留很多天，用来收集足够多的癫痫重复发作时的数据。在患者同意的情况下，我们当然可以利用这种设备来研究人脑神经元对信息的加工。通过植入的电极，我们可以在患者读词或是进行简单的运算时直接记录人脑的电活动。我们可以测量出一个体积很小（几立方毫米）的皮层内的神经元活动的平均值，甚至是单个的神经元活动，这取决于电极的不同性质。

在圣彼得堡的一家脑研究中心，亚尔钦·阿卜杜拉耶夫（Yalchin Abdullaev）和康斯坦丁·梅尔尼丘克（Konstantin Melnichuk）使用这种方法，记录了患者在进行数学和语言任务时顶叶皮层中一些单个神经元的活动情况[15]。在第一种条件下，屏幕上呈现一系列数字，患者需要累加计算出数字的总和，将这种条件与控制条件进行对比，在控制条件下患者只需要出声读出同样的数字。在第二种条件下，患者要对两个数字进行加法或者减法运算，例如 54 和 7，同样，控制条件下只要求被试出声读出这两个数字中的一个。第三种条件与数学无关，需要判断一个字母串，如"horse"或者"torse"是不是真实的英语单词。

结果一目了然。只有当数字呈现的时候，位于大脑两个半球下顶叶脑区的神经元才会得到激活。大部分神经元的放电在进行计算时比单单读出这个数字时要强。但是，少量位于右顶叶皮层的神经元在仅仅读到数字 1 和 2 的时候也会出现放电频率的增加。当被试读数字的时候，这些神经元仅在数字呈现之后很短的一段时间内处于激活状态，从 300 毫秒到 500 毫秒。但是在被试进行加法和减法运算时，它们的激活状态可以持续到视觉刺激呈现之后800 毫秒时（见图 8–7）。

神经元记录的结果为我们通过神经心理学、PET、脑电图等方法获得的推论提供了支持。一旦我们需要在心理层面操纵数量信息，下顶叶皮层回路就起着至关重要且非常具体的作用。

当然，本章报告过的这些零零碎碎的实验只能代表脑成像研究的开端。直至 20 世纪 90 年代，对活动中的人脑进行可视化的工具才开始普及。仅在数学研究领域，就存在着诸多从未被探索过的问题。顶叶神经元是否仅对特定的数字做出反应？下顶叶区域如何对数量表征进行组织，是否系统地按照数量的大小把它们表征在皮层的不同的位置？加法、减法和数字比较是否涉及不同的脑回路？这些脑回路的组织是否会因为年龄、数学教育程度或心算能力的区别而不同？下顶叶区域还与其他哪些脑区有联系？另外，它是怎样与包括负责对数词以及阿拉伯数字进行识别和命名的脑区在内的其他脑区进行联系的？

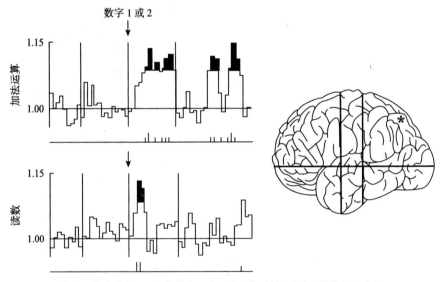

箭头所指之处表示阿拉伯数字 1 或 2 呈现的时刻。图中用黑色标记出了神经元放电频率显著有别于基限水平的持续时间。当被试对数字进行累加时，神经元活动持续的时间长于仅仅把数字出声读出来。

图 8-7　在进行数字加工时，人脑顶叶皮层的神经元活动持续时间更长

资料来源：改编自 Abdullaev & Melnichuk, 1996。感谢 Y. Abdullaev。

　　我们对这一广阔领域的了解非常有限，还可以列举出无数亟待解决的问题。随着新的脑成像技术的不断开发应用，我们对于人脑的科学探索其实才刚刚开始。从神经回路到心算、从单个的神经元到复杂的算术功能，认知神经科学发现了不同脑区之间越来越多的紧密联系，展现给我们一个在复杂程度上远远超出想象，也更加引人入胜的广阔前景。对于神经元组织怎样变成"思维的物质"[16]，这种说法来自让－皮埃尔·尚热和阿兰·孔涅，我们只见到了冰山的一角。请拭目以待，因为在接下来的 10 年里，关于大脑，这个使我们成其为人的特殊器官的研究，将会取得更多激动人心的成果。

数学家是一种为了把咖啡转化为定理的机器。

数学认知研究与数学的本质

09

"人能够理解的数字是什么？能够理解数字的人是什么样的？"这个问题由神经学家沃伦·麦卡洛克在 1965 年隆重提出[1]，它也是科学哲学史上最古老的命题之一，是 2 500 多年前，柏拉图和他的弟子们坐在史上第一个学院的长椅上探讨的问题。我一直很好奇，过去那些伟大的哲学家会如何看待神经科学和认知心理学取得的数据。PET 获取的图像会激发柏拉图学派怎样的讨论？考察新生儿算术能力的实验，会迫使英国经验主义哲学家对他们的学说做出怎样大幅度的修改？法国哲学家狄德罗会怎样理解那些证明了知识在人脑中极度分散的神经心理学数据？如果笛卡尔能够成长于当代神经科学对数据严密要求的环境下，而不是他那个"追逐浮华"的时代，他会拥有怎样敏锐的洞察力？

这次对算术和大脑的探索已基本告一段落。鉴于我们对于人脑怎样表征和操纵数字有了更深的理解，是时候总结一下这些实验数据在哪些方面影响了我们对于人脑和数学的理解。人脑学习数学的方式是什么？数学直觉的实质是什么，这种直觉是否能够得到提高？数学与逻辑的关系是什么？为什么数学对于物理科学如此重要？这些问题并非只是那些藏在象牙塔里的哲学家的学术反思。这些问题的答案，对于我们的教育政策和研究项目具有举足轻重的影响。皮亚杰的建构主义和布尔巴基学派①的严谨性均在我们的学校教育中留下了痕迹。这些苛刻的教育理论是否有可能会让位于更为温和、更优化、基于真实的人脑数学加工过程的教学方法呢？只有对数学的神经心理学基础进行全面深刻的思考，我们才更有可能实现这个至关重要的目标。

大脑是逻辑机吗

如果人脑是一台能够孕育出数学的机器，那么它会是哪种机器呢？沃伦·麦卡洛克认为他能够给出一部分答案。作为一个数学家，他非常急迫地想要了解"数学这种东西到底是怎样诞生的"。早在 1919 年，他便开始转向心理学的研究，之后又开始进入神经心理学领域。他一直坚信人脑是台"逻辑机"。1943 年，在一篇与沃尔特·皮茨（Walter Pitts）共同完成的非常具有影响力的文章中，麦卡洛克把神经元从复杂的生物反应中剥离出来，简化为两种功能：合计各个神经元的输入以及把总和与一个特定的阈限进行比较。然后他证明了，由许多这种连通单元组成的神经网络可以完成不同复杂程度的计算任务。用计算机科学的行业术语来说，这样的神经网络具有图灵机的计算能力。图灵机是一个抽象的计算模型，由杰出的英国数学家阿兰·图灵（Alan Turing）在 1936 年提出，"它"能够通过计算机实现读、写和使用机械操作转化数据这些基本操作。麦卡洛克的研究证明，任何通过编

---

① 法国的数学学派，以结构主义观点从事数学分析，认为数学结构没有任何事先指定的特征，它是只着眼于它们之间关系的对象的集合。——译者注

程可以在计算机上实现的行为，拥有足够多线路的简化版神经元网络也同样可以实现。简单来说，他认为："对于任何可用机器计算的数字，神经系统也都可以对其进行计算。"

麦卡洛克追随了乔治·布尔（George Boole）的脚步，乔治·布尔在1854年开始了一个独立研究项目，目的在于"探索进行推理时心理活动的基本规则，并用微积分的符号语言来对此进行描述，在此基础上建立逻辑科学并构建出其方法"。[2]

布尔是"布尔逻辑"（Boolean logic）的创始者。布尔逻辑描述了被标记为1和0的二进制变量"真"和"假"怎样与逻辑计算进行结合。现在通常认为，布尔代数属于数学逻辑或计算机科学的范畴。但是布尔本人认为，自己的研究是心理学方面的一个重大贡献，他出版的图书《思维法则的探索》（*An Investigation of the Laws of Thought*）正是这种贡献的凝练表达。

把人脑喻为计算机如今大受欢迎，不仅仅是普通大众，也包括认知科学方面的专家，这是心理学中所谓"机能主义"（Functionalist）研究取向的核心内容。机能主义主张研究心理的算法，而不去关心大脑如何运作。典型的机能主义观点强调使用相同的算法必然会得出相同的结果，无论这一过程发生于一台超级计算机还是便携式电子计算器。同样，就算计算机由硅构成，而大脑由神经细胞组成，又有什么关系呢？在机能主义者看来，心理是软件，人脑是硬件，它们是相互独立的。根据美国数学家阿隆佐·丘奇（Alonzo Church）和阿兰·图灵的研究，所有人脑能够进行的计算功能，图灵机或者是计算机都能实现。在1983年，菲利普·约翰逊－莱尔德（Philip Johnson-Laird）甚至极端地声称"（大脑的）物理特性并没有对思维的形式产生任何束缚"，这种情况就导致"脑－机隐喻"（brain-computer metaphor）成为"永恒的主题"[3]。

大脑是否仅仅是一台计算机或者"逻辑机"？它的逻辑结构可以解释我们的数学能力吗？对它的研究是否应该独立于神经基础？我怀疑机能主义对于心理和大脑之间关系的理解太过狭隘[4]，希望你不会对此感到太吃惊。以纯粹的经验主义的观点来看，"脑－机隐喻"并不是能够解释所有实验数据的最佳模型。前面的那些章节中有很多证明人脑并不像"逻辑机"那样进行计算的内容。对于"智人"来说精确计算很困难。与其他物种的动物一样，人类生来对数字就具有一种模糊的、近似的概念，这与计算机对数字进行表征的方式完全不同。数字语言的发明以及精确计算的算法也要归功于人类文明的发展，而且从某些方面来讲，它是一种反常的进化。尽管我们的文明发明了逻辑和算术，但我们的大脑仍然很难接受哪怕是最简单的算法。只需要想一下儿童在理解乘法口诀和四则运算法则时有多么艰难，就明白了。哪怕是经过多年训练的计算天才，也需要几十秒的时间得出两个六位数相乘的结果。这比反应最慢的电脑还要慢上几千倍甚至几百万倍。

"脑－机隐喻"存在非常滑稽可笑的不合理之处。在计算机表现得非常出色的领域，例如完美地执行长串逻辑步骤，我们的大脑非常迟钝，并且错误百出。相反，在模式识别和有意义的归因方面，计算机遭遇了极大的挑战，我们的大脑却以其非凡的速度脱颖而出。

从神经回路自身来看，把大脑比作"逻辑机"也经不起推敲。尽管麦卡洛克和皮茨的形式神经元有时与真实的神经元非常相似，但每一个神经元能够完成的生物学功能十分复杂，远不止对其所有输入进行逻辑相加，最重要的是，真正的神经网络完全不同于现代计算机芯片中严格装配的晶体管。技术上来讲，我们可以把形式神经元集中起来以增强逻辑上的功能，正如麦卡洛克和皮茨所做的那样，然而这并不是中枢神经系统真正的运作方式。"逻辑门"(Logical gates)①并不是大脑最基本的操作方式。如果我们非要找出神经系统的一个"原始"功能的话,那可能是神经元通过度量成千上万个其他单元输入的神经冲动来识别基本"形状"的能力。识别近似形状是大脑最基础最直接的属性,而逻辑和计算是衍生出来的能力,并且仅存在于灵长类中唯一的、受过适当教育的物种的大脑中。

平心而论,实际上很多机能主义心理学家并不局限于简单的"人脑 = 计算机"的等式。他们的立场更加微妙,他们认为人脑并不一定等同于任何一种我们现在使用的计算机,而是一种信息加工的设备。按照他们的观点,心理学家仅需要关注神经模块对于它们接收到的信息进行转化的特点。尽管至今我们仍不能理解这些转化的算法,即使现存的计算机也没有能力执行它们,但从原则上来讲,所有的脑功能都理应能够被简化为特定的算法。这种观点把有关神经元、突触、分子及其他心理"湿件"②的研究与心理学彻底割裂。

然而该分支也面临很多问题。这并不意味着,纯粹地从行为层面来研究大脑的算法或者人类的活动是不可取的。人们可以通过研究一台机器的基本原则来了解这台机器,但是如果我们能够了解机器是怎么建造出来的,难道不是能够取得更多的进展吗?科学史上全是这种例子,对某种现象的物理和生物基础的理解引发了对于其功能特性理解的迅速进步。例如,DNA 分子结构的发现,从根本上修改了人们对于多年前孟德尔发现的遗传"算法"的理解。同样,新的脑成像工具正在彻底改变我们对大脑功能的认识。如果心理学家们追随机能主义者,摒弃了这些"无助于理解认知"的工具,岂不是很

---

① 逻辑门又称"数学逻辑电路基本单元",即执行"或""与""非""或非""与非"等
　逻辑运算的电路。——编者注

② 湿件是指与计算机软件、硬件系统紧密相连的人(程序员、操作员、管理员),以及
　与系统相连的人类神经系统。——译者注

荒谬？实际上，绝大多数机能主义者并不反对神经科学的研究，反而认为它对实验心理学和临床心理学的发展做出了重要的贡献。

机能主义者对大脑加工过程能够被计算机复制这一信念的坚持，引发了另一个不幸的后果。这致使他们忽视了人脑功能中很难符合计算机形式体系的方面。这大概解释了为什么认知科学基本上不去探讨情绪在智力生活中的作用。然而，情绪理应在任何一个脑功能理论中占有一席之地，包括数学的神经基础。数学引发的焦虑可以使儿童陷入类似瘫痪的状态因而无法习得最简单的算术法则。相反，对于数字的热情可以让一个平庸的人变成计算天才。在《笛卡尔的错误》（*Descartes' Error*）①一书中，神经心理学家安东尼奥·达马西奥展示了情绪和推理是如何紧密联系在一起的，如果负责情绪内部唤起的神经系统受到外伤，人们在日常生活中进行理性决策的能力也会受到显著影响[5]。而"脑–机隐喻"却很难符合这些观察到的事实，因为这些事实意味着脑功能并不局限于完全按照逻辑规则来进行的信息的"冷"转化。如果我们想要真正理解为什么数学凝聚了这么多来自人们的热情和怨恨，我们就必须像重视推理的运算过程一样重视情绪的规则。

人脑中的模拟计算

"脑–机隐喻"的漏洞没能逃过计算机科学家的雪亮眼睛。早在 1957 年，计算机科学的创始人之一约翰·冯·诺伊曼（John Von Neumann）就在《计算机与人脑》（*The Computer and the Brain*）一书中提出："人脑的语言并非数学的语言。"[6]他建议，我们不应该把所有机器全部简化为数字计算机。完全不符合数学逻辑的模拟机反而可以进行更加高级的计算。模拟机是指一

---

① 知名神经科学家安东尼奥·达马西奥的颠覆性巨著，标志着 20 世纪时代思想的转折。该书中文简体字版已由湛庐引进，北京联合出版公司 2018 出版。——编者注

台机器在进行运算时采用操纵连续物理量的方式，这些物理量用于模拟进行运算时使用的变量。比如在《鲁滨孙漂流记》中主人公使用的"计算器"，容器中水的高度充当数字模拟物的角色，增加水就相当于模拟了数字加法。冯·诺伊曼提出了一个非凡的见解：人脑可能是一台"模拟 – 逻辑"混合的机器，它可以把符号编码和模拟编码无缝结合。我们的大脑在逻辑和数学方面的任何能力局限，都不过是按照非逻辑规则组织的神经元系统的外部表现。用冯·诺伊曼自己的话说：

> 每当提到数学时，我们很可能是在探讨一种"第二"语言，它建立在中枢神经系统真正使用的"第一"语言的基础之上。因此，从探讨中枢神经系统"真正"使用的数学或逻辑语言的角度来看，数学的外部形式无关紧要。

我们进行数字大小比较的方式确实表明，比起数字计算机，人类大脑与模拟机更为相似。任何编写过计算机程序的人都知道，数字比较操作属于最基本的处理器指令。只需要一个简单的固定时长的计算循环，通常不到 1 毫秒，计算机就可以判断一个寄存器中的内容小于、等于还是大于另一个寄存器中的内容。而人脑并非如此。在第 3 章中，我们已经知道一个成年人需要将近半秒的时间对两个数字或者任何两个物理量进行比较。电子芯片只需要少数的晶体管就可以完成比较任务，神经系统却需要调动庞大的神经元网络，投入大量的时间来得到同样的结果。

另外，人类在比较数字时使用的方法很难在数字计算机上实现。我们不可避免地会表现出距离效应：比较两个距离较近的数字（如 1 和 2）比两个距离较远的数字（如 1 和 9）需要消耗更长的时间。与此相反，无论对哪些数字进行比较，现代计算机所需的时间都是固定的。

设计出可以重现距离效应的电脑算法非常具有挑战性。就拿图灵机来说，编码数字的最简单途径是把一个符号重复 n 遍，即把数字 1 表征为一个任意的字符 "a"，2 则表征为字符串 "aa"，"9" 为 "aaaaaaaaa"。但是机器只能对字符串逐字符地进行加工。因此大多数的比较算法所需要的时间只与需要比较的两个数字中较小数字的大小成正比，而与两个数字之间相差的距离完全无关。当然我们可以把图灵机编程为比较这两个数字在字符上的差别，这样当两个数字越接近时所消耗的时间反而越少，与人脑的表现完全相反。

二进制计数法是另一种在数字计算机上表征数字的简单方法。每个数字都被编码为一个由 0 和 1 组成的数字串。比如 6 被编码为 110，7 为 111，8 是 1 000。对于这种类型的内部编码，距离效应会发生奇怪的变化：对 6 和 7 进行比较所需要的时间较长，因为它们只有最后一位数字不同，而比较 7 和 8 所用的时间则比较短，因为它们从第一位数字起就开始出现不同。无须赘述，这种独特的效应在心理学中不可能发生，因为心理学所观察到的数据恰恰与此相反：对 6 和 7 的判断比对 7 和 8 的判断稍微容易一些。

距离效应是人脑在进行数字加工时最基本的特性，鉴于大多数数字计算机都无法实现，那是否存在其他种类的可以自发产生距离效应的机器呢？答案是肯定的。几乎所有的模拟机都可以建立模型来复制距离效应。以最简单的一台天平为例。把重量为 1 磅①的物品放入左边的托盘中，把重量为 9 磅的物品放入右边的托盘中，几乎就在放手的一瞬间，天平立刻向右侧倾斜，这意味着 9 比 1 大。现在把 9 磅的物品用 2 磅的物品来代替，再重复刚才的过程。需要经过明显较长的一段时间之后天平才能完全倾向右侧。因此天平和人脑一样，认为对 2 和 1 的大小比较比对 9 和 1 的更难。实际上，天平完全倾斜所需要的时间与重量差的平方根成反比，这个数学函数完美地拟合了

---

① 1 磅 =0.4536 千克。——编者注

我们比较两个数字所需要的时间。

因此，人类对数字进行比较时采用的算法可以被形容为一台"衡量数字"的天平。比起数字计算机的程序，人类大脑的算术能力更容易被模拟机模拟出来，例如天平。有人会提出异议，认为我们完全可以用数字计算机成功地模拟出模拟机的行为。的确如此，但有些混沌的物理系统无法被精确地模拟出来。然而，实际上起决定作用的，仍然是计算机试图仿造的模拟机中的物理系统，数字计算机的算法依然完全无法反映人脑的规则。

我们在比较数字时采用一种特殊方式，它揭示了人脑对环境中的参数（如数字）进行表征的基本原则。与计算机不同，它不是依赖数字代码，而是依赖对连续变量的内部表征。人脑不是逻辑机，而是模拟装置。兰迪·加利斯特尔用非常简单的话表达了这个结论："实际上，神经系统颠覆了用数字来表征量的表征惯例。老鼠（和智人一样）并不使用数字来表征量，而使用量来表征数字。"[7]

更加合理的数学教学策略

来自另一个方面的研究也同样不支持人脑以"逻辑机"的方式处理数学问题这个假设。从 19 世纪末开始，一些数学家和逻辑学家，如戴德金、皮亚诺、弗雷格（Frege）、罗素和怀特海等，就试图把算术建立在纯粹的形式基础上[8]。他们设计了非常精密的逻辑系统，试图通过使用定理和句法规则模仿人类的数字直觉。这种形式主义的取向最终面临一系列问题，进一步揭示了把人脑功能归纳入一个形式系统是多么艰难。

皮亚诺公理（Peano's axioms）是其中最简单的。抛开数学术语，这些公理本质上可以被简单描述如下：

- 1是一个数字。

- 每一个数字都有一个后继数，可以被记作 S_n 或者简单的 $n+1$。

- 除1以外的所有数字前面都有一个数字（假设我们只考虑正整数）。

- 两个不同的数字不能有相同的后继数。

- 归纳公理（Axiom of recurrence）：如果数字1符合一个性质，并且 n 和 $n+1$ 都符合这个性质，那么所有的数字均符合这个性质。

这些公理看起来似乎很复杂并且毫无道理。它们所做的只是把整数链（像1、2、3、4等）这个具体概念形式化。这些公理反映了我们认为这个链没有终点的直觉：每一个数字之后都会跟着另一个与之前所有数字都不一样的数字。最后，它也包含了非常简单的加法和乘法的定义：加一个数字 n 是指重复后继操作 n 遍，与 n 相乘表示重复加法操作 n 次。

但是，这种形式存在一个重大问题。皮亚诺公理很好地描述了整数的直观属性，也同样适用于其他一些我们不愿称其为"数字"的客体，这些客体能够满足皮亚诺公理的各个方面。它们被称为"算术的非标准模型"，给形式主义的研究取向带来了相当大的困难。

想要用简单的几句话来讲清楚什么是非标准模型非常困难，但是一个经过简化的比喻应该可以让读者对这个概念产生足够的认识。在常见的整数集"1、2、3……"的正中间加入一些新的元素，如一个向两端无限延伸的新的数轴。

为了避免迷惑，我们把新数轴上的数字标记上星号，像是 –3*、–2*、–1*、0*、1*、2*、3*,等等，用来代表第二个集合中所有的数字。标准整数与现在的新元素重新组合之后得到的这个集合，我们称之为"人工整数"：

A={1,2,3······–3*,–2*,–1*,0*,1*,2*,3*······}.

A 集合非常符合"人工"这个名称。这是一个不符合任何直觉的妄想物。我们肯定不会把这些元素称为"数字"。然而除了归纳公理（因为现在这个例子太过简化了），它们符合其他所有皮亚诺公理：人工数字 1 不是任何一个其他人工数字的后继数，除此以外的其他人工数字在集合 A 中均有且仅有一个相互之间不同的后继数。1 的后继数是 2，2 的后继数是 3 等；与此类似，–2* 的后继数是 –1*，0* 的后继数是 1*，等等。从纯粹的形式主义的观点出发，集合 A 完全合格地表征了皮亚诺公理对整数的定义，因此它是一个"算术的非标准模型"。事实上，除集合 A 之外还有更多更奇怪的非标准模型。

非标准模型太过荒诞，为了能够使读者更加直观地了解学术界对非标准模型的评价，我需要使用一个有些牵强的比喻。在鸭嘴兽被发现之前，人类对动物物种的分类标准似乎已经非常完善，当这种"怪物"在澳大利亚被发现时，动物学家们没有料到，他们用于确定鸟类的许多标准，如有喙、生蛋，竟然也适用于这种与鸟类相去甚远的哺乳动物。同样，皮亚诺也没有料到，他对于整数的定义竟也适用于与普通数字相差甚远的"数学怪物"。

鸭嘴兽的发现使动物学家们对物种分类的标准进行了修改。为什么数学家不能像动物学家一样呢？难道他们不能把更多的公理加入皮亚诺公理，以使其适用且仅适用于"真实"的整数吗？我们现在正触及悖论的核心。有关数字逻辑，有一个由斯科林（Skolem）首先证明，与著名的哥德尔定理密切相关的强大的定理：增加新的公理永远也无法彻底消除非标准模型。不管如何努力去改变公理的形式，数学家总是会遇到新的"鸭嘴兽们"。这些"怪物"符合所有想象得到的有关整数的形式定义，却又全然不是整数。

事实上实际情况更加复杂，虽然只有被称为"第一皮亚诺公理"的这一部分遭遇到这种非标准模型的无限扩展，但是这一部分被公认为现有的数字理论中公理化程度最好的。可见，人类所拥有的最好的公理系统都无法成功诠释我们的数字直觉。"自然整数"确实符合这些公理的规则，然而"人工整数"也同样符合。因此，人类的"数感"不能被归纳为该公理中的形式化定义。正如胡塞尔（Husserl）在他的《算术哲学》（*Philosophy of Arithmetic*）[9]一书中所说：为我们所理解的数字找到一个意义明确的形式定义，从根本上来讲是不可能的，数字的概念非常原始，是无法被定义的。

这个结论让人难以相信。我们都非常清楚整数是什么，但是为什么很难对它们进行形式化呢？鉴于所有现有形式定义均不符合要求，有些人可能会认为数数可以用来表达整数的概念：从 1 开始，重复皮亚诺的"后继数"操作，需要多少次就进行多少次。当然，不能超过一定的限度，否则又会再次陷入人工整数的困境。这里可以很明显地看出定义的循环：当重复后继数操作一定"次数"时会获得一个"数字"。

在《科学与方法》（*Science and Method*）一书中，庞加莱批评了他的同辈们试图使用集合理论来定义整数的荒谬做法[10]。数学家路易·库蒂拉（Louis Couturat）曾提出："零是空类中元素的个数。"庞加莱对此回应道："那么什么是空类？就是那个包含零个元素的类。"庞加莱接着指责说："零是能够满足一个永远不能被满足的条件的物品的个数，由于'永远不能'

表示'任何情况下都不可能',这种定义没有任何进步意义。"对于库蒂拉所定义的"1是其中任何两个元素都完全相同的集合中元素的个数",庞加莱尖锐地回应道:"恐怕在问库蒂拉什么是2的时候,他就被迫需要用上数字1了。"

具有讽刺意味的是,任何一个5岁的儿童都懂的数字,聪明的逻辑学家们却要绞尽脑汁地试图定义它们。实际上形式化的定义完全没有必要,我们本能地知道整数是什么。通过那些能够满足皮亚诺公理的模型,我们可以迅速地区分出真正的整数和其他没有意义的人工想象物。因此我们的大脑并不依赖公理。

我在这一点上反复进行强调,是因为它对于数学教育具有重要的启示作用。如果教育心理学家能够更多地关注人类心理中"直觉高于形式公理"这一重要的事实,也许就有可能避免数学史上一次史无前例的事故:声名狼藉的"现代数学",它在法国及许多其他国家小学生的心中留下了创伤。在20世纪70年代,以更严格地教育学生(一个无可否认的重要目标!)为借口,新的数学课程被设计出来了,它由荒谬的公理和形式体系组成,给小学生增加了繁重的负担。这次教育改革的依据是基于"脑-机隐喻"的知识获取理论,该理论把儿童看作完全没有个人想法、能够接受任何公理系统的小型信息加工装置。一群被称为"布尔巴基"的精英数学家提出,教师从一开始就应当向儿童讲授数学中最基础的基本形式体系。确实,如果一些抽象的理论能够以一种更加精确和严密的方式,把所有的数学知识都总结出来,为什么要让小学生们浪费宝贵的时间来解决简单的、具体的问题呢?

通过之前的章节,我们可以很容易看出这条推理线中存在的错误。儿童的大脑不是海绵,而是一个有结构的器官,只有当新知识能够与他们现有的知识融为一体时他们才能够掌握新知识。他们的大脑非常适合于表征连续的量，以及以模拟的形式进行心理操作，并没有演化出可以迅速地接受大量公理系统或是冗长的符号法则这样的能力。因此儿童的大脑对量的直觉优于逻辑公理。约翰·洛克（John Locke）早在 1689 年就敏锐地观察到，并在《论人类的认识》（*An Essay Concerning Human Understanding*）一书中提出："许多人都知道 1 加 2 等于 3，不会去思考能够得出这个结论的公理。"

因此，用抽象的公理对儿童的大脑进行狂轰滥炸很可能会徒劳无功。更加合理的数学教学策略应该以儿童对量化操作和数数的理解为基础，进一步丰富儿童的直觉。教师应该先用一些有娱乐性质的数字谜语或者问题来唤起他们的求知欲，然后循序渐进地把数学符号及其便利性引入教学。在这个阶段，教师尤其需要花费大量时间，以确保这些符号知识没有与儿童的数量直觉脱节。最终，形式公理系统的教学得以实现。任何情况下，都不应该将形式公理系统强加于儿童，而应该随时按照更加简洁和有效的要求来调整教学内容。理想情况下，每一个小学生都能够在心理上以一种压缩的形式追溯数学的发展史，感受到学习动机。

柏拉图主义、形式主义和直觉主义

现在我们可以讨论麦卡洛克的问题了："人能够认识什么样的数字，能够认识数字的人是什么样的？"在 20 世纪，数学家们在如何回答这个涉及数学客体本质的基本问题上存在很大分歧。一些传统上被称为"柏拉图主义者"的人认为：数学事实存在于一个抽象的平面中，它的客体与日常生活中的物品一样真实。拉马努扬的"发现者"哈代的观点是："我相信数学事实存在于我们自身之外，我们的作用是发现它们或者是观察它们，那些被我们所证明的，以及被我们夸张地描述为人类的'创造物'的定理，都不过是我们对于观察到的事物的理解。"

法国数学家查尔斯·埃尔米特（Charles Hermite）有一个相似的信条："我相信通过分析得出的数字和函数并不是我们灵魂的任意产物；我相信它们存在于我们自身之外，与客观现实中的物品具有同样的基本特征；我们发现或者探索它们，像研究物理学、化学和动物学一样研究它们。"

上文的两个引用来自莫里斯·克莱因（Morris Kline）的《数学：确定性的丧失》（*Mathematics: The Loss of Certainty*），书中还有很多类似的例子[11]。柏拉图主义确实是在数学家中最为流行的信仰体系，而且我相信它准确地描述了数学家的内省。他们真的能够感觉到自己在观察一个由数字和图形组成的、不论数学家们是否试图去探索都会独立存在的抽象世界。然而这种感受是否真的有价值？我们应当把它当作一种需要解释的心理现象吗？以一个知识学家、一个神经生物学家，或者一个神经心理学家的角度来看，柏拉图主义者似乎都很难捍卫自己的观点。实际上，就像笛卡尔的二元论作为一种关于大脑的科学理论无法被接受一样，柏拉图主义者的观点也同样无法被接受。正如二元论假说在解释非物质的灵魂如何与物质的躯体产生相互作用方面面临着无法克服的困难，柏拉图主义也并没有清楚地回答血肉之躯的数学家如何能够探索数学客体的抽象领域。如果这些数学客体真实存在并且是非物质的，数学家要通过哪种超感官方式来感知它们呢？这种质疑对于柏拉图主义的数学观是致命的。即使数学家的内省使他们自己深信研究对象切实存在，这种感觉也不过是一种错觉。据推测，只有当一个人具有把抽象的数学概念变成生动的心理表征的超凡能力时，他才能成为数学天才。然而这种能力会使心理表象很容易转化为错觉，遮蔽数学客体的起源是人为的这一事实，赋予它们一种独立存在的假象。

与柏拉图主义背道而驰，数学家的另一个分类是"形式主义者"，他们认为数学客体的存在性这个问题空洞而毫无意义。对于他们，数学只是人们通过精确的形式规则来操作符号的游戏。像数字这样的数学客体与现实没有任何关系，它们仅仅被定义为满足特定公理的一系列符号。形式主义运动的领导者大卫·希尔伯特认为，我们可以用"任意两点之间只有一条直线"这种说法，也可以说"能够同时摆着两杯啤酒的是同一张桌子"，不同的说法并不会使这个几何定理产生任何改变，用维特根斯坦的话来说就是，"所有的数学命题都指同一件事，即什么也不是"。

形式主义者认为，大部分数学只是单纯的形式游戏，这种观点不无道理。确实，纯数学领域中的许多问题，乍一看似乎源自一些不切实际的想法。比如，当定理被它的否命题替换时，会发生什么？如果把"正"号换成"负"号呢？如果负数也能够进行开方呢？或者，会不会存在一些比其他任何整数都大的整数呢？

我并不认为数学的全部可以被简称为对纯粹任意选择的结果的探索。尽管形式主义的观点可以解释最近纯数学的发展，但它并没有对数学的起源做出充分的解释。如果数学不过是形式游戏，为什么它能够包含像数字、集合和连续变量这样的、独属于人类心理的通用概念呢？为什么数学家会认为算术的法则比象棋的规则更加基础呢？为什么皮亚诺要煞费苦心地提出少数精心挑选的公理，而不是随便给出一些定义呢？为什么希尔伯特只挑选了基础数字推理的一个特定的子集来充当数学基础呢？最后，最重要的是，为什么数学最适合用来对物理世界进行建模？

我相信大部分数学家不仅仅按照纯粹的任意规则来操纵符号。相反，他们试图在定理中纳入物理、数字、几何和逻辑的直觉。因此，第三种分类的数学家是"直觉主义者"或"建构主义者"，他们相信数学客体仅仅是人类心理的建构物[12]。根据他们的观点，数学不存在于外在的世界，仅存在于创造了它的数学家脑中。不论算术、几何还是逻辑都不可能早于人类而出现。正如庞加莱或德尔布鲁克（Delbrück）所认为的，另一个物种完全有可能发展出从根本上与现有数学体系完全不同的数学体系。数学客体属于经过数学家精炼和形式化之后的人类思想中基础的、"先验"的范畴。尤其是人类心理的结构性迫使我们把世界分解为离散的客体，这是我们对集合概念的和数字概念的直觉的起源。

直觉主义的创始人曾强调，数字直觉在本质上具有原始性和不可归纳性。庞加莱也曾提到"纯数字的直觉是唯一一种不会欺骗我们的直觉"。并且他非常自信地声称："数学思想唯一的自然客体就是整数。"戴德金也认为数字是"纯粹思想法则的直接产物"。

数学历史学家莫里斯·克莱因发现，直觉主义的根源可以追溯到笛卡尔、帕斯卡，当然还有康德。尽管笛卡尔对于人类信仰存在系统质疑，但他并没有挑战数学信仰。在他的《沉思录》中，笛卡尔坦白："我认为图形、数字等是我能够清晰理解的、最具确定性的真理，它们属于算术和几何，从总体看来属于纯粹的抽象数学。"

帕斯卡把这个观点进行了扩展："我们对第一法则如空间、时间、运动、数字的认识，与任何我们通过推理获得的认识一样可信。实际上，这些由我们的心和本能所提供的知识，是我们通过推理得出结论必须依赖的基础。"

最后，康德认为，数字属于人类心理综合的先验的范畴。具体来说，康德声称，"数学的终极真理存在于它的概念能够被人类思想所建构的可能性中"。

在我看来，所有有关数学本质的理论中，直觉主义者有关算术和人脑之间关系的描述似乎最为精彩。前些年算术心理学的发现带来的一些新的论据，以一种康德和庞加莱无法预料的方式支持了直觉主义者的观点。这些实证结果能够验证庞加莱的猜测：数字属于"思想的自然客体"，我们通过这个先天的范畴来理解世界。那么，有关这种先天的数感，之前的那些章节究竟告诉了我们什么？

- 人类婴儿一出生就具有区分个别物品和感知少量物品数量的先天机制。
- 这种"数感"在动物中也存在，因此它不依赖于语言而存在，并且有很长的演变史。
- 对于儿童，数量估计、比较、数数、完成简单加法和减法的能力均在几乎不需要明确指导的情况下同时开始出现。
- 大脑两个半球的下顶叶区域存在着负责对数量进行心理操作的神经回路。

数字直觉深深地扎根于我们的大脑。数字是人类神经系统赖以分析外部世界的基础维度之一。正如我们无可避免地会看到客体的颜色（完全由包括 V4 区在内的枕叶皮层回路控制），以及它在空间中的精确位置（这种表征由枕顶神经投射通道重构形成），同样，通过位于后顶叶的专门回路，我们可以毫不费力地感受到数量。人类大脑的结构决定了我们可以通过数学感知世界。

数学学科的建构与选择

看起来，神经心理学的实证数据以庞加莱喜闻乐见的一种方式为直觉主义提供了支持，然而该立场与一种极端的直觉主义存在明确的区别，这种极端直觉主义的代表人是荷兰数学家鲁伊兹·布劳威尔（Luitzen Brouwer）。据他的许多同事称，布劳威尔在寻找纯粹基于直觉的数学这条路上走得太远了。他对那些经常用于数学证明的逻辑法则不屑一顾，因为他认为它们不符合任何简单直觉。出于一些在这里无法完全解释清楚的原因，他反对把排中律（the law of excluded middle）应用于无限集合。排中律指任何一个有意义的数学命题要么真要么非真，它是一个看起来完全不存在任何问题的经典逻辑法则。对排中律的否定推动了被称为"建构数学"（constructivist mathematics）的新分支的发展。

　　当然，究竟是经典数学还是布劳威尔的建构数学更加连贯和高效，这个判断并不是由我来决定的，而是取决于数学界，心理学家必须把自己限制在观察者的角色上。然而，在我看来，这两种理论均符合数学的广义定义：数学是对人类的基础直觉所进行的形式化和逐步细化。作为人类，我们一出生就具有数字、集合、连续变量、迭代、逻辑和空间几何的多重直觉体系。数学家们非常努力地试图对这些直觉进行改造，把它们转变为逻辑连贯的公理系统，然而却不能确保这些努力都可以最终实现。实际上，负责人类各个直觉的脑模块彼此独立地进行进化，它们更加注重在真实世界中的效率而非相互之间的全域连贯性。这种情况也许是导致数学家们在选择哪种直觉作为基础，哪种直觉需要废弃时产生分歧的原因。经典数学的基础是真实和虚假的二分法直觉（就像布劳威尔所指出的，在有限集合和无限集合方面它们确实有可能超出了我们的直觉）。相反，布劳威尔把有限建构或推理作为数学的首要基础原则。归根结底，布劳威尔版本的数学尽管有些时候被称为"直觉主义"，肯定并不比其他版本的数学更加接近人类直觉。它的基础也仅仅只是直觉体系中的一部分。

　　在这种格局下，仍然有待解释的问题是，数学家们如何以人类直觉的先天范畴为基础，把数学复杂化为更加抽象的符号构造物。与法国神经生物学家让－皮埃尔·尚热[13]的观点一样，我也认为这一过程是通过建构的进化以及紧随其后的选择来实现的。数学的进化是一个屡经历史证实的事实。数学并不是一个严格的知识体系，它的研究对象，甚至是它的推理模式都已经经历了很多代的进化。数学学科的庞大体系是通过实验和错误来确立的。有时最高的"脚手架"也会面临分崩离析的危险，它的瓦解以及紧跟其后的重建永无止境地循环。任何数学建构物的地基都根植于像集合、数字、空间、时间或逻辑这样的基础直觉。这些直觉几乎从来没有受到过质疑，它们属于人类大脑创造出的最不可否认的表征。数学可以被描述为这些直觉的逐步形式化。这一过程的目的是使这些直觉更加连贯、相互兼容、更好地符合我们对于外部世界的经验。

对数学研究对象的选择，以及对它们是否能够传播到下一代的判断，都由多重标准所决定。在纯数学领域，没有矛盾、考究、简明是保证数学建构物保存下来的中心品质。在应用数学领域，多了一个重要标准：数学建构物对客观物理世界的适用性。年复一年，那些自相矛盾、不考究或者没有用处的数学建构物被无情地淘汰。只有最符合标准的才经得起时间的考验。

第4章中，在考察数字符号的进化历程时，我们第一次见证了在数学中选择如何发生。我们远古的祖先可能仅仅为数字1、2和3确定了符号。在此基础上，许多新的数字符号相继被创造出来：从指向身体的计数法，到对10以内数字的命名，最终形成以加法和乘法规则为基础的复杂数字语法体系；在数字符号的书写方面，从最初的刻痕符号，到可以相加的计数法，最后出现了十进制的位值表达法。在此过程中，数字符号在可读性、简洁性和数字的表达力上，持续发生着微小的进步。

另一个相似的演化史是实数概念的连续变化。在毕达哥拉斯的时代，只有整数和整数的比值被认为是数字。然而随着正方形对角线不可公度性（noncommensurability）被发现，即 $\sqrt{2}$ 不能被描述为两个整数的比值，无数类似的无理数被建构出来。在长达 2 000 多年的时间中，数学家们一直在努力寻找一个适合无理数的形式系统。有些尝试是错误的，如无穷小量，表面上看是解决了问题，实则充满矛盾，有些尝试不过是原地踏步。终于，戴德金的研究为实数集合提供了一个令人满意的定义。

根据我所支持的演化的观点，数学是一种人类建构物，因此也必然是一种不完美的可以修改的产物。这种结论似乎令人吃惊。数学被这样纯粹的光环所围绕，常被誉为"严谨的圣殿"。数学家自己也惊叹于数学原理的强大。我们不都轻易地忽略了数学学科正式诞生之前长达 5 000 年的人类努力吗？

数学通常被认为是唯一一门积累的科学，它所取得的成果永远不会被质疑或修改。然而，回顾一下过去的数学书籍，我们就能发现许多反例。随着二次、三次和四次多项式方程通用解法的出现，大量书籍被废弃。曾经被认为正确有效的命题，也可能被下一代的数学家判断为不够充分，或是彻头彻尾的错误。更加不可思议的是，一个无限累加的算式"1–1+1–1+1……"无限地重复交替减 1 和加 1 的运算，竟然迷惑了数学家 1 个多世纪。今天，任何一个大学生都可以证明出这个算式不存在有意义的值，它在 0 和 1 之间振荡。然而在 1713 年，像莱布尼兹这样有才华的数学家竟证明出这个无限算式等于 1/2，这当然是错误的。

对于聪明的数学家们在几十年中都无法发现这个推断的错误之处，如果你还是觉得难以相信，那就花点儿时间解决一下图 9–1 描述的问题，只需要很少的几个步骤就可以证明，任何两条直线相交成直角。当然这个证明是错误的，然而其中的错误却隐藏得如此巧妙，人们很可能花上几个小时的时间也无法成功地找到它。更不用说那些多达数百页数学期刊的证明。全世界的学术界已经收到了很多关于费马大定理的错误证明，哪怕是安德鲁·怀尔斯（Andrew Wiles）提出的第一个力证也包含了一个不正确的命题，他花费了将近 1 年的时间对此进行修订。我们又要如何看待近期那些需要计算机对几十亿次组合进行彻底检验的证明呢？有一些数学家反对计算机程序的参与，因为他们担心无法证明这些程序是万无一失的。直至现在，数学学科的宏伟大厦还没有完全稳固。我们无法保证其中的一些部分不会像莱布尼兹的无限算式一样在几代之后被否决。

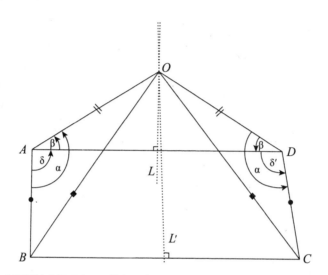

在下面这个证明中，尽管每一步看起来都很正确，最终的结果却明显是错误的，因为它证明了图中任何一个角都是直角。你能看出错误在哪里吗？

"证明：ABCD 是一个四边形，边 AB 和边 CD 相等，其中一个角 δ 是直角，角 δ=∠BAD。角 δ′=∠ADC，它可以任意改变，现在需要证明的是∠ADC 无论在任何情况下都等于直角 δ。

做线段 AD 的中垂线 L，线段 BC 的中垂线 L′，L 和 L′ 的交点为 O。

通过这样的构建，O 到 A 和 D 的距离相等（OA=OD），O 到 B 和 C 的距离也相等（OB=OC），因为 AB=CD，三角形 OAB 和三角形 ODC 三条边均相等，因此是相似三角形，因此它们的角相等：∠BAO=∠ODC=α。

三角形 OAD 是等腰三角形，因为 ∠DAO=∠ODA=β。

因为 δ=∠BAD=∠BAO−∠DAO=α−β; δ′=∠ADC=∠ODC−∠ODA=α−β，意味着 δ=δ′。证明完毕。"

错误在哪里？答案见第 357 页。

图 9-1　关于任何两条直线相交成直角的错误证明

没有人能够否认数学研究是一项极为困难的活动。我把这种困难归因于人脑的结构，它对于长链式的符号操作适应性非常差。在孩童时期，我们在学习乘法口诀表和多位数计算法则时，就已经体验到了严峻的困难。在进行重复减3任务时，脑区活动图像显示了顶叶和额叶区域强烈的双侧激活。如果像减法这样基础的操作都已经把我们的神经网络调用到了这种程度，我们在证明一个新奇的、确实有难度的数学猜想时所需要的专注力和专业知识的水平就不难想象了。这样想来，错误和不精确会经常破坏数学体系也就不足为奇了。成千上万的数学家们的共同努力，加上长达几个世纪的积累和精炼，才促成了今日的成功。这个结论被法国数学家埃瓦里斯特·伽罗瓦（Évariste Galois）精辟地描述为："这门科学是人脑的作品，注定只能进行研究而无法通晓，重在寻求真相的过程而不是结果。"

数学的不合理有效性

算术是人脑的产物，但是并不意味着它是任意的，也不是说出生在其他行星上可能会有"1+1=3"这种观点。在整个生物系统进化过程中，同样，在儿童脑部发育过程中，保证大脑建构的内部表征符合外部世界的选择作用已经发生。算术是这种内部表征适应外部环境的结果。对人类而言，世界主要由分散的客体组成，它们按照熟悉的等式"1+1=2"的方式组成集合。这就是进化把这条规则深深地植入了我们的基因的缘由。如果我们在"一片云加一片云还等于一片云"的云端进化，也许算术就会变成完全不同的形式。

数学的演化提供了一些深刻的见解，有助于我们理解现在数学研究中仍然最大的一个谜题：数学在表征物理世界时非凡的精确度。"数学，人类思维的产物，独立于经验，怎么可能如此精确地符合物理现实中的客体呢？"爱因斯坦在1921年提出了这个问题。物理学家尤金·维格纳（Eugene Wigner）也曾提起"数学对于自然科学不合理的有效性"。[14]确实，数学概念和物理观测两者之间有时像两片拼图一样严丝合缝。比如开普勒和牛顿发现，受到重力影响的物体以椭圆、抛物线或双曲线的平滑轨迹运行，这些曲线完全符合 2 000 年前的希腊数学家发现的、当平面和圆锥相交时重合区域的可能形状。又如量子力学的方程把电子的质量推算到了小数点后很多位。再如高斯的钟形曲线近乎完美地匹配人们通过观测得出的"大爆炸"中放射出的宇宙背景辐射的分布。

数学的有效性对于许多数学家来说引发了一个根本的问题。在他们看来，数学的抽象世界不应该与物理的具体世界如此紧密地联系在一起，因为两者理应是相互独立的。他们认为数学的应用是一个深不可测的谜题，这导致他们中的一些人陷入神秘主义。比如维格纳认为，"数学语言与物理的形式法则**奇迹般地**吻合是一个**神奇的礼物**，它既不是我们所能够理解的，也不是我们理所当然应得的"。开普勒认为，"所有对于外部世界的研究的首要目的，都应该是揭示它们的秩序和理性和谐，它们由**上帝设定**，并以数学的语言**展示**给我们"。再听听坎托尔（Cantor）怎么说："上帝的完美之处在于他有能力创造一个无限的集合，并且**无上的仁慈**使他真的创造了一个。"拉马努扬也持相同的观点："一个方程对我来讲毫无意义，除非它表达了一个**上帝的意愿**。"这些引用中强调的部分都是我另外加上的。这些陈述不仅仅是19 世纪神秘主义的遗留物。人择原理（anthropic principle）的其中一个版本认为：宇宙经过了精心的设计，使人类得以从中产生并能够理解它。这一观点最近被当代著名天体物理学家采纳。

宇宙究竟是不是根据数学法则有目的地设计出来的呢？如果我假装能够解决这个明显属于形而上学领域的问题，那就太愚蠢了，这个问题即使在爱因斯坦看来也是宇宙的终极奥秘。然而，至少我们可以去猜想，为什么不同研究背景的杰出科学家们认为，相信宇宙是被设计出来的和承认不可见的存在是必要的，无论他们称其为"上帝"还是"宇宙的数学法则"。在生物学中，达尔文的进化论告诉我们，那些看起来有明确目的的有组织的结构，未必是"伟大建筑师"的杰作。人类的眼睛，一个奇迹般的组织结构，是历经几百万年经过自然选择的盲目突变的结果。达尔文的中心思想是，每当我们在某个器官（例如眼睛）上发现经过设计的证据时，我们需要问一问自己，究竟是存在一个设计者，还是进化以自然选择的方式塑造了它。

数学的演化是一个事实。科学历史学家记录了它的逐步兴起。通过实验和错误，它变得越来越有效。所以，没有必要假定是宇宙暗合了数学法则。也许更有可能的是，数学法则和人类大脑的组织原则选择了如何贴近宇宙的结构。所以对于数学奇迹般的有效性，尽管维格纳认为非常宝贵，实则可以看作是选择进化的结果，正如眼睛对光的适应这样的奇迹一样。今天的数学如此有效，可能是因为过去的无效的数学被无情地淘汰和取代了。

我所持的进化观点在纯数学领域会面临一个更严重的问题。数学家声称他们试图解决一些数学问题纯粹出于美学上的目的，完全没有考虑过应用。但是过个几十年，他们的结果有时会被发现符合一些当时还未被发现的物理问题。我们要怎样解释最纯粹的人类心理产物对于物理现实的非凡适用性呢？在进化观点的框架下来看，可能纯数学就是钻石的原石，是还没有经过选择的原材料。数学家能够产生庞大数量的纯数学，只有很少的一部分才对物理研究有用。因此数学问题解决方法存在过量生产，物理学家从中挑选那些看起来最符合他们原则的。这个过程与达尔文提出的随机突变然后进行选择的生物进化模型没什么不同。这种观点在某种程度上会使数学看起来并没有那么不可思议：在大量现有的不同的模型中，有一些最终被发现严密地符合物理世界。

归根结底，只要我们牢记，数学模型"绝对"精确地符合物理事实的情况非常罕见，有关数学的不合理有效性的问题就失去了部分的神秘性。尽管开普勒不会同意，但是行星的轨迹并非椭圆。如果地球是太阳系中唯一一颗行星，如果它是一个完美的球形，如果它不与太阳交换能量，等等，它也许会沿着绝对椭圆的轨迹运行。但是实际上，所有行星都只是沿着勉强称得上是椭圆的杂乱无章的轨迹运动，并且鉴于有限的几千年历史的记载，我们也无法完全精确地计算出它们的轨迹。所有我们自负地用来解释宇宙的物理"法则"似乎注定只是片面的模型，是我们不停改进的近似心理表征。在我看来，现代物理学家梦寐以求的"万物理论"很可能永远都无法成真。

数学理论对于物理世界规律的部分适应假说，也许能够为调和柏拉图主义和直觉主义提供一些基调。在强调物理事实的结构组织早于人类思想时，柏拉图主义者偶然发现了一小片无法被否认的真理。然而，我并不是说这种组织形式在其本质上是数学，事实上，是人类的思想把它翻译成了数学。食盐晶体的结构就是这样，我们很容易就可以观察到它有 6 个面。毫无疑问，这个结构的存在远早于人类行走于地球之时。然而，似乎只有人类的思想可以有选择地注意到面的集合，感知到它的数量是 6，然后把这个数字与一个系统的算术理论中的其他内容联系起来。数字，与其他数学客体一样，是心理的构建物，它们的根源存在于人脑适应宇宙规律的过程中。

有一种工具，数学家们太过依赖它以至于会忘记其存在：他们自己的大脑。人脑不是一个逻辑的、通用的、最佳的机器。当进化在特定的对科学研究有用的维度（例如数字）上赋予它特殊的敏感性时，同样也使它在逻辑和长系列计算方面愚钝和低效。最终，这种进化使人脑倾向于把人类中心的观点投射到物理现象上，使我们随处可以看到精心设计的证据，实则只是进化和随机的结果。宇宙究竟是不是像伽利略所认为的"用数学的语言来写的"？我倾向于认为并非如此。我认为我们只能够用数学这唯一一门语言来尝试解读宇宙。

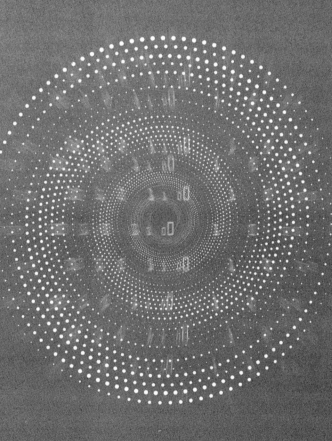

THE NUMBER SENSE
HOW THE MIND CREATES MATHEMATICS

———————— 第四部分　　数学与脑科学：
　　　　　　　　　　令人兴奋的新发现

数学取决于一些特定的直觉，这些直觉来源于我们的感觉器官、大脑以及外部世界看起来是什么样的。

——莫里斯·克莱因，《数学：确定性的丧失》

理解大脑，才能更好地教与学

我提出数感的假设迄今已有 15 年。这个独特的假设认为，我们所拥有的数字直觉，即可以快速感知物品的大致个数的能力，是一种人类与其他动物共有的遗传能力。在经历了 15 年的严格审查之后，这个反常识的理论的现状如何呢？在我看来，出乎意料地好！目前数感被公认为是人类与动物能力的主要研究领域之一。有关数感的脑机制也不断得到越来越深入的剖析。在这一章，我将集中介绍这个快速发展的领域中最令人兴奋的一些发现。

做一个简单的演示，请盯着图 10-1 正中的"+"，图片的左侧是 100 个点组成的点阵，右侧是 10 个点组成的点阵。等待 30 秒后，翻到续图，再盯着图中的"+"。你会感觉到一个强烈的数量错觉，右边的点好像比左边的多。过一小会儿，错觉将会消失，真相随之出现，两侧是排列完全相同的 40 个点！无论经过怎样的处理，如改变点的大小、密度、形状或者颜色，错觉始终存在，似乎只有点的数量与错觉相关。这是数感的一个完美的例子。数字感知具有快速、自动及不受意识控制的特点，即使我们明白两边数量相同，眼睛或者说我们的大脑却会告诉我们相反的情况。这种错觉是大卫·伯尔（David Burr）和约翰·罗斯（John Ross）发现的，他们这样记录道："正像我们能够直接感受到半打成熟的微红色樱桃的颜色信息一样，我们对于它的数量 6 也拥有直接的视觉感受。"[1]

那么目前我们对于负责这种数字知觉的脑神经基础了解多少呢？

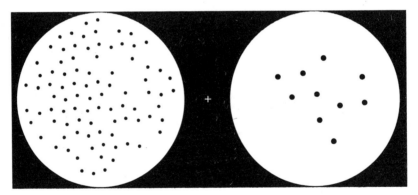

首先注视上图中间的"+"30 秒钟，然后继续注视续图（本书 310 页）中的"+"，试着判断左右两侧哪边的点更多。受到第一张图的影响，大脑里的数字系统已经适应了左侧数量多右侧数量少的情况，结果对第二张图的判断出现偏差，得到与事实相反的结论。

图 10-1　数量错觉揭示数感的影响力和自动化

数感可以在大脑中被定位吗

本书第 8 章详细描述了从 1997 年开始兴起的脑成像技术。当时我写道："请拭目以待吧，因为在未来的 10 年里，关于大脑，这个使我们真正成为人的特殊器官的研究，将会取得更多激动人心的成果。"回顾过去，这些技术在 20 世纪 90 年代仍不成熟。实际上，过去 15 年里，最大的进步之一就是神经影像学研究的大爆发。fMRI 已经成为主要的研究手段。它能提供极其细微水平的脑激活图，每一两秒就可以快速完成对活动中的大脑的扫描。因此，fMRI 20 秒的数据相当于 PET 3 小时的数据。此外，由于 fMRI 的成像仅依赖血管中普遍存在的血红蛋白分子，因此不需要向被试注射异质药物。磁共振的灵敏性同样引人注目。举例来说，假如我们要检测一个被试运动皮层的激活情况，在任何一个试次中，我们都能够以 95% 的正确率指出被试按下了哪个反应键[2]。因此，包括上百个有关计算的脑机制研究在内的这类实验已经达到成千上万的数量，这一情况也不足为奇了。

所有实验都证明：位于左右顶叶的一个狭长的条状皮层区对数字加工有特殊的作用[3]。图 10–2 展示了这块脑区的精确位置。它位于大脑背侧的一个沟回深处，叫作顶内沟。我和同事们把它称为"hIPS"（horizontal part of the intraparietal sulcus），也就是"顶内沟的水平部分"。在我们所有的实验中，如果被试只注意数字，就能扫描到这个区域的激活。比如，要求一个人从 13 开始，依次根据屏幕上呈现的单个数字进行减法运算[4]，这样的心算能够很好地激活这个部位，但事实上并不需要那么复杂的计算。呈现给被试一串字母、颜色或者数字，只是要求他去搜索特定的目标（如字母 A、红色或数字 1）即可。一旦数字出现[5]，hIPS 部位就会激活，但如果刺激是一个字母或是一种颜色，它不会有任何反应。因此，这一部位和数感密切相关，似乎在不激活这个脑区的情况下我们不可能想到一个数字。

许多证据显示，这个脑区与数量，而不是与数字的其他方面密切相关。它能对数量表征的所有形态做出反应。无论是像之前看到的点阵，还是一个符号，如阿拉伯数字 3、手写的或口语中的"三"。这个非常简单的标准促使神经科学家将 hIPS 定义为"多模态"或"非模态"皮层区，这些脑区不同于感知觉区，它们不像视觉或触觉区那样联结某种特殊的感知觉，而是位于许多输入通路的交汇点。如果某个脑区负责编码一个抽象的概念，它就不会联结特殊的感知觉。关键是，无论与此概念相关的刺激以什么形态呈现，它都能发生反应。

实际上，另一个准则也证实了 hIPS 仅涉及数字概念：它的激活状态不会因为数字的呈现方式而改变，即无所谓是口头表达还是书写，它只是根据数字的大小或是它们之间距离的远近而变化。以数字比较任务为例。你需要判断目标数字（如 59）比给定的参照数（如 65）大还是小。正如我在第 3 章所说明的，我们在这个任务中的反应完全受制于数量间距离的大小。当数量之间的距离更大时，我们会反应更快，例如比较 19 和 65 的速度，会快于距离较小的 59 和 65。值得注意的是，hIPS 部位呈现了相同的距离效应。它的激活程度会因数字之间的距离变化而变化。

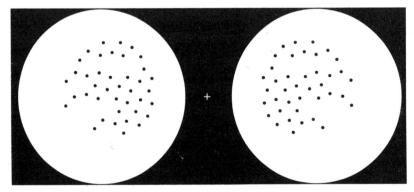

图 10-1　数量错觉揭示数感的影响力和自动化（续图）

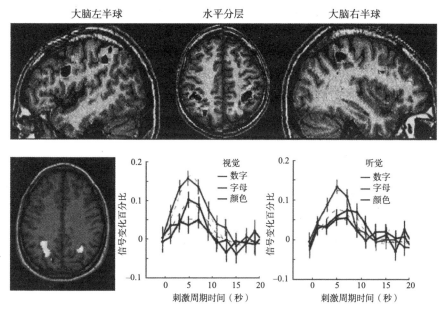

第一行是人脑的不同扫描层。水平分层图中，两侧的黑色部位属于 hIPS（顶内沟的水平部分）。这个位置在许多算术任务中都会被激活，包括数字比较、加法、减法或估算。下半部分结果表明，找出某个数字的任务就足以激活这个部位，如曲线所示，无论数字是由视觉还是听觉方式呈现，其激活强度都大于字母或颜色。

图 10-2　数感在顶叶的定位

资料来源：改编自 Dehaene Piazza et al., 2003; Eger et al., 2003。

　　当数字间的距离较大，容易比较时，激活程度就弱，随着距离缩小激活程度逐渐增大[6]。即使所呈现的数字是复杂的书面词，如"四十七"和"六十一"，hIPS 部位仍然以数字距离进行编码。这个区域并不关心刺激输入形式的特殊性，只关注数量的概念。

　　1999 年，我和同事们在《科学》杂志上发表了一篇文章，文章有力地证明了顶叶对数量表征的关注[7]。我们从本书中描述的一个简单观点出发：

一些计算需要具体考虑数量，而另一些则只需要关于算术事实的机械记忆。例如，大部分人的头脑里都存有"乘法口诀表"，然而我们必须通过计算才能得出两位数减法的答案，因为我们大脑中没有这些答案。甚至同一个计算过程，我们也可以采用两种方法。比如加法，人们可以从言语记忆中提取答案，也可以通过操纵数量计算出结果。举个例子，面对"15+24=99"这个等式，在通过精确计算或调用言语记忆中的算术事实，从而确定正确答案是39还是49之前，你的数感会使你意识到等式错了。由此，我们得出了一个简单的预期：当要求被试完成精确加法时，与需要努力的序列任务和言语记忆有关的脑区会被激活，但假如只要求被试估算结果，那么在编码数量的双侧顶叶区，即 hIPS 部位，我们将观察到更强的激活。当我们用 fMRI、事件相关电位对大脑激活情况进行监测时，我们得到的结果和这个简单的预期基本一致。在加法的精算中，让被试从两个非常接近的选项中选出正确答案，例如"4+5=7"或"4+5=9"，我们会发现，在与语言加工相关联的左侧脑区会出现更强的激活；然而在估算时，如果两个选项都不是正确答案，但有一个更接近，例如"4+5"的答案接近 8 还是接近 3，这种情况下，我们的关注点 hIPS 区域激活更加显著。

诚然，这种区别只表现在激活程度上。在我们计算时，两个脑区会进行系统化的合作，只是 hIPS 在数量加工过程中表现得更突出。训练尤其能够改变脑区间的平衡。在我们第一次要求被试进行像"23+29"这样的复杂加法运算时，hIPS 的激活最强。随着不断地训练，大脑存储的算术事实越来越丰富，hIPS 的激活程度下降，大脑左半球涉及语言加工的区域，特别是被称为角回的脑区激活增强[8]。总而言之，这些结果和数字系统的两个概念相吻合：对数量的核心表征与两侧顶内脑区相关联，在不同的文化和教育的影响下都系统地存在；大脑左半球的回路涉及存储和提取算术事实时所使用的语言和与教育相关的策略。

hIPS 和大脑左半球言语区之间存在着高效的交互作用，每当我们看到一个阿拉伯数字或一个大写的数字，我们的大脑都能迅速地将它转换到顶叶进行数量编码。这个转换甚至能够在无意识的条件下发生[9]。第 3 章中，我描述了认知心理学家设计的一个巧妙的让单词不可见的方法，即将单词夹在随机的字符串或是 # 号的掩蔽刺激之中。通过这个方法，在不被被试发觉的情况下，数字可以在屏幕上闪现长达 1/20 秒的时间，被试只看得见闪过的字符。即便如此，人的大脑还是清晰地记录了被掩蔽的数字，计算出了它的意义，并把它表征在 hIPS 上。更令人惊奇的是，如果问被试，紧随看不见的数字出现的另一个可见的数字是大于 5 还是小于 5，脑成像显示，被掩蔽的数字会对这个任务的反应造成影响。虽然被试不知道这个数字是多少，但他的大脑却知道它是大于 5 还是小于 5! 甚至运动皮层做出的反应也与被试对不可见的那个数字进行判断时的反应相似。

然而，一个基本问题是，是否 hIPS 区域中的所有部分都确实负责数字加工？是否就像布赖恩·巴特沃思提出的，hIPS 区域是一个特定的，其中的神经元只涉及数字的"数字模块"[10]？有时候，大脑的整块皮层区只负责一个非常精细而重要的功能，比如面孔识别[11]。然而，对于数字来说，这个答案更加复杂。hIPS 中的神经回路是专门处理数字的，但是又与负责处理物品大小或位置的神经元交织在一起[12]。我们必须面对这个复杂的事实：人类大脑既不是一张"白纸"，也不是一个高度特异化的、区分明确、排列整齐的模块。

许多实验证明了 hIPS 确实不是一个通用区域，它并不会在思考复杂概念或进行任何比较操作时都被激活。比利时的心理学家马克·蒂乌（Marc Thioux）证实了这一观点[13]。他运用了一个精巧的设计：在被试进行数字比较和分类任务时，扫描他们的脑部活动。比如，在一个比较任务中，被试要将所呈现的每个动物与狗做凶猛程度的比较，然后将这个结果与对每个数字与 5 的大小进行比较的结果进行对比。在分类任务中，被试被要求判断一个数字的奇偶性，或者判断一个动物是否属于哺乳动物。最后一个任务中，他们只需要判断单词是大写的还是小写的。在所有实验中，只要人们看到数字，hIPS 就会被激活，而看到动物名称时 hIPS 不会被激活。证据表明，这个脑区会被数量这个抽象的概念激活，而不会被同样抽象的凶猛这个概念激活。此外，这个结论和针对脑损伤患者的实验结果完全吻合，这些结果显示，动物的知识与算术的知识能够通过脑损伤完全分离[14]。阿尔兹海默病患者有严重的精神错乱，他们不能区分狗和长颈鹿的概念，却非常擅长数字。相反，失算症患者常常是由于 hIPS 部位或靠近 hIPS 的部位受损，失去了所有对数字的认识，但是他们对其他类别单词的理解是正常的。因此，毫无疑问，大脑把数字看作特殊的知识种类，它需要位于顶叶区域的神经装置。

数字的空间性与时间性

然而，对于更微妙的差异，像数字与长度、空间、时间，hIPS 的特异性就消失了，hIPS 上没有哪个部分单独涉及数值计算。实验不仅要求被试比较数字，还要求他们比较物理大小、位置、角度或亮度等其他连续感知维度[15]。在这种情况下，大脑的激活不会根据不同的参数整齐地聚集在不同的区域，而是在整个顶内沟内广泛重叠。这种重叠在数字和位置以及数字和物理大小上更为明显，事实上，不仅仅是儿童，甚至大人也常常混淆这些维度。记得我们在第 3 章中讨论过数字和大小的交互作用，你可以试着来判断下面这些数字对中的哪个数字较大：

$$2 \text{ 或 } 4$$
$$9 \text{ 或 } 5$$
$$5 \text{ 或 } 6$$

你是否注意到，在如此简单的任务中，你的选择速度比较缓慢，甚至会出错。这就是数字物理大小和数量大小在你大脑中重叠的直接证据[16]。大小、位置与数量信息的加工位于顶叶区域相近的位置。数字和字母的比较所激活的脑区之间也有广泛的重叠[17]，可能是因为字母和数字共享了顺序与时间的原则，理由是我们以一个固定的顺序背诵它们。字母和数字不使用完全相同的神经元[18]，因此它们的概念能够被分离，但由于它们的相互作用错综复杂，因而会对我们的思维造成干扰。

简而言之，当我们做算术时，顶叶的某个特殊区域会被激活，而数字的概念又与位于同一个脑区的空间和时间概念紧密关联。在一个脑区中，处理这些维度的神经元混杂在一起。此外，它们没有形成整齐紧密的"模块"，而是广泛地分布在几厘米的皮层内。这些发现根本不是问题，甚至也不会令人感到意外，但是它们有助于解释由于数感造成的许多现象。比如，我们用"远""近"这样的空间词语来描述两个数字之间的距离。顶叶受损的患者常常会同时遭受数字、时间概念，或者诸如星期几等顺序范畴的损伤（一个患者甚至错误地把 1 说成星期一，把 2 说成星期二！）。患有空间忽视症（通常是由于大脑右半球受损而无法注意左侧空间）的患者把这种注意的偏向延伸到数字的空间表征。一个针对受损能力的标准化测验要求患者指出一条水平线段的中点，因为他们会忽视左侧，所以他们感知到的中点一般更偏向右侧。令人惊讶的是，同样的情况也发生在涉及数字的测试中。空间忽视症患者在被要求说出数字区间的中点时，比如，"说出 11 和 19 的中点是什么"时，他们的答案常常是一个相当大的数字，例如 17 或 18，最严重的患者说了一个超过原始区间的数字——23！[19]他们的答案看起来很荒唐。但如果我们知道在二等分的任务中被试需要依赖空间注意来探索数轴，就能理解他们了。而空间注意系统受损的患者会在这个内部空间随意漂移。

过去的 15 年，出现了一系列关于数字、空间、时间在大脑中交互作用的证明，并且使用的方法比我预料的更为多样[20]。儿童，甚至是 8 个月大的婴儿，显然已经能够在各个维度之间建立关联[21]。这个领域中最引人注目的发现是我们所想的数字会影响到我们在空间中的注意分配[22]。为了在实验室中证明这个问题，我们首先需要在电脑屏幕中央快速地闪过一个数字，随后马上在屏幕左边或右边呈现一个小点。虽然出现的数字和任务完全无关，但检测到这个点所需要的时间会因数字的大小而不同：大数字将注意引向右侧，加速了在这部分空间的检测，而小数字将注意引向左侧。这是我在第 3 章中介绍的空间数字联合编码，即 SNARC 效应的一个非常好的变式。这种效应表明，数字和空间概念之间存在一种稳固的联结。这种时间、空间、数字之间的强大联结已经被无数的实验证明。比如，在你看到一个大数字之后，如果你必须移动手的话，你的手将会移向右边[23]。如果你一定要去抓一个物品，你的手指会张得比需要的更大一些[24]。如果你要判断一下持续时间，你会认为一个大数字在屏幕上持续的时间比一个小数字的长[25]。这种联结反之亦然。如果你要求一个人给出一个随机数，你或许可以通过关注他们的眼动猜出答案的近似值。在生成一个大数之前，他们的眼睛往往会移动到右上方，而当他们在想一个小数时，他们的眼睛会移动到左下方[26]。

为什么数字的大小和眼动的方向会产生特殊关联？我们的脑成像研究揭示，这是源于顶叶神经元激活的系统"泄漏"（leakage）[27]。当我们唤起数量的心理表征时，大脑 hIPS 部分开始激活，同时也扩散到了附近编码位置、大小和时间的脑区。因此，当我们看到一个数字时，我们的空间知觉，甚至是手动和眼动，都会因为我们对这些参数的估计略有偏差而受到影响。

举个例子，我和我的博士后学生安德烈·克诺普斯（André Knops），最近描述了心算怎样在顶叶建立起数字与眼动脑区之间的相互干扰[28]。首先我们要求被试左右移动眼睛，通过扫描确定负责眼动的脑区，后顶叶皮层出现了两个边界明确的脑区。通过运用一个机器学习算法（machine-learning algorithm），我们能够以 70% 的准确率，根据脑区的激活状态，确定在一个特定的实验中眼睛移动到了哪里。这是"大脑阅读"的一种形式，它简单地绘制了我们在这个区域中所有可能凝视的方向的"地图"，通过"地图"上被激活的位置，我们就可以判断出他的眼睛移动到了哪里。这个实验的后续部分更有创意，在第二组实验中，我们让被试进行加法和减法估算，同时检查被试的眼动区域的状态。令人惊讶的是，在进行加法估算时，大脑的激活与向右眼动时的模式非常相似。相反，当被试进行减法估算时，大脑激活与向左眼动的模式一致。我们已经确认眼睛并没有移动，那么究竟是什么原因造成了激活？由于我们的阅读顺序是从左到右，当我们计算"32+21"大约是 50 时，内部注意力会从第一个数字 32 移动到更大的数字 50，它在数轴的右侧。同样，当我们计算"32–21"时，注意力将左移到更小的数字 11。可见，加法将注意力移到右边，减法将注意力移动到左边，我们可以通过监测大脑激活状态检测到这种隐秘的注意力转换。

这些研究十分有趣，其结论也意义深远。当我们在思考数字或者做算术时，并不是完全依赖一个纯粹的、难以琢磨的抽象数字概念。我们的大脑会立即把抽象的数字与具体的形状、位置和时间的概念联系起来。我们并不是在抽象地做算术，恰恰相反，我们用于完成数学任务的大脑回路同样负责在空间维度上指挥我们的手和眼睛，这些回路同样存在于猴子的大脑中，显然这些回路不是为了数学而演化的，但已经被其他不同领域占据和使用。这是神经元再利用原理（neuronal recycling principle）的一个绝佳例子，我在《脑与阅读》（Reading in the Brain）[①] 中做了介绍[29]。我认为人类

---

① 本书作者的经典著作之一，对人类如何演化出阅读能力、阅读能否改造大脑等问题做了解答。该书简体中文版由湛庐引进，浙江教育出版社 2018 年出版。——编者注

新近的文化发明，包括字母、数字以及所有的数学概念，必须在不是为了适应它们而进化的人脑中找到自己的容身之地。它们必须通过入侵相关功能的皮层区将自己挤入大脑中。对于算术来说，我们从人类和其他动物共有的涉及顶叶区域的近似数感开始。当算术扩展到像两位数加法这样的完全新异和独特的人类功能时，这些新异概念能够表征在大脑上，至少部分是因为临近皮层上已存在的功能被再利用了。可见，算术侵入了临近的负责编码空间和眼动的脑区。

寻找与数字有关的单个神经元

虽然涉及算术的脑区的知识非常重要，但它仅仅只是一个开端。脑成像技术还太过粗糙，还难以提供在单个神经元的层面数学如何进行编码的证据。神经元是大脑皮层的终极计算单位，因此，在能够一步步揭示这些出奇复杂的神经元如何对 2 小于 3 这样的算术事实进行编码之前，我们不能够宣称我们已经了解了算术的过程。

我在写本书第 1 版时，提出了一个很具体的模型：顶叶可能包含近乎一一对应于每一个输入数字的神经元，因此会有不同的神经元对 2 或 3 放电，为它们提供一个内部神经编码。当时，我强调的是这一提议的推测性。1970年理查德·汤普森发表在《科学》杂志上的论文是我们唯一的直接证据，他们在麻醉后的猫身上记录到了少量的神经元。其他动物物种（包括恒河猴）很明显关注到了它们环境中的数字，因此我的模型预测，这些动物体内必然装备有对应于数字的神经元，虽然目前还没有人观察到。这一领域似乎已经做好了深入研究的准备，当时我下结论说："只有那些敢于运用现代神经元记录工具，继续探索动物算术的神经元基础的神经生物学家，才能最终找到答案。"

然而，即使是恒河猴的大脑皮层也包含了数十亿的神经元。为了有一线希望能够记录到与数字加工有关的神经元，电生理学家们至少要对电极放置的位置有一个大体的概念。我和同事们一向认为，人类的脑成像实验将在此发挥重要的作用。虽然人脑拥有一些额外的属性，但毕竟它仍是一种大型灵长类动物的大脑！因此，它的结构必将为动物研究提供一个有用的启示。我们以往的研究总是将位于顶叶深处的 hIPS 部位确定为与人类算术稳定相关的脑区。因此，很有可能这个在猴脑中同样存在的名叫顶内沟的脑沟，也负责猴子的数字加工。2002 年，我们发表的一个脑成像研究把这个提案进一步细化[30]。我们展示了人类顶叶包含一个有关数字与空间能力的系统的几何地图。所有的大脑进行和数字关联的任务时，激活脑区总落在两个固定位置的中间。前面是我们抓取物品时激活的脑区，后面是负责眼动的脑区。最关键的是，类似的抓握和眼动脑区在比人脑小得多的猴脑中同样存在。猴脑顶内沟的前方只在猴子抓某一特定形状的物品时放电，而顶内沟后部的神经元则负责处理猴子想要把自己的眼睛关注和聚焦在哪里。实际上，我们并不确定猴子的这些脑区是不是人脑中这些脑区进化的前身。它们的同源性仍然存在着争论，部分原因是人脑似乎比猴子的大脑有更多这样的脑区。然而，如果我们假定存在同源性，那么我们的地图就暗示了猴脑中假定存在的数字神经元同样位于这两个位置的中间。根据这个推测，我们期待能够在猴脑顶内沟深处的腹侧顶内区（vertral intraparietal，简称为 VIP）找到这些神经元。

我们首次提出以上假设的几个月后，这个特定区域确实被证明是一个非常重要的区域！两组相互独立的科研人员最终识别了我们预期的数字神经元[31]。虽然这些神经元在顶叶分布得相当广泛，但大部分位于人脑研究中所预期的精确位置：顶内沟的深处，即腹侧顶内区内或旁边。此外，我们在人脑更靠前的背外侧同样记录到了其他的数字神经元。然而这些神经元表现出微小的差异：它们的反应比顶叶的数字神经元更慢，在较后期的反应阶段，也就是猴子在工作记忆中保存数字的阶段，这些神经元的反应最强烈。实际上，每当我们必须用几秒的时间来记忆信息时，整个前额皮层都会被激活。因此目前，我们认为顶叶的神经元才是构成初级数字编码的特化单元，而这些位于前额皮层的、反应较慢的神经元仅仅是为了保持信息，以备后期回忆之需。

为了证明这些神经元确实用于编码数字，安德烈亚斯·尼德（Andreas Nieder）和厄尔·米勒（Earl Miller）随后在美国麻省理工学院用一个困难的数字任务训练猴子，这个训练要求猴子们能注意到数量等值（numerical equality）。每个实验中，实验者首先呈现一个黑屏，然后是一个由 1～5 个点构成的点阵，随后第二个点阵很快出现，猴子需要判断随后出现的点阵与之前的点阵中的点数是否一样多。在数字距离非常近时（如 4 和 5），猴子能很好地完成这个"同－异"判断任务，因此我们可以确定，它们明白实验要求。此外，实验者通过改变实验材料的其他参数，如点的大小、颜色、排列等，证明猴子关注的确实是数量而非其他参数。猴子的行为显然与这些无关参数并无联系，而仅仅依赖于两个数字之间的距离。

这种行为一经确定无误，尼德和米勒就开始记录大脑的激活情况，并很快识别出一小部分这种神经元，它们的放电模式能够反映出当前所呈现的数字，这部分神经元约有 20% 位于顶叶（见图 10–3）。每个神经元都对应着一个特定的输入数字。例如，第一组神经元在每次呈现一个目标时放电最强烈，而视野中出现更多数量的目标时，它们的放电会变弱。第二组神经元达到放电峰值时对应的数字是 2。其他神经元对应的分别是数字 3、4 或 5。尼德最近的研究已经找到了对数字二十几和三十几有所反应的神经元[32]。就像猴子本身一样，这些神经元关注的只是数字，它们的行为不会随视野中的其他细节的改变而改变。他们是名副其实的只对数字产生反应！

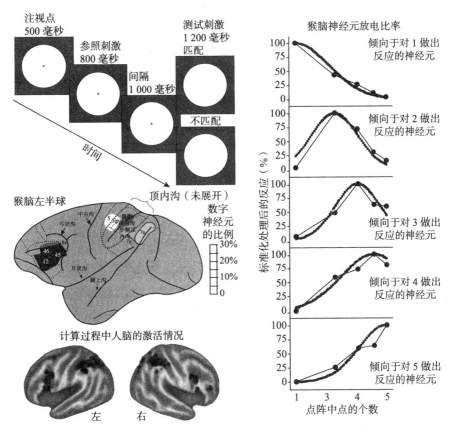

我们训练猴子记忆一个点阵中点的个数，然后判断它与另一组点阵中点的个数是否匹配。猴子的前额叶和顶内区域存在大量关注数字的神经元。右侧图展示了这些神经元的调谐曲线（tuning curve），这些曲线表明，每个神经元都对一个特定的数量产生最大限度的放电。

图 10-3　猴脑中的数字神经元

资料来源：Nieder et al., 2003, 2004。

　　我在第 1 章中曾提到我和让 – 皮埃尔·尚热在 1993 年提出的一个理论模型，根据这个模型，我们对这些神经元的功能有着非常精确的预期。每个神经元不仅对某个特定数字有放电峰值，而且峰值数字的附近会形成一个倒 U 形的放电曲线，因此可以证明神经元是对一个数字的近似范围进行编码。此外，我们预期，在一个适当"压缩"的数轴（用数字术语来说，它应该是一个对数数轴）上绘制出这些放电曲线时，无论神经元所编码的数字大小，所有神经元的倒 U 形曲线的宽度应该是相同的。这个属性清楚地表明，这些神经元能够对它们所编码数字附近特定比例的数值进行反应：它们能对所编码数字前后 30% 范围之间的所有数字进行放电。令人惊讶的是，尼德的数据如此精确，因此我们能非常精确地检验这些数学预期，它们与我们的预期极其吻合。读者们自己在图 10-3 中也能够看出，例如，倾向于对 4 个点的点阵进行反应的神经元，同样会对 3 个或 5 个点进行放电，但是对单个点的放电要明显小很多。神经元的这种调谐曲线的特点能够很好地解释猴子（以及人类）对数值的混淆。正如第 3 章中提到的，我们往往会混淆 4 和 5 这样相似的数量表征。此外，随着数量变大，这种可能混淆的范围也会变大，可以说这种混淆在以平均值为中心的特定比例范围内具有不确定性。因此我们对 4 与 5 的混淆程度，和对 40 与 50 的混淆程度是一致的。猴子的神经元表现出相同的特性。

总的来说，数字神经元形成了数字的"分布式表征"（distributed representaion）或是"群编码"（population code）。每个数字并不是由少数精确的神经元进行编码的，而是由大量神经元进行近似编码，这些神经元的精确性随着数字的增加而减弱。尼德和米勒在恒河猴脑内确定出的神经编码恰好和我们在人类行为研究中预测的一致。近些年，我设计了一个能够建立神经元与行为之间联系的数学模型[33]。这个模型从两个假设入手：神经元能够编码数字，我们的决策取决于内部编码的最优推论。我的模型展示了如何对人类数值判断的特性进行细节上的重建。例如，当数字距离越来越近时，我们比较两个数字时的速度会逐渐变慢，并且正确率也会下降。我们可以通过数学方法在神经元的近似谐调曲线中推导出这种"距离效应"的精确形状。得益于这种构建起神经元和行为之间桥梁的规则，心理学变得越来越接近精确的科学。

在撰写该内容时，顶叶数字神经元如何产生数字调谐曲线的原理尚不明确。然而，美国杜克大学的迈克尔·普拉特（Michael Platt）及同事发现了编码数字的第二类神经元后[34]，这一问题有了很大的进展。他们在腹侧顶内区域正后方的一个叫作外侧顶内沟（LIP）的区域发现了这些神经元。这些神经元的反应与尼德和米勒发现的腹侧顶内区神经元存在以下几个方面的不同。第一点不同是，外侧顶内沟神经元没有对应于特定的数量。它们的放电率随着数字大小发生单调变化。其中一部分神经元的放电率随着视野内目标物数量的增加而急剧变大，而另一部分对大数字的放电率却逐步减弱，只在出现一个目标物时达到放电峰值。但是在这个区域，没有能够对中间数字产生峰值的神经元。第二点不同在于，这些外侧顶内沟神经元只能感受到有限范围内的视网膜图像，"感受野"（receptive fields）很小。它们并非对整个图像中的所有目标的个数发生反应，而只对某一特定视野内的数字进行反应。

为什么同一个大脑中会存在单调和调谐这两种完全不同的编码？其中一个可能的解释是，在加工调谐表征时需要单调神经元的参与。这个假设意味着，在对数字进行稳定的表征加工过程中，单调编码与调谐编码构成了两个不同的加工阶段。实际上这种两阶段加工模式非常符合让－皮埃尔·尚热和我提出的第一个数字神经元模型。我们的电脑模拟器的第一步，是神经元负责忽略目标物的身份与大小，对其位置进行编码。第二步，是在目标位置表征之上不断增加神经元的激活值，这种"累加神经元"（accumulation neurons）最终产生对近似数字的表征。第三步，是对激活值进行越来越大的阈值转换。我们最终获得了大量数量探测器，即对应于一个特定数量的神经元。近期的发现认为，在数量提取过程中的这两个相继出现的阶段可能对应于外侧顶内沟和腹侧顶内区的真正功能。对数字进行单调反应的累加神经元很好地对应于外侧顶内沟神经元，而对特定数字进行调谐的腹侧顶内区神经元则与我们假设的数字探测器完全吻合。此外，通过解剖学我们了解到，外侧顶内沟的神经元直接投射至腹侧顶内区神经元。最后，外侧顶内沟数字神经元对位置敏感，它们具有"感受野"，而腹侧顶内区数字神经元是对整个视野中的数量进行反应，这与它们从整个外侧顶内沟神经元阵列接收输入的假设是一致的。

总之，电生理学的记录为我们的理论模型提供了强大的支持。猴子显然是利用神经元群来编码数字的，它们很可能首先对物品所在位置的所有数量进行综合，然后对于综合出的总数使用特定的神经元进行编码。尽管这个理论看起来似乎合理，但证实其中的关键假设仍需要相当大的努力。现有数据的主要问题是，单调和调谐神经元两种数值编码类型，是由不同的实验室通过训练用于执行不同任务的不同猴子，在两个不同的脑区发现的。因此同一只动物身上是否确实同时存在这两种编码还有待观察。然而，有趣的是，在外侧顶内沟神经元上发现的单调数字编码拥有的属性，可以解释我在本章开始时提到的视觉错觉[35]，我们适应了一个特定数量之后，会错误地认为一个新的数字比它实际上更大或更小。比如外侧顶内沟神经元，它只能对视网膜上的一个特定位置产生适应。图 10-1 就展示了我们如何对出现在左右侧的数字产生不同的适应。此外，它能够在一个很大的数字范围之间进行延伸：对 200 个点的适应能够影响到我们对 40 个点的知觉。如果把这种适应仅仅归结于神经元对某些特定数量的调谐作用似乎不太可能，但是如果单调编码也同时参与其中的话，就能够讲得通了。因此，很有可能人脑除了调谐特定数字的神经元之外，同样拥有对数量单调编码的神经元。

我必须强调的是，这些结论都只是在猴脑和人脑之间存在同源性（homology）的前提下得到的。现实情况是，没有人在人脑中发现任何调谐数字的神经元，原因很容易理解，我们无法找到自愿在大脑中插入电极的志愿者！对人脑进行单神经元记录的机会非常少。一种情况是有患者癫痫发作。在这种情况下，神经学家有时需要通过在大脑深部植入电极来确定癫痫的位置。通过这种方法，有研究者记录到了非常漂亮的人脑神经元数据，有些只有在看到悉尼歌剧院美景或好莱坞明星哈莉·贝瑞（Hale Berry）时才会出现[36]！遗憾的是，癫痫大多数涉及颞叶的功能，对于数字神经元所在的顶叶并没有多少数据记录。因此，直到今天，我们仍未能识别出人类数字神经元。

在缺少直接记录的条件下，我们需要更多的创造性来解决这个问题。当然，能够识别我们所热衷的数字神经元的间接方法确实存在。虽然 fMRI 不能帮助我们直接观察到个别的神经元，但是它的信号能覆盖上千个细胞，因此在某种程度上，可以反映这些神经元的平均调谐。有一种方法能够考察重复出现同一项目时，功能磁共振信息如何随之变化[37]。我们已知在这样的条件下，神经元会产生习惯化（habituate）：它们的电位随着不断重复而减弱，就好像相同刺激无数次地出现会使它们感到厌倦。鉴于大多数的神经元都表现出这种适应性，它就成为一种用脑成像技术可以探测得到的宏观信号，我们能够真实地观察到该脑区的信号随着时间推移而变弱。然后我们可以检验在呈现一个新目标的情况下信号是否能够恢复。这种信号的恢复意味着这部分脑区包含能够辨别前后两个项目的神经元。

我和我的同事曼努埃拉·皮亚扎（Manuela Piazza）用适应范式进行数字实验，得到了非常漂亮的结果（见图 10–4）。我们先向志愿者重复呈现相同的数字，然后让他们对这组数字产生适应。比如在其中一个实验中，他们能够不断看到 16 个圆点的组合，虽然它们在大小和排列上有变化，但是数量和形状总是相同。在特定的时间我们会引入一些异常的图片，这种图片可能是新的形状（三角形）或 8 到 32 之间的新数字。和我们预期的相同，顶内区域对新的数量发生反应。当新数字与旧数字之间的距离足够远时，它的激活情况会突然变得极其强烈（见图10-4）。

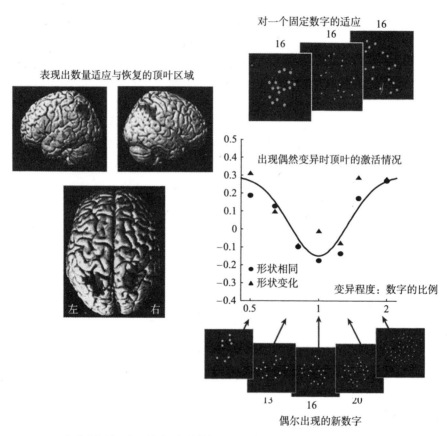

在脑成像过程中，被试重复接触相同数量的目标，导致大脑对这个数字激活的程度下降（适应）。当偶然引入新数字时，激活的恢复情况与新旧数字间的距离直接相关，因此产生了与猴子的数字神经元非常相似的调谐曲线。这些由于数字变化所产生的反应与物体的形状是否发生改变无关。

图10-4　人脑顶叶数字调谐的证据

资料来源：改编自 Piazza et al., 2004。

这种数量反应在脑区中的位置和我们预期的完全一致：仅位于大脑两半球顶内沟的边缘。曲线也与该脑区若存在与猴子类似的数字神经元的表现完全吻合：顶叶脑区对重复出现的数字进行调谐，并在新数字出现时恢复，这一过程中产生的倒 U 形曲线与单个神经元的调谐曲线非常相似。此外，顶叶并非对所有形式的变异都会反应。当我们改变目标的形状时，这个脑区不会发生任何改变，但视觉和前额皮层的脑区会对此产生反应。因此，我们能够证明人类顶叶与猴子顶叶一样，只关注数字的变化而不关注形状的改变。因而，人脑中存在与我们的远亲恒河猴非常相似的、用于提取一组物品的数量的脑机制。

婴儿也有数感吗

适应范式的巧妙之处在于它不需要任何复杂的指示。被试在实验中只需要观看一系列幻灯片即可，不需要任何外显的计算或是反应。因此这种方法对于研究婴儿的大脑非常理想，他们不能进行心算但可能已经具有数感。事实上，脑成像研究中使用的适应范式，与过去我们常常用于证明婴儿对数字新异性产生惊奇反应的行为习惯化范式几乎完全一样[38]。即使是刚出生几周的婴儿，让他重复观看固定数目的物品，比如 8 个项目，当呈现的数量从 8 个变到 16 个时，婴儿的注视时间会变长。在皮层水平进行记录有一个额外的优势，它使我们能够确定这个行为所涉及的脑区。那么，顶叶皮层是否在幼年期就已经开始负责数感了呢？

杜克大学的杰茜卡·坎特隆（Jessica Cantlon）及同事进行了第一个儿童数量适应实验[39]，被试不是婴儿，而是 4 岁大的儿童。这些学龄前儿童没有接受过任何关于计算的训练，但是他们的顶叶已经表现出与成人一样的数量反应：每当一个重复出现的数量被一个新数量替代时，顶叶的激活会显著增强。这种反应在大脑右半球中尤其明显。事实上，目前有很多迹象表明，右侧顶叶在生命早期就已经展现出其功能，在进行任何算术教育之前，顶叶负责儿童的非言语数字直觉[40]。这些结果同样表明，在儿童的大脑中已经形成了专门负责数字和形状编码的不同区域。当集合中的数量发生改变时，顶叶会做出反应，但物品形状改变时，它没有反应；而视觉腹侧皮层对形状变化而非数量变化做出反应。

这些惊人的结果一经报道，我和我的同事韦罗尼克·伊扎尔（Veronique Izard）、吉莱纳·德阿纳－兰贝茨（Ghislaine Dehaene-Lambertz）决定，是时候在更小的婴儿身上使用这个范式了[41]。我们把研究的重点集中在 3 个月大的婴儿上，这个阶段的婴儿的注意力可以被有趣的视觉图片完全吸引。韦罗尼克设计了一系列吸引婴儿注意力的彩色的动物和面孔图片。我们没有把婴儿放入功能磁共振成像仪器中，而是采用了一个替代的方法，我们在一个网帽上装配了很多内置小电极的湿海绵，然后把网帽戴在婴儿头上来记录他们的脑电波。正如预期的那样，在习惯了多次重复呈现的有 4 只鸭子的幻灯片之后，当 8 只鸭子出现时，我们可以观察到婴儿大脑的电位反应。在这张新幻灯片出现 400 毫秒后，大脑的电位发生偏离。对于不同的数字变化幅度，如 2 到 3，4 到 8，4 到 12，这个反应是相似的，但是当形状发生改变的时候，大脑产生了完全不同的反应。因此我们可以断言：即使出生只有几个月大的婴儿，其大脑已经形成了两个分别负责形状和数字的区域。

通过头皮上获得的信号推断大脑源位置，会面临非常复杂的"逆问题"（inverse problem），所以对所涉及的皮层脑区进行精确定位很困难。然而，在基于婴儿皮层褶皱的精确模型上，我们使用了一个先进的方法，这个方法能够把皮层表面电活动的完整分布重建成平滑的近似值。幸运的是，这些结果合乎情理。它们表明，右顶叶对数字新异性做出反应，而左侧腹侧视觉皮层对客体新异性做出反应。这种分离再次与我们在成人和 4 岁儿童被试中观察到的结果吻合。看来，即使对于婴儿，数字也是一种能够通过顶叶快速提取的参数。

　　韦罗尼克坚持这一方向，仅通过观察婴儿的行为，就能够证明，即使是新生儿也拥有数量的抽象概念[42]。当然，参与实验的婴儿平均年龄为 49 个小时，他们的注意力不能够持续太久。两分钟内，他们听到一连串相同数量的音节，比如"突突突突""哔哔哔哔"等包含 4 个音节的声音。然后，实验者给他们展示一些色彩鲜艳的图片，比如 12 只黄色的鸭子。一半的图片中所涉及的数量和先前呈现的数量匹配，另一半则显著不同。为了确保非常不成熟并且不精确的婴儿大脑系统也可以察觉到数量之间的差异，韦罗尼克选取了距离足够远的数字 4 和 12。婴儿的反应清楚地表明，他们注意到了刺激之间的数量关系，尽管刺激呈现的模式出现了根本的变化。

　　许多严谨的实验已经证明，人类对数字的灵敏度在生命的初期就已存在[43]。在 20 世纪结束时，这些发现在当时还存在争议并造成了一些混乱。一系列严格控制了非数字混淆变量、公开发表的研究并没有重现早期的结果，有人由此提出驱动婴儿行为的并非较高水平的抽象数字表征，而是较低水平的混淆变量如颜色或亮度的总和[44]。幸运的是，这些争议现在已经结束了。近来的研究结果表明，婴儿的认知发展水平远高于我们最初的设想。他们不仅能够注意到数字及其他参数，比如大小，他们似乎还能根据实验设计的细节对这些参数产生不同程度的注意。举例来说，如果屏幕中呈现的所有物品都相同，那么幼婴更关注它们是什么而非它们的数量。然而，只要集合中包含了差别非常大的物品，而不仅仅是同一个物品的复制品，即使是从 1 个到 3 个项目的变化范围，婴儿也会注意到数量[45]。杜克大学的萨拉·科德斯（Sara Cordes）和伊丽莎白·布兰农（Elizabeth Brannon）所进行的大量研究表明，对数字的注意只是婴儿能够实现的认知过程之一[46]。这些作者甚至提出，由于相比物品的大小来说，婴儿能更细致地察觉出数量上的变化，所以相比其他物理参数，婴儿更好地适应了数字。由此看来，从我们出生起，数字就是使我们更好地理解外部世界的主要属性之一。

数字 1、2、3 的特殊地位

> 误差也可以变得精确，只要产生这个误差的人能够准确地理解它。

皮埃尔·达克（Pierre Dac），法国幽默作家

迄今为止，我所描述过的大多数研究都强烈支持数感假设。然而，我仍然必须承认，我对其中的一个观点理解错了。我在第 3 章描述了"感数"（subtizing），也就是我们所有人都拥有的，一眼就能鉴别出 1 个、2 个、3 个项目的卓越能力。所有人都可以不用数就能"感数"的观点是对的。各大期刊的文章通过各种各样的方法证实了这个观点[47]。然而我的错误在于，认为感数本质上是"精确估算"的一种形式。我最初的想法是，在 1、2、3 这样很小的数字范围内，数字神经元的调谐曲线能够敏锐到足以编码一个精确值。虽然只是估计，但我们的数字神经元却能以 100% 的正确率一眼就区分出 1 和 2、2 和 3 的差异。超过这个范围，神经元放电上的大幅度重叠阻止了对两个连续数字的快速分离，因此感数就难以实现。此时，如果我们要估计一个确切的数字，就只能进行计数。当时其他几位科学家也一致同意这一观点[48]，根据此观点，我们可以推论，感数并不是一个独特的过程，它只是估算系统的最低级别。

2008 年，苏珊娜·列夫金（Susannah Revkin）在我的实验室里做了一个实验，反驳了有关感数的这个观点[49]。我们的前提很简单：如果人类思维中只有一个估算系统，它在整个数字范围内具有同样百分比的不确定性，那么区分间隔比例相同的数字，难度应该相等。因此辨别数字 1 和 2 应该和辨别数字 10 和 20、20 和 40 一样容易。为了验证该预测，我们进行了两个紧密相联的实验。一个是经典的感数任务，在该实验中，实验者呈现给被试由 1～8 个点组成的点阵集合，并要求被试以最快的速度辨认出点的数

量。在另一个实验中，所有点阵的个数都增大 10 倍。然后告诉被试他们不会看到其他数量的点阵，只会看到数量为 10、20、30、40、50、60、70 或 80 的点阵。他们要以最快的速度说出十位数。为了确保被试理解任务并很好地完成任务，我们提供了大量的训练和反馈。结果十分明确，与感数范围内的数字 1、2、3 相比，对十位数 10、20、30 的识别，成绩相去甚远。我们的假设预期人们对 10 个点、20 个点、30 个点的数字识别反应与数字 1、2、3 一样好。事实上，这些十位数的加工速度还不如 40 和 50 快。在所有参与测试的数字中，只有数字 1、2、3 的结果和其他数不同。人们在对这些小数字命名时，甚至可以快上多达 200 毫秒，并且几乎完全正确。我们得到一个毋庸置疑的结论，那就是加工感数范围内的数字是一个完全不同的过程，这个结论同样得到了脑成像研究的支持[50]。

为什么这个观点如此重要？因为它表明，我们的数感由多重核心加工过程拼凑而成。目前研究者达成一个共识，不用数就能表征物品数量的系统不是一个，而是两个[51]。一个是小数字系统，也叫作"客体追踪"（object tracking）系统，它只表征由 1 个、2 个或 3 个项目构成的集合。该系统使我们能够相当精确地跟踪这些项目的轨迹。因此，当一个客体在小集合中出现或消失时，系统将为这一情况提供精确的心理模型。而另一个估算系统能够表征任意大小的数字。还允许我们对数字进行比较或将数字结合进行估计运算。

两个系统的不同之处在于它们表征大数字的能力。客体追踪系统在物品数超过 3 或 4 时就会崩溃。但令人惊讶的是，小数字 1、2、3 似乎能同时出现在两个心理表征系统中。我们既能感知它们，又能估计出它们，还能把它们定位到近似心理数轴上的适当位置。可见，人们的数字心理表征没有断层，估算心理数轴能够表征出所有大小的数字，我们不需要去"缝合"小数字的分界线。这个特征足以解释一项针对猴子的实验所得出的结果。在训练猴子依据数字大小对集合进行排列时，尽管训练中它们只学习了包含 1～4

个项目的集合，这种能力却能迅速推广到 9 个项目的大集合[52]。这一方面得益于估算系统，它使我们对数量的连续性拥有快速的直觉。另一方面，小数字系统可以让我们聚焦于 1、2、3 这样的小数字，并精确地理解它们的运算，即数字是如何通过加或减发生变化的。

对婴儿的研究表明，人类自出生第一天起就拥有这两种数字系统，两者的结合对于掌握算术能力起到关键作用。实际上，存在独特的小数字系统的最佳证据来自婴儿研究。在许多实验中，只有当数量足够小时，婴儿才能成功地感数。美国纽约大学的莉萨·费根森（Lisa Feigenson）与同事做了一个简单的实验[53]。她们首先在一个平台上放了两个空盒子，然后实验者当着婴儿的面把 2 块饼干放入其中的一个盒子中，一次放 1 块，在另一个盒子中放入 3 块。之后鼓励婴儿去抓其中的一个盒子。不出所料，婴儿选择有更多饼干的盒子的概率超过 80%。但是之后出现了一个令人惊讶的现象。在另一部分实验中，实验者在一个盒子中放入 2 块饼干，在另一个盒子中放入 4 块饼干。婴儿们遭遇了惨败：成功的概率仅有 50%，本质上来讲，他们的选择是随机的。为什么婴儿可以成功地比较 2 和 3，却不能比较 2 和 4？后者看起来似乎存在更大、更明显的差异。证据表明，婴儿在任何数字超过 3 的实验中都会失败，例如 1 和 4、3 和 6。唯一合理的解释是，4 个以上的项目会使婴儿的记忆系统因超负荷而崩溃。盒子中的 3 块饼干仍属于感数的范围。多加 1 块饼干就超过了感数的最大限度，婴儿突然无法知道盒子里有多少块饼干。因为是一次放 1 块饼干，他们不能看到集合的整体数目，因此估算系统也不起作用了。顺序呈现的方式阻碍了婴儿使用估算系统，致使他们只能感知有限的数量 1、2、3。

感数的机制是什么

感数究竟如何运作这一问题仍然是个谜。然而，一个有趣的线索认为，与我们过去的想法相反，感数并没有独立于注意力。在我们主观看来，感数似乎是自动化的，我们只需看一眼集合就能够毫不费力地识别出集合包括 1 个、2 个还是 3 个物品。然而这是个错觉[54]。当我们暂时注意其他方面，例如记一个字母时，即使呈现一个数量只是 2 或 3 的集合，我们也不能准确地获取它的数量。感数需要注意力的参与，而并非"前注意"（pre-attentive）或毫不费力。我们确实能够选择少数项目，并对其进行时间或空间上的追踪，但是我们也需要以消耗注意力为代价。

那么感数的机制是什么呢？目前的研究认为，人们有 3 个或 4 个记忆槽，这些记忆槽能够暂时存储任何心理表征[55]。这种记忆槽叫作"工作记忆"（working memory），就是短时间内保存瞬时信息的认知能力。比如，我们用它来记住闪卡上出现的形状。这个心理记忆槽能够把 3 到 4 个目标的所有感知觉特征都存储下来。当用这个方法保持信息时，我们也无偿地得到了数量信息，因为系统需要在某个特定时间对正在使用中的槽的个数进行内隐的编码。为了帮助理解，你可以想象一下你有绿、红、蓝 3 个鞋盒，在旅行前你会按照这个特定的顺序打包跑鞋。由于这些盒子按照特定的顺序使用，所以只需要看鞋盒的颜色，就能够确定你带了几双鞋。假如只有绿盒子，这就意味着你只带了 1 双，绿 + 红就代表 2 双，绿 + 红 + 蓝代表 3 双。这种类型的存档系统能形象地解释感数的机制：当我们注意到客体时，我们的感知系统就立即把它们的属性放置在目标追踪器的可用记忆槽内。我们只需要把这个心理档案的内容和数量 1、2 或 3 关联起来，就可以进行感数计算了。

感数编码的独特之处在于，它为每个小数字 1、2、3 都提供了一个离散编码。每增加一个新的客体就打开一个新的记忆槽，这条新增的心理刻痕清楚地表示出一个新数字的形成。这种编码原则与估算心理数轴的编码原则截然不同。在心理数轴上，数字的表征形式是非常杂乱的激活分布，如 7 和 8 的激活会重叠，然而 2 和 8 重叠的程度较低。数量近似系统不支持对离散数字进行精确计算。然而在目标存档系统中，我们可以精确地跟踪每个目标，只要它们的数目不超过 3。"自然数"的概念作为我们的算术系统的基础，可能源自我们追踪小数量目标的超凡能力，以及我们能够辨别出任何数字集合，不管它有多大，我们都有基数（cardinal number）的直觉数感。在儿童三四岁时，这两个系统会结合起来。突然之间，儿童意识到任何集合都有一个精确的数值，也意识到 13 是一个与它两侧相邻的数字 12 和 14 完全不同的独特概念。这种人类独有的心理变革是通往更高级数学认知的第一步。

没有计数系统的蒙杜卢库人

人类几乎天生就懂数学……这是一门最简单的科学，没有谁会反驳这个显而易见的事实：即使是门外汉或者是完全没受过教育的文盲都知道怎么数数和估算。

罗杰·培根（Roger Bacon）

目前我们仍不清楚，当儿童突然明白精确数字的离散无限性（discrete infinity）时，他们的脑子里发生了什么。然而，我们知道这个过程不是自发的，而是人脑成熟过程中以某种方式被激发而来的。这是一个文化的产物。伟大的数学家利奥波德·克罗内克尔（Leopold Kronecker）错误地断言："上帝创造了整数，其余都是人类的发明。"其实，整数也是人类创造的，整数只出现在发明了计数概念的人类文化中。在由数词组成的计数系统被人类发明出来之后，这个计数系统才能够表达出 12 和 13 的不同。

我们能够认识到精确算术的本质是文化的，这要归功于语言学家皮埃尔·皮卡（Pierre Pica）和彼德·戈登（Peter Gordon）这类富有勇气的研究者，他们为了调查亚马孙流域深处偏僻的文明中人的数学能力，不辞辛劳地进行了长途跋涉[56]。他们获得了不同凡响的观察结果。尽管印第安人与世隔绝，没有接受正规的教育，也没有数字方面的词汇，但是他们并非没有数学能力，而是拥有精致的近似数感。他们似乎缺少对精确整数的数感。

过去 10 年，我非常荣幸能和皮埃尔·皮卡一起研究蒙杜卢库人（Munduruku）的数学表征。在这个项目中，我是个名副其实的假想科学家。事实上，我从来没去过亚马孙，而皮埃尔·皮卡年复一年地带着手提电脑和太阳能电池，不屈不挠地穿越丛林，去验证我和韦罗尼克·伊扎尔、伊丽莎白·斯佩尔克在巴黎提出的假设。我们用一种被形象地称为"巨蟒"（Python）的编程语言设计了 PPT 动画和数学软件，然后把它们运送到丛林中去，播放给那些从没见过电脑的人看。

蒙杜卢库人非常有趣，因为他们的语言中没有完整的计数系统。只拥有大约 5 个数词，"pũg"代表 1，"xep xep"代表 2，"ebapũg"代表 3，"ebadipdip"代表 4，"pũg põgbi"代表 5，表示一手或一把。除此之外，他们的数字系统中基本上就只有"一些"（adesũ）和"许多"（ade）的区别了。令人吃惊的是，他们从来不用这些数字来数数。蒙杜卢库人不能像我们一样，一口气快速地数数（1、2、3、4、5……），他们通常也不会将这些数词与集合中的物品一一对应。数词似乎只是作为一个特定数量的形容词来使用的，就像我们说一组东西看起来有"5 个"或接近"一打"。我们在最初的一个实验中给蒙杜卢库人展示了一些点阵，然后问他们其中包含几个项目。他们从不数数，而是用一个近似的数词来标明这个集合。当出现 1 个、2 个、3 个项目时，他们可以快速地说出正确答案"pũg""xep xep""ebapũg"。然而在包含 4 个项目的任务中，他们开始出错，说是 5 或者 3。从 5 个或 6 个项目开始，他们使用"一些"来形容，对于 10 个或 12 个项目，他们只是用"许多"一词。显然，他们并没有对精确的基数进行准确命名的方法。

由此，我们有了一个疑问，词汇上的局限性将如何影响他们对算术的理解。数感假设的理论预期他们的智力水平应该是正常的。虽然他们没有上过学，没有听说过加减法，甚至不会命名超过 5 的数字，但我们认为他们应该具有很好的估算能力。正如我们所有人一样，他们也是生来就知道，在进行了类似加法和减法的操作之后，一组客体会发生怎样的变化。他们应该只是不懂得使用精确的数字，因为他们的文化还局限在算术结构发展的早期——一个没有计数的阶段。

在第一个任务中，我们证明了蒙杜卢库人实际上具有非常了不起的估算能力。甚至在数字达到 80，或是像物品大小和密度这些非数值参数发生相当大的改变时，他们也能轻易地判断出两列点阵中哪列更多。他们甚至可以完成近似的计算。如果先后把两个物品的集合隐藏到一个罐子里，他们可以估算出两者的总和并与第三个数进行比较。非常令人震惊的是，这些与世隔绝的蒙杜卢库人虽然没有受过正规教育并且在语言方面有所限制，但他们在这个估算任务中的正确率和受过教育的法国成年人相当（见图 10–5）。

然而，在进行精确计算时，蒙杜卢库人就有不同的表现了。我们向他们呈现像 "6–4" 这样的简单减法的具体例子，把 6 个物品放入罐子里，然后从中取出 4 个（见图 10–5）。他们给出的最终答案是 0、1 或 2，这些数都在蒙杜卢库人能够轻易说出的数字范围内。虽然他们没有与 0 对应的单词，但是他们会用 "什么都没有" 来表示。在一部分测试中，我们让被试说出答案，另一部分的设计更为简单，只需要他们指出表示正确答案的图片（罐子里有 0 个、1 个或 2 个物品）。两种任务中，蒙杜卢库人都不能计算出确切的答案。当数字小于 3 时，他们的表现相对较好，但当数字增大时，错误率随之增加，当数字超过 5 时，正确率甚至不比 50% 高多少。一个数学模型表明，考虑到他们的估算能力，他们的表现与我们的预期完全相同：他们对 "5–3" 这样简单的计算进行了估算！

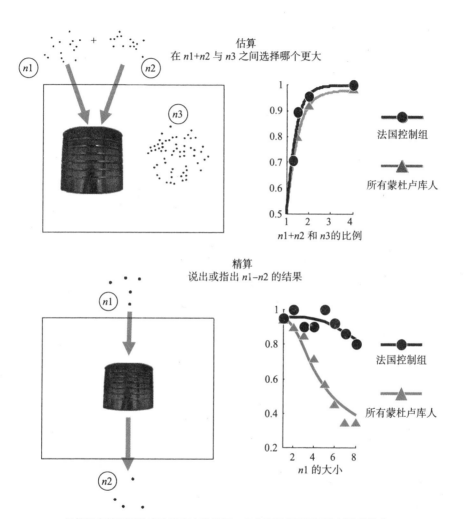

尽管没有接受过教育也没有大数词汇，来自偏远的亚马孙流域的蒙杜卢库人却拥有成熟的数感。他们在近似加法和大数字比较任务中的表现，与接受过教育的法国控制组水平相当（估算）。然而，他们却不能完成类似"5–4"（精算）这样的精确计算。

图 10–5　蒙杜卢库人也有成熟的数感

资料来源：改编自 Pica et al., 2004。

总而言之，我们关于蒙杜卢库人的研究表明，在掌握主要的算术概念（量、大小关系、加、减）和完成估算操作时，语言标签并不是必需的。由数感提供的算术直觉就已足够。然而，想要超越这种在进化上非常原始的系统，并且进行精确计算的话，符号数字系统似乎是必备条件。

对这些结果的理论解释一直存在许多争议。在我们关注蒙杜卢库人的同时，美国哥伦比亚大学的语言学家彼德·戈登对毗拉哈人（Pirahã）进行了研究，这些印第安人的语言更加有限：只有 1 和 2 的数词，同时这两个词还可以表示"一些""许多"，以及"小"和"大"！他的研究结果与我们的基本一致，也同样发表在《科学》杂志上：毗拉哈人不能完成将一组物品和电池一一对应的精确数量匹配任务，但他们能够正确地估计数量。戈登的论断比我们的更为极端。他认为，毗拉哈人的语言与我们的完全"不能相比"（incommensurate），并正面引用了语言学家本杰明·沃尔夫（Benjamin Whorf）在《论语言、思维和现实》（*Language，Thought and Reality*）一书中的观点——语言决定思维：

> 我们现在面临一个新的相对原则，即除非观察者的语言背景相似或者能够以某种方式校正，否则他们看到的现实便是不同的，因而对世界的认知也不同。

我不同意这样的解释，在我看来，这个解释有点夸张。蒙杜卢库人和毗拉哈人的限制并不是缺乏概念性知识。他们拥有近似数和算术的概念，从这个意义上来说，由于我们用同样的方式来估算数字，因此他们的文化与我们的文化完全具有"可比性"。事实上，我们的语言中有类似"一打""十到十五本书"的估计术语，这和他们的差别并不是那么大。

总而言之，我们的实验并不支持沃尔夫关于语言决定思维的假设。相反，这些实验强有力地证明，无论多么与世隔绝，无论是否接受过教育，数感普遍存在于任何人类文化中。这些结果表明，算术是一个梯子，我们从相同的一层开始爬，但是却达到不同的高度。在算术概念水平上的进步取决于对数学工具的掌握程度。数字语言只是众多工具中的一个，它有助于扩展我们对认知策略的全面使用，并促进我们解决更为具体的问题。尤其是，掌握一系列数词使我们能够迅速地数出任何物品的个数。

我认为，语言并不是计数的唯一媒介，我们可以不使用数词，而是通过指示身体部位、使用算盘或其他计数符号（tally marks）来数数，同样有效。然而，想要超越估算阶段，我们必须掌握至少一个这样的系统。最近哈佛大学的利斯耶·施佩潘（Lisje Spaepen）进行的一些实验表明，在计数系统缺失的情况下，即使一个人的综合条件十分优越，也无法发展出精确计算的能力。施佩潘对尼加拉瓜的失聪成年人进行了研究，由于无法接受手语和算术教学，他们生活在一个口语表达的社会。他们正常工作、挣钱，而且他们的家人并不认为他们有算术方面的问题。尽管如此，施佩潘的实验表明，这些失聪成年人的行为与蒙杜卢库人相似，他们不能把一组物品的确切数量与另一组物品进行匹配。尽管在看到一组物品时，他们能伸出手指示意数量，但这些手势不是真正意义上的"符号"：手指表示的数量并不固定，并且通常只是近似值。简而言之，没有了计数工具，即使是生活在西方社会里的成年人也无法完全掌握计数的关键原则——精确数的概念。

在更近期的有关蒙杜卢库人的研究中，我们观察到了另一个计数引起认知变化的迹象。西方社会中的成年人将数量表征成一条"心理数轴"，即从小数向大数方向延伸的线性空间。我们好奇蒙杜卢库人是否和我们一样有这样的直觉。他们是否自发地认为数字是在一个线性的标尺上延伸的呢？他们是否知道任意一个数都应该落在比它小和比它大的两个相邻数之间呢？他们能否理解这个纯空间概念？按照数感的假设他们应该有这样的直觉。

为了检验我们的这一假设，我们在电脑屏幕上给蒙杜卢库人展示了一条线段，线段的左端有 1 个点，右端有 10 个点（见图 10–6）。我们只给他们提供两次训练的机会，训练时告诉他们数量 1 在左端，数量 10 在右端。然后将 1 到 10 之间的所有数字呈现给他们，并询问这些数字属于哪个位置。他们可以随意指向线段上的任何地方，也可以根据任何反应策略来进行选择。例如，他们可以把所有奇数归在左边，把所有偶数归在右边。然而他们并没有这样做。和我们一样，他们很快就掌握了数字和空间之间的映射规律。他们中的绝大多数都清楚地知道 1 之后是 2，2 之后是 3，以此类推产生了数字的单向表征（monotonic representation）。很显然，他们和我们拥有同样的有关数量以及如何将数字表征到空间上的直觉。

他们的反应中有一点十分不寻常。我们在做这个任务时，一般会自然而然地将数字 5 放在接近 1 和 9 的中间点的位置上。事实上，我们在波士顿地区测试的控制组被试漂亮地做出了数字的直线表征，即每个连续整数之间的距离相等，数字 5 在 1 和 9 的中间点。但是没受过教育的蒙杜卢库人却不是这样，他们的主观中点更接近 3。他们的整体反应模式是一条曲线，而不是线性的（见图 10–6）。他们似乎认为 8 与 9 之间的距离比 1 和 2 之间的小。事实上，他们的表征非常接近于一个对数函数而不是线性函数。

究竟是什么决定了蒙杜卢库人的复杂反应模式？在第 3 章中可以找到答案。我们与其他动物所共有的对近似数字的自动表征在心理上是压缩的形式。8 和 9 两个大数字之间的距离，看起来比 1 和 2 两个小数字的距离更近。在动物数感中，数字按比值的形式进行组织：3 个物品是 1，则 9 个物品是 3；所以在某种意义上，数字 3 落在了 1 和 9 的"正中间"。显然，蒙杜卢库人不知道 16 世纪苏格兰的数学家约翰·纳皮尔（John Napier）发明的对数函数的抽象属性。然而，由于他们根据数字比值或百分比来排列数字空间顺序，他们的数轴就自然而然地符合了压缩的对数定律。

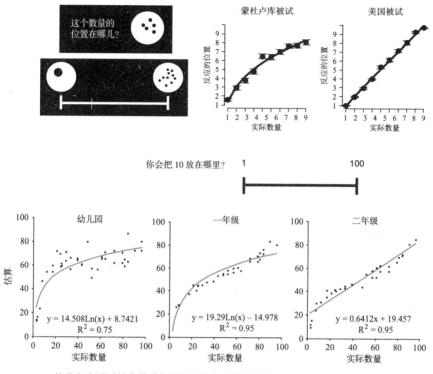

幼儿和未受过教育的成年蒙杜卢库人对数字的表征是一种压缩的曲线形式，他们认为3是1和9的中点，8和9之间的距离比1和2之间的近。接受教育之后，这种表征变成了严格的线性，5位于1和9的中央。

图10-6 对于数字的空间表征的理解因教育而发生改变

资料来源：改编自 Dehaene, Izard et al., 2008; Siegler & Opfer, 2004。

这种对数字的直觉理解很难被改变，即使是对于会用葡萄牙语计数的双语蒙杜卢库成人而言，尽管他们会将葡萄牙数词以线性的方式表征到线段上，但是在表征点阵和蒙杜卢库数词时仍然运用了对数形式。在我们的文化中，这些行为在儿童身上同样能够被观察到。当我们让幼儿园的儿童在左端是1，右端是100的一条直线上指出所听到数字的位置时，儿童都能够理解这项任务，并且能稳定地将小数字放在左侧，大数字放在右侧。然而，与蒙杜卢库人相似，他们不能均匀地线性分散数字。他们把更多的空间给了小数字，因此形成一种压缩的表征。例如，他们把 10 放到接近 1 和 100 的中间的位置[57]。但随着儿童不断成长，这种对数的表征会转变为线性表征，受到儿童的经历以及测试数字的范围的影响，这个转变发生在一年级到四年级之间。让一名儿童理解数字 1 和 2 之间的距离，与 8 和 9 或任何两个连续数字之间的距离都是相同的这个事实，需要很长一段时间。这种对后继数功能的深刻理解是精确计算的基础，它并不是自发形成的，而是文化与教育的产物。

从近似数到精确数

> 数字……是人类大脑所能够形成的最抽象且形而上学的思想之一。
>
> 亚当·斯密（Adam Smith），《有关语言最初形成的思考》（*Considerations concerning the first formation of languages*）

由于计数需要人们掌握物品与一系列数量或计数符号之间精确的一对一匹配关系，因此计数似乎促使我们将近似数量表征、离散物品表征以及语言代码的概念整合[58]。没有人知道这个过程到底如何发生，但是欧美国家中的儿童在三四岁的时候会经历这个数字加工过程的突变[59]。他们突然意识到，每个数词都指代一个精确数量。这个从最初的近似数量连续体中提炼出离散数字的"结晶"过程，似乎正是蒙杜卢库人所缺乏的。

有关数感如何随年龄发展的量化研究为这个变化提供了一个线索。我们对蒙杜卢库人的实验中的变量能够轻易地转变成一个用来评估数感精度的精确测量装置。我和曼努埃拉·皮亚扎设计了一个 3 岁儿童就能完成的基础测试，在测试中我们让被试看两个点阵，一个在左，一个在右，然后要求被试指出数量更多的点阵。实验可以通过细微地改变数字间的距离来调整任务的难易程度，从而确定出数量的最小可觉差（见图 10–7）。就像使用视力表一样，这个测试可以精确地估计出每个人对数字的"敏锐度"。出人意料的是，随着年龄增加，数字敏锐度剧增[60]。6 个月大的婴儿需要数字距离发生 100% 的改变（也就是增减一倍的数字），才能稳定地指出数量较多的点阵。而 3 岁的儿童，改变量可以降低到 40%，随后几年还会持续下降。

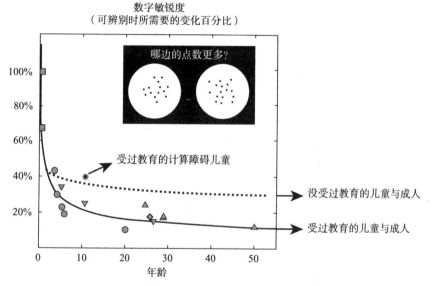

出生后第一年，婴儿可以辨别出数量变化比例足够大的两个数字（比如 8 和 16，变化率为 100%）。数字敏锐度随着年龄的增长不断提高，成年人已经能够辨别出数量变化比例很小（如 15%）的两个数字（图中的 14 个点和 16 个点）。然而，在亚马孙流域的蒙杜卢库部落里，未接受教育的成人只能辨别出变化比例为 30% 的数字，这与学龄前儿童的敏锐度相近，这说明教育有效地提高了我们的数量直觉。虽然这个非言语的测验非常简单，但它同样能够鉴别出患有发展性计算障碍的儿童——10 岁的儿童只能达到 5 岁儿童的数字敏锐度。

图 10–7　数字敏锐度随着年龄增长和教育程度提高而不断提高

资料来源：重绘自 Piazza et al., 2010 中的数据。

在 3 岁之前，人类数字敏锐度产生的变化最大，我们很容易把这种变化与儿童掌握数词能力的时间联系起来。数感的精细化过程就像一个镜头，它能够对数字进行越来越清晰的聚焦。这也许是使儿童能够从最初的连续数量体中识别出离散的"晶体"类别，并为这些"晶体"贴上数字标签的一个关键因素。

这个数字敏锐度逐步细化的过程也许能够解释，为什么儿童需要花很长的时间掌握数词"一"，再过几个月才学会数词"二"，然后是数词"三"：由于数轴是以被压缩的形式呈现，那些在概念上更接近的大数字在生命的较晚阶段才能够成为被关注的焦点。

反过来，学习数词对于数感的准确性也有影响。欧美地区成人的数感精度最终能达到 15%～20%；在不数数的情况下我们就可以辨别出 30 和 36 的差异。没有受过教育的蒙杜卢库成年人的精度接近 30%，当数字的差异达到欧美地区成人可辨别的 2 倍时才能够辨别它们[61]。这显然是教育带来的效果，因为受过教育并升入三年级的蒙杜卢库人，在学习了数字概念和计数之后，其数感精度也会达到 15%～20% 这一水平。

简而言之，学龄前期，我们的数感和计数系统之间的双向交流促成了一个紧密整合的改良系统。在这个系统中，每个数字符号都被自动赋予了一个越来越精确的含义。我们现在才刚刚开始了解这种变化在大脑层面是如何发生的。在研究了猴子的神经元如何编码点阵数量后，安德烈亚斯·尼德和他的团队开始了一个冒险却具有启发性的实验。他们用阿拉伯数字来训练猴子[62]。在几个月的时间内，他们每天训练两只恒河猴将阿拉伯数字 1、2、3、4 与相对应数量的点阵进行匹配。最终，这两只灵长类动物表现得非常好。有趣的是，实验中仍观察到数字距离效应。它们倾向于把出现的数字与邻近的数字混淆，这就表明它们确实是在判断数量。

当猴子熟练掌握该技能之后，尼德和他的同事开始对顶叶和额叶进行单神经元记录，顶叶皮层中包含能够对数量最快做出反应的神经元，额叶皮层中包含反应较慢的记忆神经元。引人注目的是，他们在这两个脑区都发现了能够对"符号"产生调谐曲线的神经元。例如，一个神经元对 4 能够产生最强烈的放电，但是对 3 放电少一点，对 2 更少，对 1 完全不放电。其他的一些神经元则偏爱 1、2 或 3。显然，这些神经元并不仅仅对形状发生反应，它们关注与形状相关的数量，并且根据数值的相似性有规律地进行反应。

令人惊讶的是，在顶叶区域，大多数神经元对数字和点阵的偏爱截然不同。它们只对其中一个方面调谐，不会同时调谐两者。无论目标是以点阵还是以阿拉伯数字的形式呈现，大部分前额皮层的神经元都对其数量进行编码。尼德把它们命名为"联合神经元"（association neurons），因为它们似乎能够独自建立起顺利完成匹配任务所需要的数字和数量之间的关联。此外，联合神经元的激活水平能够预测猴子的成绩。每当猴子在一个实验中反应出错时，神经元的调谐反应就会消失。与之相比，顶叶皮层上只有 2% 的神经元把数字和数量相关联，并且这些反应很弱很慢。

这些结果都说明，在符号学习的初级阶段，前额叶在结合"2"和"··"方面起了至关重要的作用。这个区域收集离散信息并形成新型组合，极有可能为心理整合（mental synthesis）提供了空间[63]。它连接了包括分类形状的颞下回和关注数量的顶叶在内的诸多高水平的脑区，因此它完美地适合于把这些信息聚焦成一个整体的数字概念。此外，前额神经元能够通过长时间的放电，即时地保持信息，因此起到了工作记忆缓冲器的作用，从而把呈现在不同时间里的两条信息汇合在一起。正是因为这个特性起到了关键的作用，猴子才能够掌握相隔几秒呈现的数字和数量之间存在的关联。

前额叶皮层的另一个关键特征是它参与了有意识的、付出努力的学习。我们在注意新信息、思考新策略或是意识到新联系时都会用到前额叶皮层[64]。然而当常规形成之后，由于知识被传送到了更加自动化的回路，前额叶的激活就会消失。安德烈亚斯·尼德的猴子很可能从未达到自动化的水平。符号学习很可能延伸了所有非人灵长类动物的极限，即使经过数月的训练，这个高难度的任务始终高强度地调用着它们的前额叶皮层。儿童的表现却不同，经过几年的教育，他们就能自动地建立起数字与数量的联系，这种联系很紧密，哪怕对一个快速闪现的、几乎完全看不清的数字，儿童也可以在大脑中迅速激活其对应的数量[65]。

目前，我们用脑成像技术追踪儿童学习阿拉伯数字和计算时的大脑激活情况[66]。最初，人脑与猴脑的激活模式相似。与成人相比，缺乏数学符号知识的儿童在做算术时前额叶出现了高水平的激活。然而，随着年龄增加和熟练程度提高，自动化形成后，前额叶皮层激活消失，转向顶叶和枕颞脑区，尤其是在大脑左半球[67]。可见，前额叶皮层似乎是建立起阿拉伯数字的符号关联的第一个关键皮层区域，这种关联在童年期会逐渐转移到顶叶。

如果这个解释正确，那就可以得到一个简单的预期：熟练掌握数字和数词的成人，他们的顶叶皮层应该存在"联合神经元"。在受过教育的人的大脑中，20个点的点阵、数词"二十"，或是阿拉伯数字20都应该能够激活相同的神经编码。我们要如何验证这个假设呢？正如我在前面说过的，我们实际上不能直接地在正常人脑中检测单个神经元，但是我们可以运用间接的方法。我和曼努埃拉·皮亚扎再次运用了适应范式。我们让被试不断地重复观看一系列数量总是落在某个范围内的点阵，例如17、18、19等。然后随机闪现一个可能很近（20）也可能很远（50）的数字，这个设计中最关键的部分在于，这个闪现的数字可能会以阿拉伯数字的形式呈现。我们推测来自顶叶皮层的神经成像信号在对 20 个点产生适应后，看到数字 20 的时候也会保持较低的激活程度，但是在看到数字 50 时会恢复。这种适应的模式表明，编码符号和非符号数字的神经元是相同的，它们能识别出 20 个点和数字 20 所隐藏的概念一致性。结果与我们推测的恰好一致，这证明了神经元再利用理论的一个重要方面：之前的进化中涉及具体物品的算术运算的脑区被重新利用，以习得新的文化符号。

目前通过高分辨率的 fMRI 技术可以更直接地证明上面的观点。我们直接区分出人类皮层的激活模式，并把每种激活模式与一个特定意义关联，例如一个特定的数字。这种方法被称为"大脑解码"（brain decoding），这个方法是可行的，因为编码不同数字的神经元通常在皮层上形成随机群集，尽管这些群集会随意地混合在一起。因此，数字 4 会在皮层表面引起一种可察觉的激活模式，而数字 8 则会引起另一种模式。这些模式无法用肉眼观察到，但是通过一个复杂的计算机学习算法就能将它们从噪声中区分出来，激活的脑区中的哪一部分与数字可靠地联系在一起也能被识别。最终形成了一个皮层解码器（cortical decoding machine），通过把大脑激活的图像作为输入信息，它可以输出对被试看到了哪个数字的判断结果。

这种大脑解码的效果好得惊人[68]。和我同一实验室的埃韦林·埃热（Evelyn Eger）设计了一个解码器，它能够以 75% 的正确率从两个数字中选出呈现的数字（随机正确率只有 50%）。更令人印象深刻的是，经过阿拉伯数字训练后，我们的解码器能够推广到点阵中。可见在区别数字 2 和 4 时，我们多少会依赖用以区别 2 个点和 4 个点的神经元。通过扫描顶叶和额叶的全部脑区，埃韦林再次发现解码数字的最佳部位是顶内 hIPS 区域。尤其对受过教育的成人而言，顶叶是汇集数量和符号信息的脑区。教育促使我们对数量和符号使用了共同的神经编码。

然而这个理论仍存在一个难点。假如我们的数字符号只是被标注成近似数量，那么这些符号理应与蒙杜卢库的数字"5""一些""许多"没有什么不同。但是很明显，我们的数字工具远远超过了估算范围。阿拉伯数字和数词允许我们指代确切的数字，并能对 13 和 14 这样的数字进行分类。因此，数量编码不仅仅是由教育造成的，它还必须经过大量的练习。一个以神经网络模型为框架的理论模型揭示了这一可能的过程[69]。这个网络模型在加工点阵时，会发展出对近似数量进行调谐的神经元，就像安德烈亚斯·尼德的数字神经元。然而，当这些神经元需要共同处理符号数字时，它们会分裂成更小的小组，每个小组敏锐地编码一个特定的数字。在这个模型中，编码近似数量与编码精确数字符号的神经元是相同的，但是它们的调谐曲线不同。符号调谐曲线更加尖锐，因此它们能够编码精确的数量。换句话说，点阵会在顶叶神经元中引起分布广泛并且模糊的激活，而符号引起的放电则集中在一个具有高度选择性的较小的亚组。

目前，对于这个理论只有一些比较隐晦的证据支持[70]。适应和解码过程中表现出的微弱不对称性表明，这种预期的数字解码过程中的精炼很可能只发生在左侧顶叶皮层。这个发现很有道理。只有左侧顶叶既有数量编码，也可以让它与位于大脑左半球的语言和符号编码系统建立直接联系。此外，有直接证据表明，这一区域在数字发展过程中表现出了对左半球越来越强的单侧化，并且这一过程与言语网络的左半球单侧化存在紧密联系[71]。但该理论最引人注目的是，它能直接解释幼儿为什么也有对数词的直觉。即使没有受过任何教育，一旦这些数词表征到了顶叶的数字神经元，它们就会获得一个数字意义并能够进行直觉计算。因为使用了相同的神经元，任意一个阿拉伯数字，比如 8，都具有与相应的数量属性相同的心理表征。

认识个体差异和计算障碍

> 数学中一个最大的未解之谜就是为什么有些人比其他人更擅长
> 数学。
>
> 霍华德·伊夫斯（Howard Eves），《回归数学圈》（*Return to mathematical circles*）

目前有一个直接的证据显示，数量和数词的整合为学龄前儿童提供了数学直觉。卡米拉·吉尔摩（Camilla Gilmore）和伊丽莎白·斯佩尔克在一个冒险的实验中证明了这个观点。他们让 5 至 6 岁的幼儿园儿童做两位数的加减法[72]！在这个年纪，儿童还没有学过加法，那么这个实验可行吗？如图 10–8 所示，实验的诀窍在于测试只要求对数量的近似理解。或者告诉他们："莎娜有 64 颗糖果，她送给别人 13 颗；约翰有 34 颗糖果；那么谁的更多？"这是一道文字题，想得到答案，必须先将这些文字转化成数量，并在不进行任何精确计算的情况下思考它们之间的关系。

儿童在吉尔摩和斯佩尔克测试中的表现表明他们正是这么做的。他们的反应表现了近似数字系统的所有特征：他们的答案只在统计学上达到正确（大约 70% 的正确率），随着两个选项数值间的距离增加，正确率有所提高。此外，他们的减法做得比加法差，这完全符合近似加工的数学理论的预测[73]。

吉尔摩和斯佩尔克的实验是非常基础的，因为它验证了数感假设的主要原则：即使还没有经过教育，学龄前儿童也有能力完成算术，在早期数量直觉的基础上，他们建立了对符号算术的认识。即使他们从未学习过 64 和 13 的意义，但他们学会了把这些单词和近似数量建立起关联。从这点来看，两

位阿拉伯数字的加法显然超出他们的理解范围，但他们可以使用数量的先验
知识去获得一个接近 "64–13" 的近似答案。

"莎娜有 21 颗糖果。"

"她又得到 30 颗。"

"约翰有 34 颗糖果。
现在，谁的更多?"

这个实验考察学龄前儿童对加减法中的符号数字有多大的直觉。虽然从
来没有人告诉他们有关两位数以及加减法的知识，不论性别和社会出
身，其表现都比随机概率好得多。在这样的例子中，他们依赖自身对近
似数量的直觉，只有当两个数字之间的距离足够大时，他们才会成功。
这个近似测验中的成功率能够很好地预测儿童未来的数学成绩。

图 10–8　数感是幼儿数学直觉的强大来源

资料来源：改编自 Gilmore et al., 2007。

引人注目的是，即使剔除智力、一般学业成就和社会经济水平的因素之
后，在这类近似任务中的敏锐度仍是成功预测儿童未来数学成绩的良好指
标[74]。在稍大一些的 6 至 8 岁儿童中，数量敏锐度的变化也能够预测数学成
绩，但不能预测阅读成绩[75]。从更大的年龄跨度来看，学校数学成绩和 14
岁时的数量敏锐度存在相关[76]。更重要的是，较差的数量敏锐度能够鉴别出
数学学习困难的儿童。在曼努埃拉·皮亚扎的敏锐度测验中，一个在算术方
面有特定缺陷的 10 岁儿童，他的敏锐度成绩与正常 5 岁儿童的水平相当。

这些发现都直接证明，个体在算术能力上的差异与在数感能力上的差异
相一致。事实上，这种个体差异甚至能从大脑层面被检测到。数学测试中得

分更高的青少年，与其他儿童相比，他们的大脑在左侧顶内区的数感与额叶之间建立了更加高效的联结（见图 10-9）[77]。然而这个因果联系仍需要进一步确定。敏锐的数感是否使一些儿童学习算术更轻松？或者，在生命的早期接触算术教育能否促进数感发展？可能两者都存在。我强烈怀疑儿童的发展是一个双向或是"螺旋"的因果关系：早期数感促进算术理解，而算术理解本身有助于数字敏感度，然后形成一个不断上升的良性循环。相反，数感水平低于同龄人的儿童很可能在数学的其他领域也逐渐落后。对于他们，这个循环就变成了恶性循环：由于他们的水平不能够正常提高，与其他人的知识差距不断扩大，他们就会更加落后于同龄的儿童。

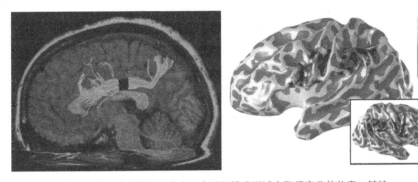

在最近的一个磁共振研究中，在近似算术测试中取得高分的儿童，其特定脑区的纹理组织也显示出更好的连接。左侧的图显示了一个相关的纤维束，它将包含数感脑区在内的左侧顶内区连接到额叶皮层。这样，按理说它应该能够促进数字的外显操作和记忆。然而，使用这种方法，我们无法确定观察到的差异是遗传的结果还是环境造成的。

图 10-9　通过扫描大脑，是否能够推断出一个人的数学水平？

资料来源：改编自 Tsang et al., 2009。

从本书第 1 版出版以后，人们对发展性计算障碍的儿童脑机制的认识已经有了很大的进展。1997 年，我只是简略地提到了一些在一般知觉、语言和智力等方面都正常的儿童（3%~6%）[78]，他们在数字加工和算术上却出现了不成比例的困难。

我们称其为计算障碍，它等同于计算领域中的阅读障碍。对于他们中的许多人，这个缺陷会影响到许多非常基础的任务。他们甚至没有能力确定一个集合是由 2 个还是 3 个物品组成，或者 5 和 6 这两个数字哪个更大。此外，虽然最初存在一些争论，但目前已经有越来越多的证据表明，他们的数感受到了破坏。他们对小数字 1、2、3 的感数能力不正常，常常错误判断点阵数量，他们的近似数量敏锐度降低了[79]。

与这种缺陷有关的自然假说认为，无论是因为遗传疾病还是因为早期的脑损伤，这种缺陷必定由顶叶的数量系统受损引起。最近，一些脑成像研究证实了这个假设。有个研究将早产的青少年分为两组：一组成员在童年时期就患有计算障碍，另一组没有[80]。研究人员用磁共振成像技术计算整个皮层中的灰质密度，仅有计算障碍组的儿童左侧顶内沟部位的灰质密度选择性减少，而这个位置正是人们在进行心算时得到激活的脑区。

由于围产期脑损伤通常会影响到位于顶叶下部的脑室周围后部（posterior periventricular）脑区的正常发育，这可能是早产儿特别容易患计算障碍，以及其他顶叶受损导致的空间定向或运动失调障碍（运动笨拙）的主要原因。但我们同样发现了另一些"真正的计算障碍"案例，尽管一些孩子正常出生，他们同样存在缺乏稳固的数感的问题。这里同样观察到了顶叶皮层的紊乱，因为当要求这些儿童进行简单的数感任务时，这个脑区不能被正常激活[81]。

和阅读障碍一样，我们认为计算障碍也涉及遗传的成分。只要家庭中有 1 个以上的计算障碍儿童，他的直系亲属间患计算障碍的流行率比其他人群高出 10 倍[82]。对于同卵双胞胎，如果其中一个患有计算障碍，那么另一个同样患病的可能性高达 70%。[83] 虽然还没有确定候选基因，但我们知道，在某些严重的遗传疾病中，计算障碍的发病率十分频繁[84]。特纳氏综合征就是其中的一种，这种疾病是由染色体异常造成的，患病的女性天生只有一条 X 染色体。我和尼古拉·莫尔科（Nicolas Molko）扫描特纳氏综合征患者时发现，在进行大数字加法计算时，他们的右侧顶叶脑区出现了异常的激活[85]。我们还发现了一个重要的现象，他们的皮层褶皱模式表现出紊乱。因为在妊娠晚期才形成皮层褶皱，这部分区域的异常表明，患者在早期大脑发展过程中出现遗传损伤。

哪些方法能帮助数学学习有困难的儿童

有不少智力正常、接受正常教育的儿童，存在不成比例的算术缺陷，这种现象驳斥了教育只涉及领域一般性学习机制的观念。具有特定脑基础的数量表征成为数学学习的基础。然而，我们需要注意计算障碍研究中一些被夸大的结论。我们并不知道有多少计算障碍儿童存在可辨别的大脑损伤。很可能，许多数学学习困难的儿童在生理上不存在任何缺陷，他们只是没有学过该如何使用合适的方法。实际上，一些计算缺陷儿童拥有完全正常的数感，但他们却不能通过符号数字来获得数感[86]。这个理由似乎可以用来解释，为什么家庭收入水平低的儿童数学能力较差。比起高收入家庭的儿童，他们可能缺少接触符号数字的机会。

即使对于真正患有计算障碍的儿童，这种遗传缺陷也并不会终身不变。与成人脑损伤不同的是，发展性障碍很少导致整体的大脑系统损伤。儿童大脑具有强大的可塑性，因此，即使是很严重的缺陷也可以通过几周或几个月的集中康复训练得以弥补。以阅读障碍为例，许多研究证明，精确针对儿童具体认知缺陷的集中训练可以达到有益的效果。通过对比训练前后的脑成像结果发现，无论是最初无法正常激活的脑区，还是主要位于大脑右半球的额外补偿回路都表现出相当程度的恢复[87]。

虽然计算障碍的研究进程还很缓慢，但我们有理由相信大量的训练能够克服这个问题。本书第 1 版强调了基于教学的数字游戏如何将儿童的注意力集中到符号数字背后的直觉上，最新研究已经完全证实了这一结果[88]。但是如今是电脑游戏的时代，电脑又能否对计算训练有所帮助呢？教学软件在不取代老师的情况下还是有许多优点的。智力游戏可以日复一日地提供激烈、连续的训练，并且这种方式对儿童而言具有吸引力和趣味性。更重要的是它能够产生自适应：软件能自动识别儿童的弱点，并在训练中强化它们，同时保证儿童在游戏中常常获胜，不会因失败感到气馁。

安娜·威尔逊（Anna Wilson）和我发明了第一个基础算术的自适应电脑游戏：数字赛跑（number race）。这是一个有趣的游戏，人们和电脑比赛谁先到达数轴终点[89]。在每一轮中，儿童选两个数字中的大数，然后沿着跑道移动并选择数量相等的格子。游戏的难度可以通过改变数字间的距离、决策的速度以及呈现的模式（从点阵到选择更难的运算，例如 "9–6" 和 "5–1"）进行微调，这种变化可以适应每名儿童的需求。实际上，这个软件可以被用于训练早期计算的各个重要方面：对数量的快速估计、数数、符号和数量的快速关联，以及对数字与空间密切联系的认识。这是一款开源软件，因此任何人都可以使用或修改这个软件。实际上，它已经被翻译成 8 种语言，并开始应用于许多对照研究。

儿童从我们的游戏中获得的改善虽然不是特别明显，但是达到了显著水平[90]。儿童在从感数到减法等多个不同任务中的表现都得到了提高。改善最大的是来自贫困家庭的儿童，他们很少接触这类棋盘游戏。只玩几次游戏，他们在数字比较任务中的错误率就会马上下降。

我们还需要从认知的角度不断地探索，这类训练游戏到底是如何起作用的，以及该如何优化这种游戏。我们知道，任何计算机干预都能够全面地提高注意和认知。这是一个非常乐观的发现，但是这意味着我们在检验专门针对算术缺陷而设计的游戏时，需要同时把它与另一种不同内容的控制软件进行比较。例如"数字赛跑"，我们发现数字软件对数字比较的正向促进效果与它的数字内容有唯一相关性，这是在我们使用阅读软件作为控制组的实验条件下无法获得的。

尽管如此，由于我们的软件是由各种数字知识组成的，包括感数、数数以及估计，我们不能确定哪个方面才是必需的。幸运的是，来自美国卡耐基梅隆大学的吉萨·拉马尼（Geetha Ramani）和罗伯特·西格勒进行了更微妙的实验操作[91]。在他们的实验中，一半儿童两两组合玩简单的数字游戏，他们使用标注了 1 和 2 的骰子，通过移动相应的格数，在只有 10 个格子的数字线上比赛谁能更快到达终点。另一半儿童在相同的棋盘上玩一个非常相似的游戏，唯一不同的是，这里的骰子是有颜色的，每一步，儿童都必须移动到和骰子颜色相同的格子里。第一个游戏专门训练儿童如何把数字 1～10 表征到一个线性的标尺上，而第二个游戏完全控制了除此以外的所有空间、社会以及奖励的因素[92]。通过这个简单的方法，拉马尼和西格勒证明，玩数字棋盘游戏对增加算术知识具有巨大的积极影响。在一系列的数字任务中可以看到儿童能力有显著的提高，包括数字命名、数量比较、加法、数轴任务等。而且在两个月后，这个进步仍然存在。显然，经常玩棋盘游戏的儿童在数学能力和自信方面能有一个好的开端，并可能形成滚雪球效应。

教室将成为下一个实验室

正如戴维·普雷马克和安·普雷马克（Ann Premack）所说："一个教育理论只能来源于对将要教育的心灵的理解。"[93]事实上，目前我们对那些仍处于萌芽期的"小小数学家们"的思想拥有了一种精确的认识，对大脑中数学进程的认识也有了显著的进展。认知神经科学研究成果应用于教育已不再"遥不可及"[94]。相反，许多概念与实证的研究方法已经具有可行性。创新性教学方案可以被引入教育，我们已经拥有用于研究这些教案对儿童大脑和思维影响的全部工具。

教室将成为我们的下一个实验室。

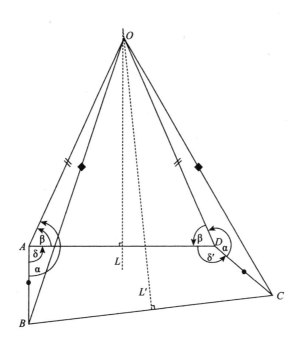

图 9–1 被故意绘制为错误的图形。尽管三角形 *OAB* 和三角形 *ODC* 确实是相似的，它们的关系却与图 9–1 中所示的完全不同。直线 *L* 和 *L′* 的交点 *O* 实际上要更高（如上图所示）。因此角 $\delta = \alpha - \beta$，但是 $\delta' = 2\pi - \alpha - \beta$。基于这样的关系显然无法得到角 δ' 的大小。

附录 A–1　对图 9–1 "证明" 的修正

引 言

1. Dantzig, 1967

第 1 章 会算术的"天才"动物

1. Fernald, 1984

2. Koehler, 1951

3. Mechner, 1958; Platt & Johnson, 1971

4. Mechner & Guevrekian, 1962

5. Church & Meck, 1984

6. 动物数字认知的相关研究参阅：Davis & Pérusse, 1988; Gallistel, 1989; Gallistel, 1990; Brannon & Terrace, 1998; Dehaene, Dehaene-Lambertz, & Cohen, 1998; Cantlon & Brannon, 2007; Jacob & Nieder, 2008; Nieder & Dehaene, 2009。

7. Capaldi & Miller, 1988

8. Church & Meck, 1984

9. Woodruff & Premack, 1981

10. Rumbaugh, Savage-Rumbaugh, & Hegel, 1987

11. Dehaene, Dehaene-Lambertz et coll., 1998

12. Meck & Church, 1983

13. Meck & Church, 1983，较新的研究参阅：Dehaene, 2007。

14. 最近的研究综述参阅：Williamson, Cheng, Etchegaray, & Meck, 2008。

15. Dehaene & Changeux, 1993. 这个模型后来由其他人详尽地阐述，参阅：Verguts & Fias, 2004; Verguts, Fias, & Stevens, 2005。同时可参阅：Dehaene, 2007 和 Pearson, Roitman, Brannon, Platt, & Raghavachari, 2010。

16. Thompson, Mayers, Robertson, & Patterson, 1970

17. 有关这一预言性论点的实现，见第四部分，以及：Nieder, 2005; Nieder & Dehaene, 2009。现在已有实证数据直接表明猴子脑内存在数字神经元，另外还有证据强烈暗示它们在人脑中也同样存在。

18. Matsuzawa, 1985, 2009

19. Mitchell, Yao, Sherman, & O'Regan, 1985; Kilian, Yaman, von Fersen, & Gunturkun, 2003

20. Pepperberg, 1987

21. Boysen & Berntson, 1989; Boysen, Berntson, Hannan, & Cacioppo, 1996

22. Washburn & Rumbaugh, 1991. 另参阅：Beran, 2004; Harris, Washburn, Beran, & Sevcik, 2007。

23. Boysen, et al., 1996

24. 对这个观点的新认识被称为"神经元再利用"（neuronal recycling），相关内容及其在阅读和语言技能方面的拓展，参阅：Dehaene & Cohen, 2007; Dehaene, 2009。

第2章　婴儿天生会计数

1. Piaget, 1948, 1960; Piaget, 1952

2. Papert, 1960

3. Mehler & Bever, 1967

4. Frith & Frith, 2003. 我们现在知道，在简单的非文字测试中，即便是年龄很小的儿童也会表现出对其他人想法的表征，参阅：Onishi & Baillargeon, 2005。

5. McGarrigle & Donaldson, 1974

6. Goldman-Rakic, Isseroff, Schwartz, & Bugbee, 1983; Diamond & Goldman-Rakic, 1989

7. Starkey, Cooper, & Jr., 1980

8. Antell & Keating, 1983. 关于数学能力的近期研究，参阅：Izard, Sann, Spelke, & Streri, 2009。

9. Strauss & Curtis, 1981

10. van Loosbroek & Smitsman, 1990

11. Bijeljac-Babic, Bertoncini, & Mehler, 1991

12. Wynn, 1996

13. Starkey, Spelke, & Gelman, 1983; Starkey, Spelke, & Gelman, 1990; Véronique Izard 甚至在新生儿中也发现了相似的能力；参阅：Izard et al., 2009。

14. Wynn, 1992a. 有关该实验的重复和拓展，尤其是有关更大数字的研究，参阅：Simon, Hespos, & Rochat, 1995; Koechlin, Dehaene, & Mehler, 1997; McCrink & Wynn, 2004, 2009。有关该研究的局限和讨论，参阅：Feigenson, Carey, & Spelke, 2002; Feigenson, Dehaene, & Spelke, 2004。

15. 例如：Gelman & Tucker, 1975; Gelman & Gallistel, 1978。综述参阅：Wang & Baillargeon, 2008。

16. Baillargeon, 1986; Diamond & Goldman-Rakic, 1989

17. Hauser, MacNeilage, & Ware, 1996

18. Koechlin et al., 1997

19. Simon, et al., 1995

20. Feigenson et al., 2004

21. 从 1997 开始，有几项实验已经证明了这个观点，参阅：McCrink & Wynn, 2004, 2009。

22. Xu & Carey, 1996

23. 有关该论述的证明及局限，参阅：Bonatti, Frot, Zangl, & Mehler, 2002; Xu, Carey, & Quint, 2004; Krojgaard, 2007。

24. Baillargeon, 1986; Baillargeon & DeVos, 1991; Spelke, Breinlinger, Macomber, & Jacobson, 1992; Spelke, Katz, Purcell, Ehrlich, & Breinlinger, 1994; Spelke & Tsivkin, 2001

25. Shipley & Shepperson, 1990

26. Cooper, 1984

第 3 章　成人的心理数轴

1. Ifrah, 1998，另参阅：Menninger, 1969; Ifrah, 1985。

2. Cattell, 1886

3. Warren, 1897; Bourdon, 1908

4. Jensen, Reese, & Reese, 1950; Mandler & Shebo, 1982; Piazza, Mechelli, Butterworth, & Price, 2002; Piazza, Giacomini, Le Bihan, & Dehaene, 2003

5. Trick & Pylyshyn, 1993; Trick & Pylyshyn, 1994

6. Dehaene & Changeux, 1993

7. Gallistel & Gelman, 1992

8. Dehaene & Cohen, 1994

9. Dehaene, 1992; Izard & Dehaene, 2008; Revkin, Piazza, Izard, Cohen, & Dehaene, 2008

10. Frith & Frith, 1972; Ginsburg, 1976, 1978

11. Krueger & Hallford, 1984; Krueger, 1989; Izard & Dehaene, 2008

12. van Oeffelen & Vos, 1982; Dehaene, Dehaene-Lambertz, et al., 1998; Cordes, Gelman, Gallistel, & Whalen, 2001; Dehaene, 2007

13. Moyer & Landauer, 1967

14. Hinrichs, Yurko, & Hu, 1981; Dehaene, Dupoux, & Mehler, 1990; Pinel, Dehaene, Riviere, & LeBihan, 2001

15. 综述和讨论参阅：Dehaene, 2007。

16. Shepard, Kilpatrick, & Cunningham, 1975

17. Banks & Hill, 1974

18. Banks & Coleman, 1981; Viarouge, Hubbard, Dehaene, & Sackur, 2008

19. Henik & Tzelgov, 1982; den Heyer & Briand, 1986; Tzelgov, Meyer, & Henik, 1992; Dehaene & Akhavein, 1995; Dehaene, Naccache, et al., 1998; Girelli, Lucangeli, & Butterworth, 2000; Naccache & Dehaene, 2001a

20. Duncan & McFarland, 1980; Dehaene & Akhavein, 1995

21. Morin, DeRosa, & Stultz, 1967

22. Henik & Tzelgov, 1982; Tzelgov et al., 1992

23. Dehaene, Naccache, et al., 1998; Reynvoet & Brysbaert, 1999; Naccache & Dehaene, 2001a, 2001b; Reynvoet, Brysbaert, & Fias, 2002; Greenwald, Abrams, Naccache, & Dehaene, 2003

24. Dehaene et al., 1990

25. Dehaene, Bossini, & Giraux, 1993

26. Fias, Brysbaert, Geypens, & d'Ydewalle, 1996. 在"SNARC 效 应 "及其变式方面有无数的研究，有关综述参阅：Hubbard, Piazza, Pinel, & Dehaene, 2005, 2009。

27. Dehaene et al., 1993

28. Dehaene et al., 1993，更直接的证据参阅：Ito & Hatta, 2004; Zebian, 2005; Shaki & Fischer, 2008。

29. Seron, Pesenti, Noël, Deloche, & Cornet, 1992

30. Galton, 1880

31. Seron et al., 1992; Hubbard et al., 2005; Hubbard, Ranzini, Piazza, & Dehaene, 2009

32. Seron et al., 1992; Cohen Kadosh & Henik, 2006a

33. Spalding & Zangwill, 1950

34. Ramachandran, Rogers-Ramachandran, & Stewart, 1992; Ramachandran & Hubbard, 2001

第 4 章　数字语言：人类的杰作

1. Hurford, 1987

2. Ifrah, 1998，另请参阅：Gordon, 2004; Pica, Lemer, Izard, & Dehaene, 2004; Butterworth, Reeve, Reynolds, & Lloyd, 2008。

3. 有关记数法的历史，参阅：Dantzig, 1967; Hurford, 1987; Ifrah, 1998。

4. Marshack, 1991

5. 有关语言对数字认知的影响，参阅：Ellis, 1992。

6. Chase & Ericsson, 1981

7. Miller, Smith, Zhu, & Zhang, 1995

8. Fuson, 1988

9. Miller & Stigler, 1987

10. Wynn, 1990 ; Wynn, 1992b

11. Wynn, 1990 ; Wynn, 1992b; Sarnecka & Carey, 2008

12. Pollmann & Jansen, 1996

13. Benford, 1938; Dehaene & Mehler, 1992

14. Dehaene & Mehler, 1992

15. Benford, 1938

16. Frege, 1950; Quine, 1960

17. Changeux & Connes, 1995

第 5 章　小头脑做大计算

1. Gelman & Gallistel, 1978; Fuson, 1982, 1988

2. Gelman & Gallistel, 1978

3. Fuson, 1982, 1988

4. Wynn, 1990

5. Gelman & Gallistel, 1978; Gelman & Meck, 1983, 1986

6. Fuson, 1988 ; Greeno, Riley, & Gelman, 1984; Le Corre, Van de Walle, Brannon, & Carey, 2006; Le Corre & Carey, 2007; Sarnecka & Carey, 2008

7. Wynn, 1990 ; Wynn, 1992

8. Gallistel & Gelman, 1992

9. Siegler, 1987, 1989; Siegler & Jenkins, 1989

10. Ashcraft, 1982; Ashcraft & Fierman, 1982; Ashcraft, 1992; Levine, Jordan, & Huttenlocher, 1992

11. Groen & Parkman, 1972

12. Ashcraft & Battaglia, 1978 ; Ashcraft, 1992 ; Ashcraft, 1995

13. Ashcraft & Battaglia, 1978

14. Stazyk, Ashcraft, & Hamann, 1982; Campbell & Oliphant, 1992 , 参阅：Campbell, 2004。

15. Ashcraft, 1992; Campbell, 2004

16. Lefevre, Bisanz, & Mrkonjic, 1988

17. Lemaire, Barrett, Fayol, & Abdi, 1994

18. Miller & Paredes, 1990

19. Dehaene, Spelke, Pinel, Stanescu, & Tsivkin, 1999

20. Ashcraft & Stazyk, 1981

21. Krueger & Hallford, 1984; Krueger, 1986，另参阅：Lochy, Seron, Delazer, & Butterworth, 2000。

22. Ashcraft & Stazyk, 1981; Widaman, Geary, Cormier, & Little, 1989; Timmers & Claeys, 1990

23. van Lehn, 1986，1990

24. Hatano & Osawa, 1983; Stigler, 1984; Hatano, Amaiwa, & Shimizu, 1987

25. Stevenson & Stigler, 1992

26. Paulos, 1988

27. Baruk, 1973

28. Baruk, 1973; Fuson, 1988

29. Bisanz, 1999

30. Geary, 1990; Shalev, Auerbach, Manor, & Gross-Tsur, 2000

31. Griffin, Case, & Siegler, 1986; Griffin & Case, 1996，另参阅：Case, 1985, 1992，最近的扩展研究参阅：Wilson, Dehaene, et al., 2006; Wilson, Revkin, Cohen, Cohen, & Dehaene, 2006; Ramani & Siegler, 2008; Siegler & Ramani, 2008; Siegler & Ramani, 2009; Wilson, Dehaene, Dubois, & Fayol, 2009。

第6章 天才和奇才

1. Kanigel, 1991

2. Hardy, 1940

3. Hermelin & O'Connor, 1990，另参阅：O'Connor & Hermelin, 1984; Hermelin & O'Connor, 1986b, 1986a; Howe & Smith, 1988。

4. 本条及接下来的引用均来自：Smith, 1983。

5. Kanigel, 1991

6. Le Lionnais, 1983

7. Changeux & Connes, 1995

8. Sacks, 1985，有关双胞胎事迹的真实性被 Yamaguchi, 2009 激烈批判。

9. Thom, 1991

10. Hermelin & O'Connor, 1986b

11. Hadamard, 1945

12. Binet, 1981

13. Gould, 1981

14. Binet, 1981

15. Stevenson & Stigler, 1992

16. Schlaug, Jancke, Huang, & Steinmetz, 1995

17. Elbert, Pantev, Wienbruch, Rockstroh, & Taub, 1995

18. Jenkins, Merzenich, & Recanzone, 1990

19. Diamond, Scheibel, Murphy, & Harvey, 1985. 对爱因斯坦的大脑的研究一直持续到现在，参阅：Anderson & Harvey, 1996; Witelson, Kigar, & Harvey, 1999。

20. Vandenberg, 1962, 1966

21. 有关性别对数学影响的深度讨论请进一步参阅：Benbow, 1988 及 Hyde, Fenneman, & Lamon, 1990; 另参阅：Benbow, Lubinski, Shea, & Eftekhari-Sanjani, 2000。

22. Benbow, 1988

23. Mazzocco, 1998; 有关近期同时使用行为和脑成像分析的数据，参阅：Molko et al., 2003; Bruandet, Molko, Cohen, & Dehaene, 2004; Molko et al., 2004。

24. Geschwind & Galaburda, 1985

25. Howe & Smith, 1988

26. 引用自：Smith, 1983。

27. Binet, 1981

28. Binet, 1981

29. 参阅：Chase & Ericsson, 1981。

30. Staszewski, 1988，另参阅：Obler & Fein, 1988。

31. Binet, 1981

32. Jensen, 1990

33. Binet, 1981

34. Smith, 1983

35. Flansburg, 1993

36. 另参阅：Yamaguchi, 2009。

37. Hermelin & O'Connor, 1986a

38. Norris, 1990

39. Hadamard, 1945

第 7 章 失去数感会如何

1. 有关早期研究的综述参阅：Dehaene & Cohen, 1995；另参阅：Lemer, Dehaene, Spelke, & Cohen, 2003; Dehaene, Molko, Cohen, & Wilson, 2004。

2. McCloskey, Sokol, & Goodman, 1986; McCloskey & Caramazza, 1987

3. Dehaene & Cohen, 1991

4. 有关裂脑患者的早期描述参阅：Gazzaniga & Hillyard, 1971。有关他们数字能力的深度分析参阅：Gazzaniga & Smylie, 1984; Seymour, Reuter-Lorenz, & Gazzaniga, 1994; Cohen & Dehaene, 1996; Colvin, Funnell, & Gazzaniga, 2005。

5. Gazzaniga & Hillyard, 1971

6. Cohen & Dehaene, 1996

7. Grafman, Kampen, Rosenberg, Salazar, & Boller, 1989

* 来源：E. Ionesco, The Lesson (Donald M. Allen 译版). 英文译本版权所属 ©1958 by Grove Press 有限公司，Grove/ Atlantic 有限公司授权使用。

8. Dehaene & Cohen, 1997

9. Gerstmann, 1940. 有关个案的描述和综述参阅：Benton, 1961；Benton, 1987；Benton, 1992; Mayer et al., 1999; Rusconi et al., 2009。

10. 这一结论得到了近期许多实验的支持，参阅：Pinel, Piazza, Le Bihan, & Dehaene, 2004; Hubbard et al., 2005; Tudusciuc & Nieder, 2007，有关类似的提案参阅：Walsh, 2003。

11. Ingvar & Nyman, 1962

12. Senanayake, 1989

13. Dehaene & Cohen, 1997

14. Cohen, Dehaene, & Verstichel, 1994

15. 有关纯失读症的一般性描述，参阅：Déjerine, 1892; Damasio & Damasio, 1983; Cohen et al., 2004，有关纯失读症患者残余的数字能力方面的描述，参阅：Cohen & Dehaene, 1995, 2000。

16. Déjerine, 1892

17. Greenblatt, 1973

18. Cipolotti, Butterworth, & Denes, 1991

19. McCloskey, Caramazza, & Basili, 1985

20. Benson & Denckla, 1969

21. Cohen, Verstichel, & Dehaene, 1997

22. Anderson, Damasio, & Damasio, 1990

23. Dehaene & Cohen, 1995, 1997

24. Dehaene & Cohen, 1997, 涉及更多细节的类似个案参阅：Lemer et al., 2003。

25. Hittmair-Delazer, Sailer, & Benke, 1995; Delazer & Benke, 1997

26. 参阅：Miller & Cohen, 2001; Fuster, 2008。

27. Luria, 1966

28. Shallice & Evans, 1978

29. Kopera-Frye, Dehaene, & Streissguth, 1996

30. Butterworth, 1999; Shalev et al., 2000

31. Temple, 1989, 1991

32. Butterworth, 1999

第8章　心算时大脑活动的真相

1. Changeux & Connes, 1995

2. 有关脑成像的优秀介绍，参阅：Posner & Raichle, 1994。磁共振成像的最新深度介绍参阅：Huettel, Song, & McCarthy, 2008。

3. Lennox, 1931

4. Sokoloff, Mangold, Wechsler, Kennedy, & Kety, 1955

5. 参阅：Reivich et al., 1979；Sokoloff, 1979。另一个先驱者是 David Ingvar，他最先把脑成像应用于人类认知网络的可视化研究，被试包含正常志愿者和精神分裂症患者，参阅：Ingvar & Schwartz, 1974。

6. Roland & Friberg, 1985

7. Appolonio et al., 1994, 有关计算的神经成像研究的最新结果参阅最后一章。

8. Posner, Petersen, Fox, & Raichle, 1988

9. 参阅：Fuster, 2008。

10. Dehaene et al., 1996

11. Dehaene, 1996

12. Allison, McCarthy, Nobre, Puce, & Belger, 1994; Puce, Allison, Asgari, Gore, & McCarthy, 1996

13. Gehring, Goss, Coles, Meyer, & Donchin, 1993; Dehaene, Posner, & Tucker, 1994。参阅：Taylor, Stern, & Gehring, 2007。

14. Dehaene, 1995

15. Abdullaev & Melnichuk, 1996

16. Changeux & Connes, 1995

第9章　数学认知研究与数学的本质

1. McCulloch, 1965

2. Boole, 1854

3. Johnson-Laird, 1983

4. 参阅：Changeux & Dehaene, 1989。

5. Damasio, 1994

6. Von Neumann, 1958

7. Gallistel, 1990

8. 数学史方面更详细的研究参阅：Kline, 1972, 1980。

9. Husserl, 1891, 2003

10. Poincaré, 1914, 2007

11. Kline, 1980

12. 直觉主义和建构主义对数学认识论的理解，参阅：Poincaré, 1907；
Kitcher, 1984。

13. Changeux & Connes, 1995

14. Wigner, 1960

第10章　理解大脑，才能更好地教与学

1. Burr & Ross, 2008

2. Dehaene, Le Clec'H, et al., 1998

3. Dehaene, Piazza, Pinel, & Cohen, 2003

4. Chochon, Cohen, Van de Moortele, & Dehaene, 1999; Simon, Mangin, Cohen, Le Bihan, & Dehaene, 2002

5. Eger, Sterzer, Russ, Giraud, & Kleinschmidt, 2003

6. Pinel et al., 2001. 与此类似，在计算任务中，当所涉及的数字变大时，随着计算时间的增长也会使 hIPS 区域的激活增加（参阅：Stanescu-Cosson et al., 2000）。

7. Dehaene et al., 1999

8. Delazer et al., 2003; Ischebeck et al., 2006

9. Dehaene, Naccache, et al., 1998; Naccache & Dehaene, 2001a, 2001b; Reynvoet & Ratinckx, 2004

10. Butterworth, 1999

11. Tsao, Freiwald, Tootell, & Livingstone, 2006

12. Pinel et al., 2004; Tudusciuc & Nieder, 2007

13. Thioux, Pesenti, Costes, De Volder, & Seron, 2005

14. Cappelletti, Butterworth, & Kopelman, 2001; Lemer et al., 2003

15. Fias, Lammertyn, Reynvoet, Dupont, & Orban, 2003; Pinel et al., 2004; Cohen Kadosh et al., 2005; Kaufmann et al., 2005; Cohen Kadosh & Henik, 2006b; Zago et al., 2008

16. Pinel et al., 2004

17. Fias, Lammertyn, Caessens, & Orban, 2007

18. Facoetti et al., 2009

19. Zors, & Umilta, 2002

20. Hubbard et al., 2005

21. de Hevia & Spelke, 2009; de Hevia & Spelke, 2010; Lourenco & Longo, 2010

22. Fischer, Castel, Dodd, & Pratt, 2003

23. Song & Nakayama, 2008

24. Lindemann, Abolafia, Girardi, & Bekkering, 2007

25. Dormal, Seron, & Pesenti, 2006

26. Loetscher, Bockisch, Nicholls, & Brugger, 2010

27. Hubbard et al., 2005; Knops, Thirion, Hubbard, Michel, & Dehaene, 2009; Ranzini, Dehaene, Piazza, & Hubbard, 2009

28. Knops, Thirion, et al., 2009; Knops, Viarouge, & Dehaene, 2009

29. Dehaene, 2009

30. Simon et al., 2002; Simon et al., 2004

31. Nieder, Freedman, & Miller, 2002; Sawamura, Shima, & Tanji, 2002; Nieder & Miller, 2003, 2004. 相关综述参阅：Nieder, 2005; Nieder & Dehaene, 2009。

32. Nieder & Merten, 2007

33. Dehaene, 2007. 相关假设参阅：Pearson et al., 2010。

34. Roitman, Brannon, & Platt, 2007

35. Burr & Ross, 2008

36. 该领域中毫无争议的领导者是神经外科医生 Itzhak Fried，他发明了对人类进行单神经元记录的技术，并与众多同事一起把这一技术运用于解决人类认知神经科学领域的重要问题。参阅：Quiroga, Reddy, Kreiman, Koch, & Fried, 2005; Quiroga, Mukamel, Isham, Malach, & Fried, 2008; Fisch et al., 2009。

37. 功能磁共振成像适应，也被称为"启动方法"（priming method），作为一种研究人类大脑神经编码的通用方法被提出。参阅：Grill-Spector & Malach, 2001; Naccache & Dehaene, 2001a; 另参阅：Sawamura, Orban, &

Vogels, 2006。

38. Xu & Spelke, 2000

39. Cantlon, Brannon, Carter, & Pelphrey, 2006

40. Rivera, Reiss, Eckert, & Menon, 2005; Ansari & Dhital, 2006; Pinel & Dehaene, 2009

41. Izard, Dehaene-Lambertz, & Dehaene, 2008. 有关儿童和婴儿对数字的大脑反应的其他研究结果，参阅：Temple & Posner, 1998; Berger, Tzur, & Posner, 2006。

42. Izard et al., 2009

43. Feigenson et al., 2004; McCrink & Wynn, 2004, 2007

44. Mix, Levine, & Huttenlocher, 1997; Simon, 1999; Xu & Spelke, 2000; Feigenson et al., 2004

45. Feigenson, 2005

46. Cordes & Brannon, 2008

47. Piazza et al., 2003; Arp, Taranne, & Fagard, 2006; Watson, Maylor, & Bruce, 2007; Demeyere, Lestou, & Humphreys, 2010; Maloney, Risko, Ansari, & Fugelsang, 2010

48. Gallistel & Gelman, 1991; Cordes et al., 2001

49. Revkin et al., 2008

50. Piazza et al., 2003; Hyde & Spelke, 2009

51. Feigenson, Carey, & Hauser, 2002; Feigenson et al., 2004

52. Brannon & Terrace, 1998, 2000

53. Feigenson, Carey, & Hauser, 2002. 猴子也表现出了同样的行为，参阅：Hauser, Carey, & Hauser, 2000; Hauser & Carey, 2003。

54. Railo, Koivisto, Revonsuo, & Hannula, 2008; Trick, 2008; Vetter, Butterworth, & Bahrami, 2008; Xu & Liu, 2008; Vetter, Butterworth, & Bahrami, 2010

55. Vogel & Machizawa, 2004; Awh, Barton, & Vogel, 2007; Feigenson, 2008; Zhang & Luck, 2008

56. Gordon, 2004; Pica et al., 2004; Dehaene, Izard, Pica, & Spelke, 2006; Dehaene, Izard, Spelke, & Pica, 2008 ; Franks, 2008

57. Siegler & Opfer, 2003; Siegler & Booth, 2004; Booth & Siegler, 2006; Berteletti, Lucangeli, Piazza, Dehaene, & Zorzi, 2010

58. Carey, 1998; Spelke & Tsivkin, 2001

59. Wynn, 1990

60. Halberda & Feigenson, 2008; Berteletti et al., 2010; Piazza et al., 2010

61. Dehaene, Piazza, Izard & Pica, 正在进行中的研究, 2010。

62. Diester & Nieder, 2007

63. Dehaene & Changeux, 1995; Dehaene, Kerszberg, & Changeux, 1998; O'Reilly, 2006

64. 有关意识的现代研究及其与以前额叶皮层为关键结点的、分散的"全脑神经元工作空间"（global neuronal workspace）之间的关系的介绍，参阅：Dehaene & Naccache, 2001; Dehaene, Changeux, Naccache, Sackur, & Sergent, 2006; Del Cul, Dehaene, Reyes, Bravo, & Slachevsky, 2009。

65. Girelli et al., 2000; Mussolin & Noel, 2008

66. Ansari, Garcia, Lucas, Hamon, & Dhital, 2005; Rivera et al., 2005; Ansari & Dhital, 2006; Kaufmann et al., 2006; Kucian, von Aster, Loenneker, Dietrich, & Martin, 2008

67. Rivera et al., 2005; Kucian et al., 2008

68. Eger et al., 2009

69. Verguts & Fias, 2004

70. Piazza, Izard, Pinel, Le Bihan, & Dehaene, 2004; Piazza, Pinel, Le Bihan, & Dehaene, 2007; Eger et al., 2009

71. Rivera et al., 2005; Pinel & Dehaene, 2009

72. Gilmore, McCarthy, & Spelke, 2007

73. Dehaene, 2007

74. Gilmore et al., 2007; Gilmore, McCarthy, & Spelke, 2010

75. Holloway & Ansari, 2008

76. Halberda, Mazzocco, & Feigenson, 2008

77. Tsang, Dougherty, Deutsch, Wandell, & Ben-Shachar, 2009

78. Kosc, 1974; Badian, 1983; Shalev et al., 2000

79. Landerl, Bevan, & Butterworth, 2004; Price, Holloway, Rasanen, Vesterinen, & Ansari, 2007; Landerl, Fussenegger, Moll, & Willburger, 2009; Mussolin, Mejias, & Noel, 2010; Piazza et al., 2010

80. Isaacs, Edmonds, Lucas, & Gadian, 2001，该研究被 Rotzer et al., 2008 以纯计算障碍患者为被试部分复制，但后者强调右顶叶皮层的灰质密度减少。

81. Kucian et al., 2006; Price et al., 2007; Mussolin, De Volder, et al., 2010

82. Shalev et al., 2001

83. Alarcon, DeFries, Light, & Pennington, 1997

84. 计算障碍对威廉斯综合征、特纳氏综合征、脆性 X 综合征患者而言很常见，有关脆性 X 综合征的计算研究，参阅：Rivera, Menon, White, Glaser, & Reiss, 2002。

85. Molko et al., 2003

86. Rubinsten & Henik, 2005; Rousselle & Noel, 2007; Wilson et al., 2009

87. Kujala et al., 2001; Simos et al., 2002; Temple et al., 2003; Eden et al., 2004. 有关阅读和阅读障碍的有关综述，见我的另一本书：《脑与阅读》(Reading in the Brain)（Penguin, 2009）。

88. Wilson, Revkin, et al., 2006; Wilson et al., 2009

89. 有关游戏的设计以及它的认知原则，参阅综述：Wilson, Dehaene, et al., 2006。

90. Wilson, Revkin, et al., 2006; Ramani & Siegler, 2008; Siegler & Ramani, 2008; Siegler & Ramani, 2009; Wilson et al., 2009

91. Ramani & Siegler, 2008; Siegler & Ramani, 2008; Siegler & Ramani, 2009

92. 而一个更为严格的控制设计是将一个线性的棋盘游戏与一个圆形的棋盘游戏进行比较，圆形游戏中的数字以钟表表盘的形式呈现。只有进行过线性棋盘游戏训练后儿童的数感才能提高。这一结果证明了数字以一种"线"的形式从左向右延伸，这才是这个训练游戏的关键所在。参阅：Siegler & Ramani, 2009。

93. Premack & Premack, 2003

94. Bruer, 1997

考虑到环保的因素，也为了节省纸张、降低图书定价，本书编辑制作了电子版参考文献。

扫码查看本书全部参考文献内容

我们生活的环境中充满了数字。数字被蚀刻在信用卡上，被雕刻在硬币上，被打印在工资单上，或者被排列在电子数据表上，它们主宰着我们的生活。确实，数字是科技的核心。没有数字，我们将不能发射火箭漫游太阳系，也无法建造桥梁、交换商品，或者支付账单。因此，在某种意义上，数字是一项极其重要的文化发明，它的重要性只有农业和汽车可堪比拟，但是数字的根源可能更为深远。早在公元前几千年，巴比伦科学家就已经使用精妙的数字符号以极其惊人的精确度来计算天文表（astronmical tables）了。在这之前的数千年，新石器时代的人们运用雕刻骨头或在山洞岩壁上画点的方式，记录下第一批书写的数字。远远早于人类出现的百万年前，所有种类的动物脑中就已经开始有了数量表征，并将数量运用到简单的心算中。那么，数量是否可能与生命本身一样古老呢？数量是否可能被铭刻在人脑的结构中呢？是不是我们所有人都拥有"数感"这样一种特殊的直觉，来帮助我们理解数量与数学呢？

　　在 16 岁左右，我在接受培训以成为一名数学家的时候，沉迷于所学的抽象对象的运算，尤其是其中最简单的数量。数量由哪里产生？人脑怎么可能理解数量？为什么对大多数人来说掌握数量如此困难？科学历史学家和数学哲学家给出了一些尝试性的回答，但是对于具有科学思维的人来说，其中的推测性和偶然性是难以令人满意的。另外，大量有关数量和数学的有趣现象在我所阅读过的书本中都无法找到解释。为什么所有语言中都至少存在一些数量的名称？为什么几乎每个人都觉得7、8、9之间的乘法运算尤其难学？为什么我在一瞥之下无法辨识出4件以上的物品？为什么高等数学课堂上男生的数量是女生的9倍？能在几秒钟内完成两个三位数的乘法的速算者运用了什么诀窍？

在学习了更多有关心理学、神经生理学和计算机科学的知识后，我认为我们显然不应该在历史书籍中寻找这些问题的答案，而应该在我们的大脑结构中寻找，这个结构赋予我们创造数学的能力。作为一个转行研究认知神经科学的数学家，我认为这是一个令人激动的时代。几乎每个月都会出现新的实验技术和惊人的研究发现，有一些研究发现动物也能够进行简单的算术运算，而另一些研究则考察了婴儿是否对"1+1"有概念。功能成像工具直观地再现了正在计算和解决数学问题的人脑所激活的神经回路。突然间，我们能够对数感进行心理学和脑机制的实验研究了。一个全新的科学领域正在形成：数学认知，即对大脑如何产生数学进行科学探究。我很幸运地成为这一探索的积极参与者。这本书会使读者对我在巴黎的同事，以及遍布世界的研究团队仍在努力开拓的这个全新的研究领域有初步的了解。

我十分感谢那些帮助我完成从数学领域研究向神经心理学领域研究转变的人。首先，也是最重要的，我在数学与脑方面的研究离不开3位杰出的老师、同事和朋友的慷慨相助，我应当向他们致以特别的感谢，他们是：神经生物学领域的让－皮埃尔·尚热、神经心理学领域的劳伦特·科恩和认知心理学领域的雅克·梅勒。他们的支持、建议以及他们对本书所描述的研究工作的直接贡献为我提供了非常重要的帮助。

其次，我也要感谢过去 20 年中的许多研究伙伴，尤其要感谢许多学生和博士后所做出的重要贡献，他们中的许多人成为我重要的合作者和朋友，他们是：罗克尼·阿克哈文（Rokny Akhavein）、瑟奇·博西尼（Serge Bossini）、马里耶·布吕昂代（Marie Bruandet）、安托万·德尔·库尔（Antoine Del Cul）、拉斐尔·盖拉德（Raphaël Gaillard）、帕斯卡尔·吉罗（Pascal Giraux）、埃德·哈伯特（Ed Hubbard）、韦罗尼克·伊扎尔、马库斯·基弗（Markus Kiefer）、安德烈·克诺普斯、艾蒂安·克什兰、锡德·库韦德尔（Sid Kouider）、居尔安·勒克莱克（Gurvan Leclec'H）、卡蒂·勒梅（Cathy Lemer）、科琳·麦克林克（Koleen McCrink）、尼古拉·莫尔科、利昂内尔·纳卡什（Lionel Naccache）、曼努埃拉·皮亚扎、菲利普·皮内尔（Philippe Pinel）、玛丽－格拉齐亚·兰齐尼（Maria-Grazia Ranzini）、苏珊娜·列夫金、热拉尔·罗饶沃尔吉（Gérard Rozsavolgyi）、埃莱娜·鲁斯科尼（Elena Rusconi）、马里亚诺·西格曼（Mariano Sigman）、奥利弗·西蒙（Olivier Simon）、阿诺·维亚鲁热（Arnaud Viarouge）和安娜·威尔逊。

再次，在此书的第一版中，我也从其他许多著名的科学家所提出的建议中受益良多。迈克尔·波斯纳、唐·塔克（Don Tucker）、迈克尔·穆里亚斯（Michael Murias）、德尼·勒比昂、安德烈·西罗塔（André Syrota）和贝尔纳·马祖瓦耶（Bernard Mazoyer）与我分享了他们对脑成像知识的深入了解。埃马纽埃尔·迪普（Emmanuel Dupoux）、安妮·克里斯托夫（Anne Christophe）和克里斯托夫·帕利耶（Christophe Pallier）在心理语言学方面为我提供了许多建议。同时，我也十分感谢罗切尔·戈尔曼和兰迪·加利斯特尔与我进行的激烈辩论，以及卡伦·温、休·凯里（Sue Carey）和乔西安·贝尔通奇尼（Josiane Bertoncini）提供的关于儿童发展的颇有见地的评论。已故的让－路易·西尼奥雷（Jean-Louis Signoret）教授引领我进入了神经心理学这个迷人的领域。此后，与阿方索·加拉马扎、迈克尔·麦克洛斯基、布赖恩·巴特沃思和格扎维埃·塞罗内（Xavier Seron）进行的不计其数的讨论加深了我对这一学科的理解。最后，格扎维埃·让南（Xavier Jeannin）和米歇尔·杜塔特（Michel Dutat）协助我推进实验。

此次，在第二版中，来自法国和其他国家的许多新的合作者帮助我的研究取得了进步，他们是：希拉里·巴思（Hillary Barth）、伊丽莎·布洛克（Eliza Block）、杰茜卡·坎特隆、劳伦特·科恩、让－皮埃尔·尚热、埃弗兰·埃热、莉萨·费根森、纪尧姆·弗朗丹（Guillaume Flandin）、托尼·格林沃尔德（Tony Greenwald）、马克·豪泽、安托瓦妮特·若贝尔（Antoinnette Jobert）、费拉特·赫里夫（Ferath Kherif）、安德烈亚·帕塔拉诺（Andrea Patalano）、露西·赫兹－帕尼耶（Lucie Hertz-Pannier）、卡伦·科佩拉－弗赖伊、德尼·勒比昂、斯特凡纳·勒埃里西（Stéphane Lehéricy）、让－弗朗索瓦·芒然（Jean-François Mangin）、弗雷德里科·马凯斯（J. Frederico Marques）、让－巴蒂斯特·波利娜（Jean-Baptiste Poline）、德尼·里维埃（Denis Rivière）、热罗姆·萨克（Jérôme Sackur）、伊丽莎白·斯佩尔克、安·施特赖斯古思、贝特朗·蒂里翁（Bertrand Thirion）、皮埃尔－弗朗索瓦·范德默特勒（Pierre-François van de Moortele）和马尔科·佐尔齐（Marco Zorzi）。我也十分感谢所有同事，他们从世界各地聚集起来，在这些年中通过不断的讨论使我的思维更加敏锐，并帮助我纠正错误。要列出一份详尽的名单是不可能的，但是我首先想到的便是伊丽莎白·布兰农（Elizabeth Brannon）、维姆·菲亚斯（Wim Fias）、兰迪·加利斯特尔、罗切尔·戈尔曼、乌莎·戈斯瓦米（Usha Goswami）、南希·坎维舍（Nancy Kanwisher）、安德烈亚斯·尼德、迈克尔·波斯纳、布鲁斯·麦克坎德斯（Bruce McCandliss）、萨莉·沙维茨（Sally Shaywitz）、本内特·沙维茨（Bennett Shaywitz）和赫布·特勒斯（Herb Terrace）。

　　自我接受了麦克唐纳基金会（McDonnell Foundation）给予的为期 10 年的"世纪研究奖学金"（Centennial Fellowship）之后，我在数字认知方面的研究取得了巨大进展，这对我的事业具有重要意义。该研究同样也得到法国国家健康和医疗研究院（INSERM）、再生与可替代能源委员会（CEA）、法兰西学院、巴黎第十一大学、菲桑基金会（Fyssen Foundation）、贝当古 – 舒勒基金会（Bettencourt-Schueller Foundation）、沃尔克斯瓦根基金会（Volkswagen Foundation）、法兰西研究院路易斯基金会（Louis D. Foundation）以及法国医疗研究基金会的资助。这本书的准备工作很大程度上得益于一些人的仔细审核，他们是负责英文版的布赖恩·巴特沃思、罗比·凯斯、马库斯·贾昆托（Markus Giaquinto）和苏珊娜·弗兰克（Susana Franck），以及负责法文版的让 – 皮埃尔·尚热、劳伦特·科恩、吉莱纳·迪昂 – 兰贝茨和热拉尔·若兰德（Gérard Jorland）。同样也要感谢牛津大学出版社的编辑琼·博塞特（Joan Bossert）和阿比·格罗斯，我的出版代理约翰·布罗克曼，以及法语编辑奥迪勒·雅各布。他们给予了我极其宝贵的信任和支持。

　　最后，而且最重要的是，仅仅用"感谢"一词远不足以表达我对家人的感激之情，吉莱纳、奥利弗、大卫和纪尧姆，在我探究数字领域并进行写作的数月时间里给予我耐心的支持。谨以此书献给他们。

《脑与数学》是数学教育神经科学领域最出色的书籍。我们将这部杰出的作品翻译出来介绍给中国的读者，是基于这样几个方面的考虑：第一，它开创了数学教育领域的研究新范式、新理论。本书详细地阐述了计算能力的形成与发展，以及计算能力缺失所产生的严重后果。在此基础上，它将数学教育神经科学的研究成果纳入读者的视野，让读者领略数学教育领域出现的一道新奇而亮丽的风景。第二，本书引领了数字认知与发展教育的国际研究，在学术界产生了巨大的影响。本书的作者斯坦尼斯拉斯·迪昂教授是法国科学院院士、美国科学院外籍院士、美国艺术与工程学院外籍院士。他的 H 因子高达 163，所发表的论文累计引用次数超过 117 441 次（截至 2020年 9 月 11 日数据）。2014 年他获得欧洲"大脑奖"。他在计算、阅读与意识方面的研究做出了杰出的贡献。他的《脑与数学》《脑与阅读》《脑与意识》《脑与学习》将对当代中国的读者产生巨大的影响。第三，本书增加了最新的研究方法与研究成果。人类与动物都具有估算能力，这种进化而来的"数感"是人类数学能力的基础。由于各类神经影像技术以及单个神经元记录手段的发展，数感的研究在过去的几十年间有了突破性的进展。例如，与人类运算时所激活的脑区相对应，研究者在猴脑的顶叶皮层的一个特定区域发现了负责编码数字的神经元。研究还发现了人类在计算时所调用的神经网络。

为了更好地翻译这本书，我们组织了专门致力于数学认知研究与教育神经科学研究的学者，经过多年的精心翻译与细致雕琢，终于将本书呈现在读者的面前。翻译本书的分工如下：前言至第2章及致谢，周加仙、江雨雯；第3章至第5章，贺丽霞；第6章及第7章，徐继红；第8章及第9章，张喆；第10章，王芳；附录，张喆。张喆对全书做了初步的统稿。在此基础上，章熠、周加仙对照英文原书，对全书做了逐字逐句的反复修改、校对与润色，最后由周加仙审定书稿。虽然我们竭尽全力来翻译这部著作，但是作为一本跨学科的科学书籍，本书涉及的学科广泛，思想内容博大精深，如有不足之处，欢迎读者批评指正。

周加仙

2020年10月6日

未来，属于终身学习者

我这辈子遇到的聪明人（来自各行各业的聪明人）没有不每天阅读的——没有，一个都没有。巴菲特读书之多，我读书之多，可能会让你感到吃惊。孩子们都笑话我。他们觉得我是一本长了两条腿的书。

——查理·芒格

互联网改变了信息连接的方式；指数型技术在迅速颠覆着现有的商业世界；人工智能已经开始抢占人类的工作岗位……

未来，到底需要什么样的人才？

改变命运唯一的策略是你要变成终身学习者。未来世界将不再需要单一的技能型人才，而是需要具备完善的知识结构、极强逻辑思考力和高感知力的复合型人才。优秀的人往往通过阅读建立足够强大的抽象思维能力，获得异于众人的思考和整合能力。未来，将属于终身学习者！而阅读必定和终身学习形影不离。

很多人读书，追求的是干货，寻求的是立刻行之有效的解决方案。其实这是一种留在舒适区的阅读方法。在这个充满不确定性的年代，答案不会简单地出现在书里，因为生活根本就没有标准确切的答案，你也不能期望过去的经验能解决未来的问题。

而真正的阅读，应该在书中与智者同行思考，借他们的视角看到世界的多元性，提出比答案更重要的好问题，在不确定的时代中领先起跑。

湛庐阅读App：与最聪明的人共同进化

有人常常把成本支出的焦点放在书价上，把读完一本书当作阅读的终结。其实不然。

时间是读者付出的最大阅读成本

怎么读是读者面临的最大阅读障碍

"读书破万卷"不仅仅在"万"，更重要的是在"破"！

现在，我们构建了全新的"湛庐阅读"App。它将成为你"破万卷"的新居所。在这里：

● 不用考虑读什么，你可以便捷找到纸书、电子书、有声书和各种声音产品；

● 你可以学会怎么读，你将发现集泛读、通读、精读于一体的阅读解决方案；

● 你会与作者、译者、专家、推荐人和阅读教练相遇，他们是优质思想的发源地；

● 你会与优秀的读者和终身学习者为伍，他们对阅读和学习有着持久的热情和源源不绝的内驱力。

下载湛庐阅读App，

坚持亲自阅读，

有声书、电子书、阅读服务，

一站获得。

本书阅读资料包

给你便捷、高效、全面的阅读体验

本书参考资料
湛庐独家策划

- ☑ **参考文献**
  为了环保、节约纸张，部分图书的参考文献以电子版方式提供

- ☑ **主题书单**
  编辑精心推荐的延伸阅读书单，助你开启主题式阅读

- ☑ **图片资料**
  提供部分图片的高清彩色原版大图，方便保存和分享

相关阅读服务
终身学习者必备

- ☑ **电子书**
  便捷、高效，方便检索，易于携带，随时更新

- ☑ **有声书**
  保护视力，随时随地，有温度、有情感地听本书

- ☑ **精读班**
  2~4周，最懂这本书的人带你读完、读懂、读透这本好书

- ☑ **课　程**
  课程权威专家给你开书单，带你快速浏览一个领域的知识概貌

- ☑ **讲　书**
  30分钟，大咖给你讲本书，让你挑书不费劲

湛庐编辑为你独家呈现
助你更好获得书里和书外的思想和智慧，**请扫码查收！**

（阅读资料包的内容因书而异，最终以湛庐阅读App页面为准）

图书在版编目（CIP）数据

脑与数学 / （法）斯坦尼斯拉斯·迪昂著；周加仙
等译. -- 杭州 ： 浙江教育出版社，2022.3
　书名原文：The Number Sense
　ISBN 978-7-5722-3105-6

　Ⅰ．①脑… Ⅱ．①斯… ②周… Ⅲ．①脑科学－普及
读物②数学－普及读物 Ⅳ．①Q983-49②O1-49

中国版本图书馆CIP数据核字(2022)第024309号

上架指导：脑科学／教育学

浙江省版权局
著作权合同登记号
图字：11-2021-107号

脑与数学
NAO YU SHUXUE

［法］斯坦尼斯拉斯·迪昂（Stanislas Dehaene）　著
周加仙 等　译

***

责任编辑：傅　越　姚　璐
美术编辑：韩　波
封面设计：ablackcover.com
责任校对：刘晋苏
责任印务：陈　沁
出版发行：浙江教育出版社（杭州市天目山路 40 号　电话：0571-85170300-80928）
印　　刷：天津中印联印务有限公司
开　　本：710mm ×965mm 1/16
印　　张：25.25　　　　　　　　**字　　数：**379 千字
版　　次：2022 年 3 月第 1 版　　　**印　　次：**2022 年 3 月第 1 次印刷
书　　号：ISBN 978-7-5722-3105-6　　**定　　价：**99.90 元

***

如发现印装质量问题，影响阅读，请致电 010-56676359 联系调换。